Transport and Interactions of Chlorides
in Cement-based Materials

水泥基材料中氯离子的传输及相互作用

史才军　元　强　何富强　胡　翔　编著

化学工业出版社

·北京·

内容简介

本书详细介绍了水泥基材料内氯离子传输的过程，总结了不同的氯离子传输形式的机理及其影响因素。基于氯离子结合对氯离子在混凝土结构内部传输的影响，介绍了水泥基材料内氯离子结合的机理，包括化学和物理结合，讨论了氯离子结合对氯离子传输过程的影响。随后，介绍了水泥基材料中氯离子迁移相关试验方法的分类，综述了这些试验方法的测试步骤、参数及影响因素，并对不同方法的测试结果进行了比较。同时，详细介绍了一种应用较为广泛的氯离子迁移系数的测试方法——硝酸银显色法。最后在氯离子传输、氯离子结合及其与微观结构关系的知识和讨论的基础上，总结了针对水泥基材料提出的几种不同氯离子传输模型及其在不同环境条件下的应用。

本书可供从事水泥混凝土材料和钢筋混凝土结构耐久性研究的土木工程、海洋工程、道路工程设计人员、科研人员、工程技术人员阅读，也可用作结构工程和土木工程材料等相关专业的研究生学习关于钢筋混凝土耐久性课程的参考书或扩展阅读用书。

图书在版编目（CIP）数据

水泥基材料中氯离子的传输及相互作用/史才军等编著.—北京：化学工业出版社，2021.7
ISBN 978-7-122-38886-5

Ⅰ.①水… Ⅱ.①史… Ⅲ.①氯离子-水泥基复合材料-传输-研究 Ⅳ.①TB333.2

中国版本图书馆 CIP 数据核字（2021）第 063328 号

责任编辑：窦　臻　林　媛　　　　文字编辑：刘　璐
责任校对：边　涛　　　　　　　　装帧设计：王晓宇

出版发行：化学工业出版社（北京市东城区青年湖南街13号　邮政编码100011）
印　　装：中煤（北京）印务有限公司
开　　本：710mm×1000mm　1/16　彩插2　印张17　字数296千字
版　　次：2021年8月北京第1版
印　　次：2021年8月北京第1次印刷

购书咨询：010-64518888
售后服务：010-64518899
网　　址：http://www.cip.com.cn
凡购买本书，如有缺损质量问题，本社销售中心负责调换。

定　价：118.00元　　　　　　　　　　　　　　　版权所有　违者必究

前言

氯离子引起的混凝土内钢筋的锈蚀是钢筋混凝土结构耐久性中最重要的问题，尤其是滨海地区，氯离子侵蚀是钢筋混凝土基础设施耐久性设计的主要考虑因素。充分掌握氯离子在混凝土内的传输过程以及它们之间的相互作用是控制氯离子引起的混凝土内钢筋锈蚀的前提条件。在过去几十年里，世界各国政府和企业资助了许多研究课题，针对上述问题开展了系统的研究工作，取得了显著的进展。通过系统研究，建立了大量的理论基础，积累了许多工程实践经验。尽管如此，人们对混凝土内氯离子的传输以及它们之间的相互作用仍未完全掌握，许多科学问题尚待阐明，还不能精确预测和控制氯离子在混凝土内的传输。

本书系统介绍了水泥和混凝土中氯离子的传输及其相互作用，回顾了这些领域中涉及的基本知识、技术和经验，并介绍了取得的最新进展。本书的作者们长期参与了湖南大学、中南大学、厦门理工学院和比利时根特大学的关于混凝土内氯离子的传输和它们之间相互作用的研究。在过去几十年里，许多毕业生在该领域研究中取得了理工博士或硕士学位，他们的论文是本书论点的重要来源。显然，如果没有他们取得的知识和经验，没有他们出色的成果，本书不可能完成。作者们要对为本书内容做出过贡献的每一个人表达感谢。特别感谢参与整理书稿的加拿大多伦多大学土木系博士后张润潇，以及帮助整理全书格式和绘制图表的学生们。

本书的目标读者包括混凝土学界的研究者、执业工程师和学生们。研究者可以从本书关于水泥和混凝土中氯离子的传输和它们之间相互作用的综合论述中找到灵感。执业工程师们能通过学习本书的基础知识和实践技术而受益良多。本书也可用作结构工程和土木工程材料等相关专业的研究生学习关于钢筋混凝土耐久性课程的参考书或扩展阅读用书。

编著者
2021年元月

目录

第1章 绪论 ········· 001
- 1.1 氯离子引起的钢筋锈蚀 ········· 002
- 1.2 水泥基材料中氯离子的传输 ········· 005
- 1.3 氯离子和水泥水化产物的相互作用 ········· 008
- 1.4 本书结构 ········· 010
- 参考文献 ········· 011

第2章 氯离子在水泥基材料中的传输机理 ········· 017
- 2.1 引言 ········· 018
- 2.2 氯离子在水泥基材料中的传输 ········· 019
  - 2.2.1 电迁移 ········· 022
  - 2.2.2 扩散 ········· 024
  - 2.2.3 对流 ········· 026
  - 2.2.4 热传递 ········· 027
  - 2.2.5 毛细效应 ········· 027
  - 2.2.6 耦合效应 ········· 028
- 2.3 总结 ········· 030
- 参考文献 ········· 030

第3章 氯离子与水泥水化产物之间的物理化学反应 ········· 032
- 3.1 引言 ········· 033
- 3.2 Friedel 盐的形成 ········· 034
  - 3.2.1 氯离子与铝相反应 ········· 034
  - 3.2.2 氯离子与 AFm 相反应 ········· 036
- 3.3 Friedel 盐的稳定性 ········· 039
- 3.4 氯离子物理吸附 ········· 042
  - 3.4.1 C—S—H 凝胶氯离子吸附 ········· 042
  - 3.4.2 AFt 相氯离子吸附 ········· 043
- 3.5 氯离子浓聚现象 ········· 044
  - 3.5.1 水泥基材料双电层的形成 ········· 047
  - 3.5.2 Zeta 电位 ········· 050
  - 3.5.3 双电层氯离子分布 ········· 055
  - 3.5.4 孔隙溶液压滤过程双电层变化 ········· 057
- 3.6 氯离子与其他化合物结合 ········· 062

3.7　总结 ·· 064
　　参考文献 ·· 065

第4章　氯离子结合及其对水泥基材料性能的影响 ········· 071
　　4.1　引言 ·· 072
　　4.2　水泥基材料氯离子结合的影响因素 ················· 072
　　　　4.2.1　氯离子浓度 ·· 074
　　　　4.2.2　水泥化学组分 ··· 074
　　　　4.2.3　辅助胶凝材料 ··· 077
　　　　4.2.4　氢氧根离子浓度 ·· 080
　　　　4.2.5　氯盐的阳离子 ··· 081
　　　　4.2.6　温度 ··· 081
　　　　4.2.7　碳化 ··· 081
　　　　4.2.8　硫酸根离子 ·· 083
　　　　4.2.9　外加电压 ··· 083
　　4.3　氯离子等温吸附曲线 ··· 085
　　　　4.3.1　线性吸附曲线 ··· 086
　　　　4.3.2　Langmuir等温吸附曲线 ································· 087
　　　　4.3.3　Freundlich等温吸附曲线 ······························ 087
　　　　4.3.4　BET等温吸附曲线 ·· 088
　　4.4　确定等温吸附方程的方法 ·································· 088
　　　　4.4.1　平衡法 ·· 089
　　　　4.4.2　孔隙溶液压滤法 ·· 089
　　　　4.4.3　扩散槽法 ··· 090
　　　　4.4.4　电迁移试验法 ··· 090
　　4.5　双电层中氯离子物理吸附分布的测定 ············· 091
　　4.6　氯离子结合对微观结构的影响 ·························· 097
　　　　4.6.1　氯离子结合对水化产物的影响 ····························· 097
　　　　4.6.2　氯离子结合对孔结构的影响 ································ 099
　　4.7　总结 ·· 102
　　参考文献 ·· 103

第5章　水泥基材料中氯离子传输的试验方法 ················· 111
　　5.1　引言 ·· 112

目录

5.2 有关氯离子的试验 …… 113
  5.2.1 氯离子分布 …… 113
  5.2.2 氯离子分析 …… 113
5.3 混凝土中氯离子传输试验方法 …… 119
  5.3.1 试验方法概述 …… 119
  5.3.2 菲克第一定律 …… 122
  5.3.3 菲克第二定律 …… 123
  5.3.4 能斯特-普朗克方程 …… 125
  5.3.5 能斯特-爱因斯坦方程 …… 137
  5.3.6 形成因子 …… 138
  5.3.7 其他方法 …… 139
5.4 氯离子传输试验方法标准 …… 143
5.5 不同试验方法得到的试验结果之间的关系 …… 145
  5.5.1 非稳态迁移扩散系数 …… 145
  5.5.2 稳态和非稳态迁移系数 …… 149
  5.5.3 ASTM C1201(或初始电流)和迁移系数 …… 152
  5.5.4 NT Build 443 得出的自由氯离子和总氯离子的结果 …… 153
5.6 总结 …… 155
参考文献 …… 156

第6章 硝酸银显色法测试水泥基材料的氯离子渗透 …… 161

6.1 引言 …… 162
6.2 确定氯离子侵蚀深度 …… 162
  6.2.1 $AgNO_3$ + 荧光素溶液显色法 …… 163
  6.2.2 $AgNO_3$ + K_2CrO_4 溶液显色法 …… 164
  6.2.3 $AgNO_3$ 溶液显色法 …… 165
  6.2.4 三种显色法的对比 …… 166
  6.2.5 氯离子渗透深度的测量 …… 167
6.3 变色边界氯离子浓度 …… 169
  6.3.1 显色反应的参数 …… 169
  6.3.2 制样方法 …… 171
  6.3.3 自由氯离子浓度测量方法 …… 172
  6.3.4 喷洒 $AgNO_3$ 溶液和变色边界氯离子浓度 …… 174

- 6.4 硝酸银显色法测量氯离子扩散和迁移系数 ············ 176
  - 6.4.1 非稳态氯离子扩散的测量 ················· 176
  - 6.4.2 测量非稳态电迁移系数 ················· 179
  - 6.4.3 钢筋混凝土氯离子侵蚀风险评估 ············ 182
- 6.5 关于氯离子类型和变色边界无法显现的讨论 ······ 182
- 6.6 硝酸银显色法中氯离子扩散系数与渗透深度的关系 ············ 183
- 6.7 总结 ························· 183
- 参考文献 ························· 185

第7章 水泥基材料中氯离子传输的影响因素 ········· 189

- 7.1 引言 ························· 190
- 7.2 离子间相互作用对氯离子迁移的影响 ············ 190
  - 7.2.1 多离子迁移模型 ················· 191
  - 7.2.2 离子相互作用理论 ················· 192
  - 7.2.3 氯离子迁移的浓度依赖性 ············ 195
  - 7.2.4 孔隙溶液组成对氯离子迁移的影响 ········ 196
- 7.3 微观结构对氯离子迁移的影响 ············ 197
  - 7.3.1 孔结构对氯离子迁移的影响 ············ 197
  - 7.3.2 界面过渡区对氯离子迁移的影响 ········ 200
  - 7.3.3 孔结构和界面过渡区对氯离子迁移的耦合效应 ············ 203
- 7.4 氯离子结合对氯离子迁移的影响 ············ 205
  - 7.4.1 通过等温吸附曲线研究氯离子结合对氯离子迁移的影响 ············ 206
  - 7.4.2 水泥基材料中可迁移氯离子的探讨 ········ 209
- 7.5 裂缝对氯离子迁移的影响 ················· 210
  - 7.5.1 实验研究中裂缝形成方法 ············ 210
  - 7.5.2 裂缝特征 ························ 210
  - 7.5.3 开裂对氯离子迁移的影响 ············ 211
  - 7.5.4 不同荷载水平下的开裂效果 ············ 213
- 7.6 总结 ························· 214
- 参考文献 ························· 215

目录

第 8 章　水泥基材料中氯离子传输的仿真模拟　223

　8.1　引言　224
　8.2　模拟饱和混凝土的氯离子传输　225
　　8.2.1　经验模型　227
　　8.2.2　物理模型　233
　　8.2.3　可靠度模型　249
　8.3　模拟不饱和混凝土的氯离子传输　251
　　8.3.1　确定性模型　251
　　8.3.2　可靠度模型　253
　8.4　氯离子相关的耐久性规范　255
　　8.4.1　ACI 规范　255
　　8.4.2　欧洲规范　256
　　8.4.3　中国规范　257
　　8.4.4　日本规范　259
　8.5　总结　259
　参考文献　260

第1章 绪 论

1.1 氯离子引起的钢筋锈蚀
1.2 水泥基材料中氯离子的传输
1.3 氯离子和水泥水化产物的相互作用
1.4 本书结构

钢筋混凝土现已广泛用于各种建筑结构，而由氯离子侵蚀造成的钢筋锈蚀是结构耐久性破坏、性能和使用寿命降低的重要原因。尤其是对于需要使用除冰盐的路桥结构和与海水接触的海洋工程结构来说，钢筋锈蚀往往是结构破坏的主要原因。大多数情况下，外部环境中的侵蚀性物质，如氯离子、二氧化碳、硫酸盐等，可以通过混凝土内部的孔隙溶液渗透进结构。其中，最常见的是由氯离子渗透导致的钢筋锈蚀。在钢筋混凝土结构内部，钢筋周围孔隙溶液中的氯离子浓度达到阈值时，钢筋表面的钝化膜被破坏并诱发钢筋锈蚀，导致钢筋混凝土结构局部损伤甚至整体性能降低。对于暴露在海洋或者低温环境等极端条件下的钢筋混凝土结构，由于氯离子渗透导致的结构破坏会显著降低钢筋混凝土结构的耐久性，从而大幅增加结构的修补及重建费用。

1.1 氯离子引起的钢筋锈蚀

通常情况下，钢筋在混凝土的保护下有较强的抗锈蚀能力。设计合理、养护得当、水胶比（W/B）相对较低的混凝土可有效抑制氯离子、二氧化碳等侵蚀性物质从混凝土表面渗透到钢筋表面。同时，水泥基材料中高碱度（pH＞13.5）的孔隙溶液为钢筋钝化提供了良好的条件（Singh et al.，2012）。有一种观点认为，在碱性环境下钢筋表面可以形成表层膜（约1000nm厚），从而保护钢筋使其免受腐蚀。表层膜通常由三氧化二铁（Fe_2O_3）组成，通过钢筋表面钝化以提高钢筋的抗锈蚀性能（Waseda et al.，2006；Tittarelli et al.，2010）。也就是说，经过合理设计、施工和维护的钢筋混凝土结构在设计使用年限内发生钢筋锈蚀的可能性可以忽略不计。然而，实际建设情况往往没有完全达到对钢筋混凝土结构设计、施工和维护的要求，发生钢筋锈蚀已经成为钢筋混凝土结构耐久性降低和使用寿命减少的常见原因（Alexander et al.，2014）。

一般认为，钢筋锈蚀过程，尤其是点锈蚀，主要包括两个阶段，分别是锈蚀的初始阶段和扩展阶段。锈蚀的初始阶段与钝化膜的破坏有关，而扩展阶段则是钢筋、电解质以及锈蚀产物之间反应的过程。研究人员普遍认为锈蚀扩展阶段的机理,是电子从钢筋阳极向阴极表面转移并因此产生电流。在扩展阶段,因为孔隙溶液组成和侵蚀离子浓度的不同,钢筋会产生 $Fe(OH)_3$、$FeSO_4$、Fe_3O_4、$FeO(OH)$、$HFeOOH$、$HFeO_2$ 等不同的锈蚀产物(Bazant,1979)。在此期间,若钢筋表面周围的孔隙溶液中氯离子的浓度降低,钢筋表面可能发生再钝化,从而阻断钢筋锈蚀的继续进行。研究表明,较高的氯离子浓度是扩大钢筋锈蚀范围并阻止钢筋表面再钝化的必要条件(Eichler et al.,2009)。

一般地,在碱性条件下钢筋表面会发生氧化反应形成一层钝化膜,在钝化膜的外侧由于电化学沉积会形成聚苯胺(PANI)层(Jafarzadeh et al.,2011)。PANI 层与氧化表面接触能够固定溶液中的氧离子或降低参与锈蚀过程的氧含量。研究(DeBerry,1985)表明,PANI 层可以通过电化学沉积存在于钢筋表面的钝化层之上,从而为钢筋提供阳极保护,使其免受酸性腐蚀。尽管少数研究(Kraljić et al.,2003;Sathiyanarayanan et al.,2008)表明 PANI 层并不能使钢筋完全具备抗锈蚀能力,但许多研究(Chaudhari et al.,2011;Johansen et al.,2012;Karpakam et al.,2011)表明,对于不同类型的钢筋,PANI 层和氧化层都表现出一定的抗锈蚀能力。

为了描述最初的锈蚀阶段,研究人员提出了几种不同的理论(Kuang et al.,2014),如局部酸化理论(Galvele,1976,1978)、去钝化-再钝化理论(Dawson et al.,1986;Richardson et al.,1970)、化学溶解理论(Hoar et al.,1967)、点缺陷理论(Chao et al.,1981;Urquidi et al.,1985)、化学-机械模型理论(Hoar,1967;Sato,1971)、负离子渗透/迁移理论(Okamoto,1973;Rosenfeld et al.,1964)。这些理论都有一个共识,即氯离子等侵蚀性离子的存在对钢筋的初始锈蚀起着重要作用(Angst et al.,2011;Cheng et al.,1999)。当钢筋周围孔隙溶液中氯离子浓度达到某一阈值时,将直接导致钢筋表面保护层的去钝化(Ghods et al.,2012)。Bertocci 和 Ye (1984) 的研究指出,氯离子造成钢筋锈蚀最重要的原因是它会增大钢筋氧化层被局部击穿的可能性。一些研究(Angst et al.,2011;Liao et al.,2011)发现,氯离子抵达钢筋表面后,阳极一侧形成的是可以引发锈蚀的氯离子膜,而不是起保护作用的氧化层。氯离子在钢筋锈蚀中所起的作用是增大铁的溶解度、电解质的导电性以及锈蚀产物的扩散程度(Lou et al.,2010)。从电化学的观点来看,氯离子是通过增加易受锈蚀部位的数量(Burstein et al.,1993)和降低点蚀电位值来加速锈蚀的发生(Tang et al.,2014;Xu et al.,2010)。

研究人员针对氯离子对钢筋混凝土结构耐久性和其他性能的影响展开了广泛的研究(Otieno et al.,2016;Tennakoon et al.,2017;Hou et al.,2016;

Borg et al.，2018，Borade et al.，2019）。研究发现，因氯离子渗透而产生的钢筋锈蚀是影响处于极端条件（如海洋工程结构或使用除冰盐的公路等）下混凝土结构耐久性的主要因素。氯离子侵入严重影响了钢筋混凝土结构的耐久性，同时也显著增加了结构的修复和改造成本。由氯离子侵蚀引起的钢筋混凝土锈蚀一般可分为四个阶段（Berke et al.，1997；Budelmann et al.，2014），如图1.1所示。首先，由于外部施加压力或混凝土收缩导致混凝土开始开裂。随后，氯离子穿过混凝土保护层并积聚在钢筋表面。随着氯离子浓度增加，开始发生钢筋锈蚀反应并在钢筋表面形成锈蚀产物。最后，锈蚀产物的不断增加导致混凝土内部体积增大，因此产生裂缝并逐渐扩展。一般情况下，混凝土保护层的渗透性和氯离子的扩散速度是初始裂缝阶段的主导因素，混凝土孔隙溶液中的氧化物浓度、湿度和电阻值主要影响钢筋锈蚀的后三个阶段。

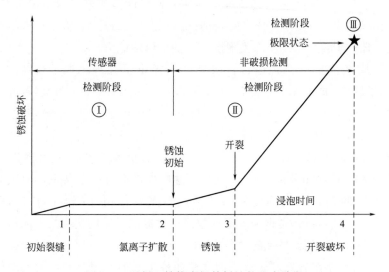

图1.1　混凝土结构中钢筋锈蚀的四个阶段
Berke et al.，1997；Budelmann et al.，2014

由于氯离子锈蚀是危害钢筋混凝土结构的主要因素，目前已广泛开展针对氯离子引起钢筋锈蚀的损伤预防研究（Ann et al.，2007；Pour-Ali et al.，2015；Van Belleghem et al.，2018）。根据上述相关的氯离子锈蚀机理，在预防氯离子锈蚀这一问题上，人们主要从阻止氯离子侵入钢筋表面（Pack et al.，2010；Song et al.，2008）和提高水泥基体吸附氯离子的能力（Glass et al.，2000；Yuan et al.，2009）两方面进行研究。

1.2
水泥基材料中氯离子的传输

水泥基材料中的氯离子来源可以分为两类，即来自拌合物原材料中的内掺氯离子和从外部氯盐环境渗透进钢筋表面的外渗氯离子。若要降低水泥基材料中内掺氯离子的含量，可以选用含氯量低的原料，但外渗氯离子大多是不可避免、难以控制的，故钢筋混凝土的使用寿命更多地取决于外部环境中氯离子的渗透。因此，氯离子在混凝土中的迁移引起了人们广泛的关注。不论是来源于除冰盐还是海水，外部氯离子一般都随着材料内部水分的迁移而侵入混凝土。随着氯离子不断侵入，钢筋表面的氯离子浓度逐渐增大。

水泥混凝土是一种多孔材料，周围环境中的氯离子可以在某些情况下渗透进材料内部。根据驱动力的不同，可将水泥混凝土中氯离子的传输分为五类（Yuan et al., 2009）：对流、毛细管吸附作用、扩散、电迁移和热传递。混凝土的饱和度是控制氯离子迁移过程的首要因素。对于某些海洋工程，混凝土结构可能会周期性地浸入海水和暴露在干燥环境中。当混凝土结构暴露在海水或相对湿度较高的环境中时，海水渗入混凝土，增大了孔隙溶液中的氯离子浓度。如果外部环境随着海水的退去或相对湿度的降低而变得干燥，则混凝土内部的水分会逐渐蒸发并沿着与浸泡情况下水分渗透相反的方向移动。在这个过程中，只有水可以蒸发，盐分却被保留在材料内部。延长干燥过程的持续时间，混凝土表面的水分可完全去除。所以在浓度梯度的作用下，混凝土表面区域的氯离子浓度增加，并向浓度较低的区域扩散。因此，在干燥的环境下，混凝土内部的水分向外流动，而盐分则向内流动。由此，在下一海水浸泡的周期中，将会有更多的盐分随海水被带入样品中。渗透一侧氯离子的浓度分布有可能先减小后增大。一般来说，润湿过程发生得很快，而干燥过程则需要较长的时间。因此，氯离子的侵入过程和渗透速率取决于润湿和干燥过程的时间长短。

研究人员对不同饱和程度的水泥混凝土结构中离子和液体的迁移进行了研究，提出了几种模型来描述非饱和混凝土结构内部的氯离子侵入过程（Jin et al., 2008; Yang et al., 2006; Otieno et al., 2016）。考虑到混凝土中氯离子的扩散和吸附，研究人员设计了一个耐久性模型来模拟具有干-湿循环的海洋环境（Iqbal et al., 2009），采用具有导湿性的模型来模拟混凝土内部的氯离子浓度分布情况。1931年，Richards（1931）首次研究了氯离子在非饱和多孔介质中的迁移，提出了一个毛细管吸附作用下液体流动的方程。在此基础上，Samson等（2005）通过耦合材料内部离子和水分迁移的模型，建立了一个描述非饱和水泥体系中离子迁移的模型。研究氯离子迁移时，一般采用体系内的动态水分参数或模型来衡量样品的水饱和度。

除干-湿循环外，外加电场也能加速氯离子在混凝土中的渗透，这种技术广泛应用于氯离子快速迁移试验。与浓度梯度作用相比，外加电压能更显著地加速氯离子进入混凝土内部。一般情况下，通过施加外加电压的快速氯离子迁移系数法（RCM）得到的氯离子迁移系数大于自然扩散试验得到的氯离子扩散系数。即使RCM法已广泛用于评价混凝土的抗氯离子渗透性能，但仍存在许多尚未解决的争议性问题。对于水泥基材料中的氯离子运动，部分氯离子可以通过化学或物理作用与水化产物或其他固相发生反应，从而被固定下来，这部分氯离子称为吸附氯离子，这种现象称为氯离子吸附。孔隙溶液中部分氯离子被吸附使得游离氯离子减少，氯离子的渗透速率减慢。不仅如此，外加电压还会给水泥基体吸附氯离子带来一些意想不到的变化。另外，由外加电压引起的氯离子侵入时间缩短也会改变样品中与固相发生反应的氯离子数量。

有研究人员（Krishnakumark et al., 2014; Spiesz et al., 2013; Voinitchi et al., 2008）声称，当氯离子迁移达到稳态后，吸附氯离子量与外加电压无关，外加电压主要影响稳态下孔隙溶液中的游离氯离子浓度。Spiesz等（2012）对经自然浸泡试验和非稳态电迁移试验后混凝土试件的氯离子结合性能进行了研究，并通过数值模拟证实了自由氯离子能够瞬时结合，且经过自然扩散试验和电迁移试验后的试件内部的自由氯离子含量和吸附氯离子含量没有变化。然而，也有研究得出氯离子吸附达到稳定状态需要7到14天的浸泡时间（Spiesz et al., 2013），而电迁移试验不需要如此长的时间。Castellote等（1999, 2001）采用XRD技术和析出法对电迁移试验后混凝土试件的吸附氯离子和自由氯离子进行定量分析。将试验结果与Sergi等（1992）得到的自然扩散试验后的氯离子吸附曲线相比，研究人员发现：当自由氯离子浓度较低（<97g/L）时，外加电压可以抑制氯离子的吸附；而当自由氯离子浓度较高时，氯离子吸附能力随外加电压的增大而增大。外加电压会影响氯离子吸附能力的主要原因是其能够减少氯离子与材料内部之间的接触时间并改变液固界面处的双电层特性。

显然，在浓度梯度、干-湿循环或外加电压作用下，氯离子可逐渐穿透混凝土保护层直抵钢筋表面，然后沿着垂直混凝土表面的深度方向建立氯离子分布，如图1.2所示（Toumi et al., 2007），总的氯离子含量随着与混凝土表面距离的增加而逐渐降低。有时，最外层的氯离子浓度会明显降低，如图1.3所示（Ann et al.，2009），混凝土最外层有一个氯离子分布曲线上的凹陷（缺失），造成这一现象的原因是干-湿循环过程中水分的快速移动和因氢氧化钙析出导致的吸附氯离子含量减少。一般不采用表面层的氯离子含量测试结果，而是通过数学拟合计算表面层的氯离子含量，如图1.3所示。除了氯离子总含量外，文献中还研究了游离氯离子和化学结合或物理吸附的氯离子含量分布情况（Glass et al.，2000；Ishida et al.，2009）。

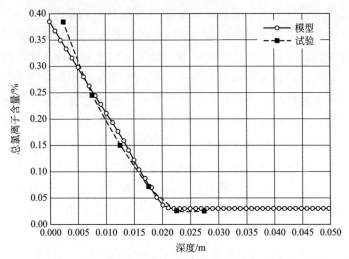

图1.2 浸泡试验中的混凝土氯离子含量分布

Toumi et al.，2007

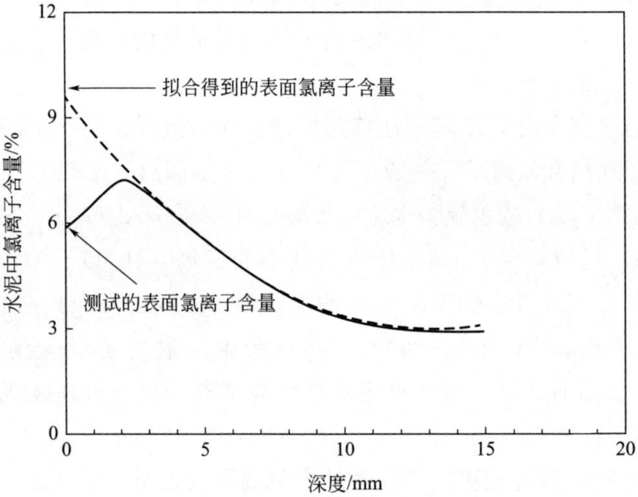

图1.3 氯离子扩散以及表面浓度拟合

Ann et al.，2009

1.3 氯离子和水泥水化产物的相互作用

对于混凝土结构来说，氯离子可能来自原材料（内掺氯离子），或在接触含氯环境时渗透到钢筋表面（外渗氯离子）。在进入水泥混凝土的过程中，孔隙溶液中的氯离子可被未水化水泥组分和胶凝材料水化产物等固相捕获。氯离子与水泥水化产物的相互作用可分为化学作用和物理作用，分别定义为化学结合作用和物理吸附作用。一般认为孔隙溶液中的游离态氯离子是导致钢筋锈蚀的主要原因（Yuan et al., 2009）。然而，Glass 和 Buenfeld（1997，2000）指出，在一定条件下，已被吸附的氯离子可以解吸附成为自由氯离子并释放到孔隙溶液中，参与钢筋的锈蚀过程。氯离子结合对氯离子渗透和氯离子锈蚀的影响有以下三个方面：①降低钢筋附近的游离氯离子浓度，从而减小锈蚀发生的可能性；②减少孔隙溶液中的氯离子浓度，从而延缓氯离子对钢筋的渗透（Li et al., 2015）；③氯离子与水化产物反应形成 Friedel 盐（$C_3A \cdot CaCl_2 \cdot 10H_2O$），导致结构内部孔隙率降低，从而减缓了氯离子的迁移。因此，在研究混凝土中氯离子的迁移时，必须考虑氯离子结合的影响。从图 1.4 可以看出，氯离子结合会改变氯离子沿混凝土深度方向的分布情况（Martin-Pérez et al., 2000）。然而，也有研究称氯离子结合对最终的氯离子渗透深度没有显著影响（Ye et al., 2016）。

由于结合氯离子会对氯离子迁移起阻滞作用，故在寿命预测模型中必须区分游离氯离子和结合氯离子。一般认为化学结合是氯离子与铝酸三钙（$3CaO \cdot Al_2O_3$，简写为 C_3A）或单硫型水化硫铝酸盐（$3CaO \cdot Al_2O_3 \cdot CaSO_4 \cdot nH_2O$，简写为 AFm）反应形成 Friedel 盐或与铁铝酸四钙（$4CaO \cdot Al_2O_3 \cdot Fe_2O_3$，简写为 C_4AF）反应形成 Friedel 盐的类似物（Florea et al., 2012；Ipavec et al., 2013；Yuan et al., 2009）。物理吸附是氯离子吸附到水化硅酸钙（C—S—H）表面的结果。研究水泥基材料的氯离子结合机理发现，结合主要集中在 C—S—H（Shi et al., 2017）和 AFm 相（Chen et al., 2015），前者可控制物理吸附，后者则决定了化学结合氯离子的含量。除此之外，氢氧化钙和钙矾石（Ekolu et al., 2006；Hirao et al., 2005），以及由其他 AFm 相与侵入的氯离子结合形成的 Friedel 盐（Elakneswaran et al., 2009）都可以吸附

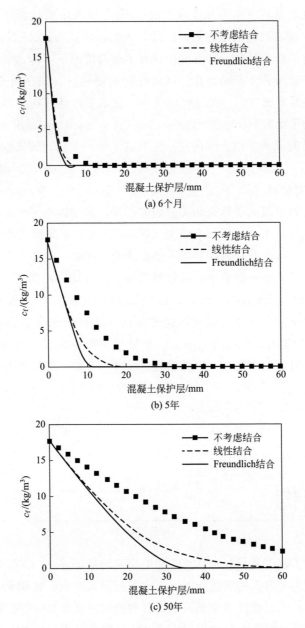

图 1.4 0.5mol/L 孔隙溶液中不同试验时间的自由氯离子浓度分布曲线

Martin-Pérez et al., 2000

氯离子（Florea et al.，2012）。此外，C_3A、C_4AF 等胶凝材料矿物组分中的氧化铝相也能与氯离子结合并形成 Feiedel 盐。氯离子的结合速率通常比扩散速率快得多，所需的时间也较短。因此，人们通常认为孔隙结构内部的氯离子结合处于平衡状态，而这一假设仅在只有扩散的情况下（即当氯离子缓慢移动时）成立。当氯离子快速移动且测试持续时间较短时（如在快速迁移测试中）这个假设可能是不成立的。在这种情况下，氯离子的迁移速率可能过快以至于孔隙溶液中的平衡来不及建立（Barbarulo et al.，2000；Samson et al.，2003）。

研究人员对氯离子结合的研究已经开展了很长时间，该研究还在不同的胶凝体系中进行，包括波特兰水泥基材料（Gbozee et al.，2018；Shi et al.，2016）、碱激发材料（Ke et al.，2017a，2017b）。1997 年，Justnes 系统阐述了与水泥基材料中氯离子结合相关的研究成果，详细讨论了水泥种类、矿物掺合料或其替代物、水泥掺量、水胶比（W/B）、养护和暴露条件以及氯离子来源等各种因素对水泥基材料的氯离子结合性能的影响。此外，许多试验论文和综述中也提到了其他可影响水泥基材料氯离子结合能力的因素（De Weerdt et al.，2014，2015；Florea et al.，2012）。这些研究证实 C_3A 和 C_4AF 的含量主要影响氯离子的化学结合能力，硅酸三钙（$3CaO \cdot SiO_2$，简写为 C_3S）和硅酸二钙（Ca_2SiO_4，简写为 C_2S）的含量主要影响氯离子的物理吸附能力，氢氧根离子和硫酸根离子则会降低水泥基材料的氯离子吸附能力。

1.4 本书结构

本书总结了水泥基材料中氯离子相关研究的最新进展，详细介绍了水泥混凝土结构中氯离子造成的锈蚀问题、氯离子的侵入过程、氯离子与水泥水化产物的相互作用、水泥混凝土中氯离子迁移的影响因素及测试方法。本书一共八章，除第 1 章外，每一章节都先对本章节的选题背景进行简要介绍，然后对选题的各个相关方面进行详细总结。

第 2 章 氯离子在水泥基材料中的传输机理

本章探讨了水泥基材料中的氯离子传输过程，总结了不同氯离子传输形式的机理及其影响因素，包括对流、毛细管吸附作用、扩散、热传递和电迁移。本章的内容有助于了解水泥基材料中的氯离子传输过程，也为后面章节的讨论打下基础。

第3章　氯离子与水泥水化产物之间的物理化学反应

本章介绍了氯离子的结合机理，包括化学结合和物理吸附，介绍了Friedel盐的形成及其稳定性，Friedel盐是影响水泥基材料化学结合能力的主要因素。同时为了解释"氯离子浓聚"现象，讨论了固液界面处双电层的性质，氯离子浓聚现象可看作是水化产物与氯离子之间的不稳定物理吸附。

第4章　氯离子结合及其对水泥基材料性能的影响

本章介绍了不同形式的用于描述水泥基材料的氯离子结合能力的等温吸附曲线，讨论了等温吸附曲线在评估氯离子结合能力方面的应用，总结了氯离子结合在微观结构和性能上对水泥混凝土结构的影响。

第5章　水泥基材料中氯离子传输的试验方法

本章介绍了水泥基材料氯离子传输相关试验方法的分类，综述了这些试验方法的测试步骤、参数及其影响因素，并对不同方法的测试结果进行了比较。

第6章　硝酸银显色法测试水泥基材料的氯离子渗透

作为测定氯离子渗透深度的重要方法，硝酸银显色法被广泛应用。本章讨论了影响渗透深度和变色边界处氯离子浓度的因素。综述了硝酸银显色法在研究氯离子扩散和测定迁移系数中的应用。

第7章　水泥基材料中氯离子传输的影响因素

氯离子的传输是一个复杂的过程，其中会同时发生化学反应和物理反应。在氯离子传输过程中，任何有关材料性能、微观结构和环境条件的变化都会对氯离子的传输过程产生一定的影响。本章详细介绍了影响水泥基材料氯离子传输的各种因素，包括离子间相互作用、微观结构、氯离子吸附和裂缝等。

第8章　水泥基材料中氯离子传输的仿真模拟

氯离子传输是预测混凝土结构服役寿命的重点之一，为此研究人员提出了各种用以模拟水泥基材料中氯离子传输过程的模型。基于前面章节对有关氯离子传输、氯离子吸附及其与微观结构的关系的介绍与讨论，本章总结了几种针对水泥基材料提出的氯离子传输模型及其在不同材料和环境条件下的应用。

参 考 文 献

ALEXANDER M G, NGANGA G, 2014. Reinforced concrete durability: Some recent developments in performance-based approaches. Journal of Sustainable Cement-Based Materials，3（1）：1-12.

ANGST U M, ELSENER B, LARSEN C K, et al., 2011. Chloride induced reinforcement corrosion: Electrochemical monitoring of initiation stage and chloride threshold values. Corrosion Science, 53: 1451-1464.

ANN K, AHN J, RYOU J, 2009. The importance of chloride content at the concrete surface in assessing the time to corrosion of steel in concrete structures. Construction and Building Materials, 23: 239-245.

ANN K Y, SONG H W, 2007. Chloride threshold level for corrosion of steel in concrete. Corrosion Science, 49: 4113-4133.

ARYA C, BUENFELD N, NEWMAN J, 1990. Factors influencing chloride-binding in concrete. Cement and Concrete Research, 20: 291-300.

BARBARULO R, MARCHAND J, SNYDER K A, et al., 2000. Dimensional analysis of ionic transport problems in hydrated cement systems: Part 1. Theoretical considerations. Cement and Concrete Research, 30: 1955-1960.

BAZANT Z P, 1979. Physical model for steel corrosion in concrete sea structures—theory. ASCE Journal of Structure Division, 105: 1137-1153.

BERKE N, BENTUR A, DIAMOND S, 1997. Steel corrosion in concrete: Fundamentals and civil engineering practice. Boca Raton: CRC Press.

BERTOCCI U, YE Y X, 1984. An examination of current fluctuations during pit initiation in Fe-Cr alloys. Journal of the Electrochemical Society, 131: 1011-1017.

BORADE A N, KONDRAIVENDHAN B, 2019. Corrosion behavior of reinforced concrete blended with metakaolin and slag in chloride environment. Journal of Sustainable Cement-Based Materials, 8 (6): 367-386.

BORG R P, CUENCA E, GASTALDO BRAC E M, et al., 2018. Crack sealing capacity in chloride-rich environments of mortars containing different cement substitutes and crystalline admixtures. Journal of Sustainable Cement-Based Materials, 7 (3): 141-159.

BUDELMANN H, HOLST A, WICHMANN H J, 2014. Non-destructive measurement toolkit for corrosion monitoring and fracture detection of bridge tendons. Structure and Infrastructure Engineering, 10: 492-507.

BURSTEIN G, PISTORIUS P, MATTIN S, 1993. The nucleation and growth of corrosion pits on stainless steel. Corrosion Science, 35: 57-62.

CASTELLOTE M, ANDRADE C, ALONSO C, 1999. Chloride-binding isotherms in concrete submitted to non-steady-state migration experiments. Cement and Concrete Research, 29: 1799-1806.

CASTELLOTE M, ANDRADE C, ALONSO C, 2001. Measurement of the steady and non-steady-state chloride diffusion coefficients in a migration test by means of monitoring the conductivity in the anolyte chamber. Comparison with natural diffusion tests. Cement and Concrete Research, 31: 1411-1420.

CHAO C, LIN L, MACDONALD D, 1981. A point defect model for anodic passive films I. Film growth kinetics. Journal of the Electrochemical Society, 128: 1187-1194.

CHAUDHARI S, PATIL P, 2011. Inhibition of nickel coated mild steel corrosion by electrosynthesized polyaniline coatings. Electrochimica Acta, 56: 3049-3059.

CHEN Y, SHUI Z, CHEN W, et al., 2015. Chloride binding of synthetic Ca-Al-NO$_3$ LDHs in hardened cement paste. Construction and Building Materials, 93: 1051-1058.

CHENG Y, WILMOTT M, LUO J, 1999. The role of chloride ions in pitting of carbon steel studied by the statistical analysis of electrochemical noise. Applied Surface Science, 152: 161-168.

DAWSON J, FERREIRA M, 1986. Electrochemical studies of the pitting of austenitic stainless steel. Corrosion Science, 26: 1009-1026.

DE WEERDT K, COLOMBO A, COPPOLA L, et al., 2015. Impact of the associated cation on chloride binding of Portland cement paste. Cement and Concrete Research, 68: 196-202.

DEWEERDT K, ORSÁKOVÁ D, GEIKER M, 2014. The impact of sulphate and magnesium on chloride binding in Portland cement paste. Cement and Concrete Research, 65: 30-40.

DEBERRY D W, 1985. Modification of the electrochemical and corrosion behavior of stainless steels with an electroactive coating. Journal of the Electrochemical society, 132: 1022-1026.

EICHLER T, ISECKE B, BLER R, 2009. Investigations on the re-passivation of carbon steel in chloride containing concrete in consequence of cathodic polarisation. Materials and Corrosion, 60: 119-129.

EKOLU S, THOMAS M, HOOTON R, 2006. Pessimum effect of externally applied chlorides on expansion due to delayed ettringite formation: proposed mechanism. Cement and Concrete Research, 36: 688-696.

ELAKNESWARAN Y, NAWA T, KURUMISAWA K, 2009. Electrokinetic potential of hydrated cement in relation to adsorption of chlorides. Cement and Concrete Research, 39: 340-344.

FLOREA M, BROUWERS H, 2012. Chloride binding related to hydration products: Part Ⅰ: Ordinary Portland Cement. Cement and Concrete Research, 42: 282-290.

GALVELE J R, 1976. Transport processes and the mechanism of pitting of metals. Journal of the Electrochemical Society, 123: 464-474.

GALVELE J, LUMSDEN J, STAEHLE R, 1978. Effect of molybdenum on the pitting potential of high purity 18% Cr ferritic stainless steels. Journal of the Electrochemical Society, 125: 1204-1208.

GBOZEE M, ZHENG K, HE F, et al., 2018. The influence of aluminum from metakaolin on chemical binding of chloride ions in hydrated cement pastes. Applied Clay Science, 158: 186-194.

GHODS P, ISGOR O B, BENSEBAA F, et al., 2012. Angle-resolved XPS study of carbon steel passivity and chloride-induced depassivation in simulated concrete pore solution. Corrosion Science, 58: 159-167.

GLASS G, BUENFELD N, 1997. The presentation of the chloride threshold level for corrosion of steel in concrete. Corrosion Science, 39: 1001-1013.

GLASS G, BUENFELD N, 2000. The influence of chloride binding on the chloride induced corrosion risk in reinforced concrete. Corrosion Science, 42: 329-344.

HIRAO H, YAMADA K, TAKAHASHI H, et al., 2005. Chloride binding of cement estimated by binding isotherms of hydrates. Journal of Advanced Concrete Technology, 3: 77-84.

HOAR T, 1967. The production and breakdown of the passivity of metals. Corrosion Science, 7: 341-355.

HOAR T, JACOB W, 1967. Breakdown of passivity of stainless steel by halide ions. Nature, 216: 1299-1301.

HOU C C, HAN L H, WANG Q L, et al., 2016. Flexural behavior of circular concrete filled steel tubes (CFST) under sustained load and chloride corrosion. Thin-Walled Structures, 107: 182-196.

IPAVEC A, VUK T, GABROVšEK R, et al., 2013. Chloride binding into hydrated blended cements: the influence of limestone and alkalinity. Cement and Concrete Research, 48: 74-85.

IQBAL P O N, ISHIDA T, 2009. Modeling of chloride transport coupled with enhanced moisture conductivity in concrete exposed to marine environment. Cement and Concrete Research, 39: 329-339.

ISHIDA T, IQBAL P O N, ANH H T L, 2009. Modeling of chloride diffusivity coupled with non-linear binding capacity in sound and cracked concrete. Cement and Concrete Research, 39: 913-923.

JAFARZADEH S, ADHIKARI A, SUNDALL P E, et al., 2011. Study of PANI-MeSA conducting polymer dispersed in UV-curing polyester acrylate on galvanized steel as corrosion protection coating. Progress in Organic Coatings, 70: 108-115.

JIN W, ZHANG Y, LU Z, 2008. Mechanism and mathematic modeling of chloride permeation in concrete under unsaturated state. Journal of the Chinese Ceramic Society, 36: 1362-1369.

JOHANSEN H D, BRETT C M, MOTHEO A J, 2012. Corrosion protection of aluminium alloy by cerium conversion and conducting polymer duplex coatings. Corrosion Science, 63: 342-350.

JUSTNES H, 1997. A review of chloride binding in cementitious systems. Nordic Concrete Research, 21: 48-63.

KARPAKAM V, KAMARAJ K, SATHIYANARAYANAN S, et al., 2011. Electrosynthesis of polyaniline-molybdate coating on steel and its corrosion protection performance. Electrochimica Acta, 56: 2165-2173.

KE X, BERNAL S A, HUSSEIN O H, et al., 2017a. Chloride binding and mobility in sodium carbonate-activated slag pastes and mortars. Materials and Structures, 50: 252.

KE X, BERNAL S A, PROVIS J L, 2017b. Uptake of chloride and carbonate by Mg-Al and Ca-Al layered double hydroxides in simulated pore solutions of alkali-activated slag cement. Cement and Concrete Research, 100: 1-13.

KRALJIĆ M, MANDIĆ Z, DUIĆ L, 2003. Inhibition of steel corrosion by polyaniline coatings. Corrosion Science, 45: 181-198.

KRISHNAKUMARK B. PARTHIBAN K, BHASKAR S, 2014. Evaluation of chloride penetration in OPC concrete by silver nitrate solution spray method. International Journal of Chem Tech Research, 6: 2676-2682.

KUANG D, CHENG Y, 2014. Understand the AC induced pitting corrosion on pipelines in both high pH and neutral pH carbonate/bicarbonate solutions. Corrosion Science, 85: 304-310.

LI L, EASTERBROOK D, XIA J, et al., 2015. Numerical simulation of chloride penetration in concrete in rapid chloride migration tests. Cement and Concrete Composites, 63: 113-121.

LIAO X, CAO F, ZHENG L, et al., 2011. Corrosion behaviour of copper under chloride-containing thin electrolyte layer. Corrosion Science, 53: 3289-3298.

LOU X, SINGH P M, 2010, Role of water, acetic acid and chloride on corrosion and pitting behaviour of carbon steel in fuel-grade ethanol. Corrosion Science, 52: 2303-2315.

MARTIN-PÉREZ B, ZIBARA H, HOOTON R, et al., 2000. A study of the effect of chloride binding on service life predictions. Cement and Concrete Research, 30: 1215-1223.

OKAMOTO G, 1973. Passive film of 18-8 stainless steel structure and its function. Corrosion Science, 13: 471-489.

OLIVIER T, 2000. Prediction of chloride penetration into saturated concrete—multi-species approach. Goteborg, Sweden: Chalmers University of Technology.

OTIENO M, BEUSHAUSEN H, ALEXANDER M, 2016a. Chloride-induced corrosion of steel in cracked concrete—Part I: Experimental studies under accelerated and natural marine environments. Cement and Concrete Research, 79: 373-385.

OTIENO M, BEUSHAUSEN H, ALEXANDER M, 2016b. Chloride-induced corrosion of steel in cracked concrete—Part II: Corrosion rate prediction models. Cement and Concrete Research, 79: 386-394.

PACK S W, JUNG M S, SONG H W, et al., 2010. Prediction of time dependent chloride transport in concrete structures exposed to a marine environment. Cement and Concrete Research, 40: 302-312.

POUR-ALI S, DEHGHANIAN C, KOSARI A, 2015. Corrosion protection of the reinforcing steels in chloride-laden concrete environment through epoxy/polyaniline-camphorsulfonate nanocomposite coating. Corrosion Science, 90: 239-247.

RICHARDS L A, 1931. Capillary conduction of liquids through porous mediums. Physics, 1: 318-333.

RICHARDSON J, WOOD G, 1970. A study of the pitting corrosion of Al byscanning electron microscopy. Corrosion Science, 10: 313-323.

ROSENFELD I, MARSHAKOV I, 1964. Mechanism of crevice corrosion. Corrosion, 20: 115-125.

SAMSON E, MARCHAND J, SNYDER K A, 2003. Calculation of ionic diffusion coefficients on the basis of migration test results. Materials and Structures, 36: 156-165.

SAMSON E, MARCHAND J, SNYDER K A, et al., 2005. Modeling ion and fluid transport in unsaturated cement systems in isothermal conditions. Cement and Concrete Research, 35: 141-153.

SATHIYANARAYANAN S, AZIM S S, VENKATACHARI G, 2008. Corrosion protection coating containing polyaniline glass flake composite for steel. Electrochimica Acta, 53: 2087-2094.

SATO N, 1971. A theory for breakdown of anodic oxide films on metals. Electrochimica Acta, 16: 1683-1692.

SERGI G, YU S, PAGE C, 1992. Diffusion of chloride and hydroxyl ions in cementitious materials exposed to a saline. Magazine of Concrete Research, 44: 63-69.

SHI C, HU X, WANG X, et al., 2016. Effects of chloride ion binding on microstructure of cement pastes. Journal of Materials in Civil Engineering, 29 (1): 04016183.

SHI Z, GEIKER M R, DE WEERDT K, et al., 2017. Role of calcium on chloride binding in hydrated Portland cement-metakaolin-limestone blends. Cement and Concrete Research, 95: 205-216.

SINGH J K, SINGH D D N, 2012. The nature of rusts and corrosion characteristics of low alloy and plain carbon steels in three kinds of concrete pore solution with salinity and different pH. Corrosion Science, 56: 129-142.

SONG H W, LEE C H, ANN K Y, 2008. Factors influencing chloride transport in concrete structures exposed to marine environments. Cement and Concrete Composites, 30: 113-121.

SPIESZ P, BROUWERS H, 2012. Influence of the applied voltage on the Rapid Chloride Migration (RCM) test. Cement and Concrete Research, 42: 1072-1082.

SPIESZ P, BROUWERS H, 2013. The apparent and effective chloride migration coefficients obtained in migration tests. Cement and Concrete Research, 48: 116-127.

TANG Y, ZUO Y, WANG J, et al., 2014. The metastable pitting potential and its relation to the pitting potential for four materials in chloride solutions. Corrosion Science, 80: 111-119.

TENNAKOON C, SHAYAN A, SANJAYAN J G, et al., 2017. Chloride ingress and steel corrosion in geopolymer concrete based on long term tests. Materials & Design, 116: 287-299.

TITTARELLI F, BELLEZZE T, 2010. Investigation of the major reduction reaction occurring during the passivation of galvanized steel rebars. Corrosion Science, 52 (3): 978-983.

TOUMI A, FRANCOIS R, ALVARADO O, 2007. Experimental and numerical study of electrochemical chloride removal from brick and concrete specimens. Cement and Concrete Research, 37: 54-62.

URQUIDI M, MACDONALD D D, 1985. Solute-vacancy interaction model and the effect of minor alloying elements on the initiation of pitting corrosion. Journal of the Electrochemical Society, 132: 555-558.

VAN BELLEGHEM B, KESSLER S, VAN DEN HEEDE P, et al., 2018. Chloride induced reinforcement corrosion behavior in self-healing concrete with encapsulated polyurethane. Cement and Concrete Research, 113: 130-139.

VOINITCHI D A, JULIEN S, LORENTE S, 2008. The relation between electrokinetics and chloride transport through cement-based materials. Cement and Concrete Composites, 30: 157-166.

WASEDA Y, SUZUKI S, 2006. Characterization of corrosion products on steel surfaces. Berlin: Springer.

XU W, LIU J, ZHU H, 2010. Pitting corrosion of friction stir welded aluminum alloy thick plate in alkaline chloride solution. Electrochimica Acta, 55: 2918-2923.

YANG Z, WEISS W J, OLEK J, 2006. Water transport in concrete damaged by tensile loading and freeze-thaw cycling. Journal of Materials in Civil Engineering, 18: 424-434.

YE H, JIN N, JIN X, et al., 2016. Chloride ingress profiles and binding capacity of mortar in cyclic drying-wetting salt fog environments. Construction and Building Materials, 127: 733-742.

YUAN Q, SHI C, DE SCHUTTER G, et al., 2009. Chloride binding of cement-based materials subjected to external chloride environment—a review. Construction and Building Materials, 23: 1-13.

第2章

氯离子在水泥基材料中的传输机理

2.1 引言
2.2 氯离子在水泥基材料中的传输
2.3 总结

2.1 引言

氯离子传输是一种传质过程,其研究历史可追溯至19世纪(Middleman,1997;Basmadjian,2004)。扩散(diffusion)、蒸馏(distillation)、烘干(drying)和浸出(leaching)等诸多情况均涉及传质过程。因此,传质过程已成为一个跨学科的基础科学研究课题。目前,研究人员已针对传质过程进行了大量研究,为有关氯离子传输的研究提供了较为坚实的理论基础。由于大量的海洋基础设施是在20世纪40年代建成的,随着时间推移,到了20世纪80年代,混凝土结构的海洋基础设施在氯离子环境下的耐久性问题已十分严峻。在历经数十载的服役后,许多混凝土结构出现了劣化迹象,甚至其中有些结构因劣化严重,不得已被拆除。世界各地的研究小组将继续研究这一问题,逐步加深对混凝土中氯离子迁移的理解。

氯离子可以通过两种途径进入混凝土(Yuan,2009):①混凝土原材料中的氯离子(内掺氯离子);②氯离子从外部环境渗透进入混凝土(外渗氯离子),其主要来自海水和除冰盐。通过限制混凝土原材料的氯离子含量,可以很好地控制混凝土的内掺氯离子含量,但是很难降低或控制外部环境中的氯离子含量。钢筋混凝土在氯离子环境下的服役寿命主要取决于氯离子进入混凝土的过程及其引起的钢筋锈蚀程度。因此,人们应重视氯离子在混凝土中的传输问题。

尽管人们已对与氯离子相关的课题进行了许多研究,但对氯离子传输过程的认识仍未达成一致。正如Tang和Nilsson(2012)所述,由于氯离子传输所涉及的物理化学过程复杂,造成认识不一致的原因至少有三个方面。

① 暴露条件多变。以海洋环境中的混凝土结构为例,尽管不同海水中的氯离子浓度相对恒定,但混凝土结构在不同区域,如完全淹没区、潮汐区、飞溅区、海洋雾区等,会受到不同程度的侵蚀。另外,不同区域的氯离子含量和含水饱和度也不同,因此造成了各区域截面混凝土的劣化严重程度不同。

② 混凝土的结构和组成具有复杂性和时变性。现代混凝土中含有多种成分,主要包括水泥、矿物掺合料、化学外加剂和粗细骨料。混凝土原材料种类

很多且来源广泛，因此各组分间的相互作用比较复杂，同时原材料质量也会有一定的差异。

③ 在实际工程中，氯离子以不同的形式传输，但速率都非常慢。它涉及非常复杂的物理和化学相互作用。由于温度、雨水和阳光的变化所产生的相当复杂的耦合效应无法在实验室中重现，因此，目前对氯离子传输机理的认识尚不明了，现有的氯离子迁移测试方法也可能无法真实反映氯离子的实际传输过程。

综上所述，为有助于后续的研究，本章将综述氯离子在水泥基材料中的基本迁移机理。

2.2 氯离子在水泥基材料中的传输

从物理学角度出发，物理迁移大致可以分为两类：梯度驱动迁移和非梯度驱动迁移。

(1) 梯度驱动迁移

物理学观点认为驱动势能可以引起并控制物理量如质量、能量和电流等的流动。梯度类型可有不同的形式，一般来说可以用两种方式表达（Basmadjian，2004）。一种情况是梯度随流动方向变化，如扩散、传导等。以扩散为例，离子或分子由于浓度差而扩散到基体中，浓度差沿深度变化，因此驱动力沿深度变化。表 2.1 给出了不同驱动力下常见质量传递通量的计算方法。

表 2.1 不同驱动力下常见质量传递通量的计算方法

名称	过程	通量	梯度
菲克定律	扩散	$N/A = -D \dfrac{dc}{dx}$	浓度
傅里叶定律	传导	$q/A = -k \dfrac{dT}{dx}$	温度
傅里叶定律替代方程		$q/A = -\alpha \dfrac{d(\rho c_p T)}{dx}$	能量浓度

续表

名称	过程	通量	梯度
牛顿内摩擦定律	分子动力传输	$F_x/A = \tau_{qx} = -\mu \dfrac{\mathrm{d}v_x}{\mathrm{d}y}$	速率
牛顿内摩擦定律替代方程	分子动力传输	$F_x/A = \tau_{yx} = -\nu \dfrac{\mathrm{d}(\rho v_x)}{\mathrm{d}y}$	动力浓度
泊肃叶定律	圆形管道中的黏性流动	$q/A = v_x = -\dfrac{d^2}{32\mu}\dfrac{\mathrm{d}p}{\mathrm{d}x}$	压力
达西定律	多孔介质中的黏性流动	$q/A = v_x = -\dfrac{K}{\mu}\dfrac{\mathrm{d}p}{\mathrm{d}x}$	压力

注：A 为面积，m^2；N 为摩尔流量，mol/s；D 为扩散系数，m^2/s；c 为浓度，mol/L；x 为深度，m；q 为热流，J/s；k 为热导率，$J/(m \cdot s \cdot K)$；T 为温度，K；α 为热扩散系数，m^2/s；ρ 为密度，kg/m^3；c_p 为比定压热容，$J/(kg \cdot K)$ 或 $J/(mol \cdot K)$；τ 为剪应力，Pa；F_x 为力，N；μ 为黏度，$Pa \cdot s$；ν 为运动黏度，m^2/s；v 为速度，m/s；K 为渗透率，m/s；p 为压强，Pa。

另一种情况是驱动梯度沿流动方向固定，故驱动力可以通过电势除以距离获得。以电场为例，当给样品施加电场时，电场沿着样品的深度是恒定的。表 2.2 给出了在固定驱动力下常见质量传递通量或流量的不同计算方法。

表 2.2 在固定驱动力下常见质量传递通量或流量的不同计算方法

过程	通量或流量	驱动力	阻抗
电流量(欧姆定律)	$I = \Delta U/R$	ΔU	R
对流传质	$N/A = k_c \Delta c$	Δc	$1/k_c$
对流传热	$q/A = h \Delta T$	ΔT	$1/h$
渗透压引起的水流动	$N_A/A = P_w \Delta \pi$	$\Delta \pi$	$1/P_w$

注：I 为电流，A；ΔU 为电压差，V；R 为电阻，Ω；k_c 为传质系数，m/s；N 为流量，mol/s；Δc 为浓度差，mol/m^3；q 为热通量，W/m^2；A 为截面积，m^2；h 为传热系数，$J/(m^2 \cdot K)$；ΔT 为温度差，℃；N_A 为摩尔流量，mol/s；P_w 为透水系数，$mol/(N \cdot s)$；$\Delta \pi$ 为渗透压力，Pa。

（2）非梯度驱动迁移

通常多数迁移都是由梯度驱动的，毛细效应可能是非梯度驱动迁移的唯一机理。毛细效应亦称为毛细管运动、毛细管作用或芯吸。它是液体在没有外力（如重力）的帮助下，能够在狭窄孔隙中流动的能力，甚至流动方向可以是与外力相反的方向。由于液体和周围固体表面之间存在分子间力，这种现象在日常生活中经常发生。如果管的直径足够小，在液体与孔壁之间的表面张力和黏合力的共同作用下，液体将被推入窄孔内。

硬化水泥净浆和混凝土都是多孔材料。水化后的水泥浆体除含有固体外，还含有各种孔隙。水泥净浆的孔隙率可以达到体积的30%~40%，孔隙大小从纳米级到毫米级不等，并且，孔隙率和孔隙结构都对水泥基材料的渗透性有着重要影响。一般来说，水泥基材料内部的孔隙包括C—S—H层间空间、毛细管孔隙和气孔（图2.1）（Metha et al.，2006）。假设C—S—H层间空间宽度为0.5~2.5nm，占固体C—S—H孔隙率的28%。该孔径相对来说太小，不会对硬化水泥浆体的渗透性产生不利影响。毛细管孔隙空间未被水化水泥固相填充，大小从10nm至几微米不等。一般认为，小于50nm的毛细管孔隙对硬化水泥浆体的渗透性是没有影响的，仅当毛细管孔径大于50nm时才会产生影响。气孔中含有引入或裹挟的空气。引入气泡孔径通常在50~200μm之间，夹带气泡孔径可达3mm，两者对硬化水泥浆体的渗透性均有影响。

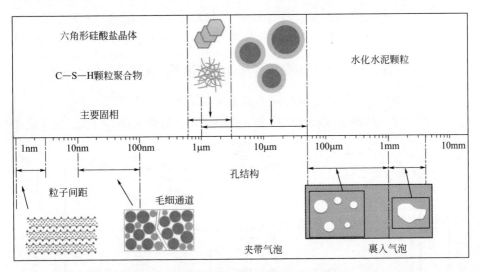

图2.1 硬化水泥浆体中孔隙的尺寸范围
Metha et al.，2006

根据孔径连通情况，一般可将水泥基材料中的孔隙分成两类，分别是开孔（连通）孔隙和闭孔（不连通）孔隙。外部环境中的氯离子可以通过连通孔隙渗透到水泥基材料内部。在不同的条件下，氯离子可以通过不同的方式进入水泥基材料，且氯离子渗透性与水泥浆体的透水性紧密相关。不同于水分子，氯离子是带电粒子，其运动受到许多力的驱动。一些驱动力存在于实际工程中，而另一些只存在于用来加速氯离子传输的特殊技术中。

如上所述，氯离子在硬化水泥基材料中的传输可以通过扩散、电迁移、对流或渗透、毛细效应和热传递等多种机理实现（Yuan，2009）。在许多实际工程中，氯离子通过多种机理的耦合作用进入混凝土。下面将详细讲述这些传输机理。

2.2.1 电迁移

当存在外部电场时，溶液中的氯离子快速地向正极移动，这一原理广泛应用于加速氯离子迁移试验，这将在后续的章节中详细讨论。此外，该原理还应用于除去遭受氯离子污染的混凝土中的氯离子（Orellan et al.，2004；Toumi et al.，2007）。当离子在电场作用下移动时会产生浓度差，同时也会产生扩散。离子在电场作用下移动的数学表达式为（Andrade，1993）：

$$J(x) = -D\left(\frac{\partial c}{\partial x} + \frac{zF}{RT} \times c \times \frac{\partial E}{\partial x}\right) \tag{2.1}$$

式中，J 为离子的流量；D 为扩散系数；c 为离子浓度；z 为离子的电价；F 为法拉第常数；E 为电场强度；R 为通用气体常数；x 为位置变量；T 为温度；$\frac{\partial c}{\partial x}$ 是扩散项，在足够强的外加电场作用下，此项通常忽略不计。

图 2.2 给出了在外加电场作用下加速氯离子电迁移试验中的迁移过程和反应示意图，这个试验装置通常由两个溶液槽和一块混凝土样品组成。由于电场

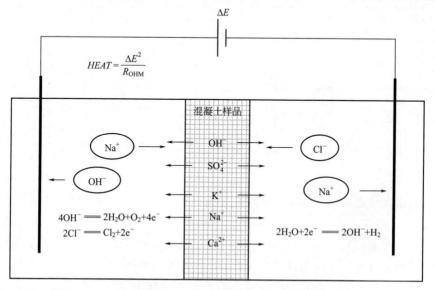

图 2.2　加速氯离子电迁移试验中的迁移过程和反应示意图
$HEAT$—热量；ΔE—电势差；R_{OHM}—欧姆电阻

的作用，两个电极附近会发生一些电化学反应。如果电极是惰性材料，在正极发生的电解反应为：

$$4OH^- = 2H_2O + O_2 + 4e^- \tag{2.2}$$

$$2Cl^- = Cl_2 + 2e^- \tag{2.3}$$

如果正极材料是铁，则在电化学反应下铁会释放出电子，导致正极表面出现铁锈现象：

$$Fe = Fe^{3+} + 3e^- \tag{2.4}$$

负极的反应为：

$$2H_2O + 2e^- = 2OH^- + H_2 \tag{2.5}$$

如果电场很强，可能会产生大量热量，导致混凝土的微结构发生变化。

为去除混凝土中被污染部分的氯离子，可使用外加电场法将其驱逐出混凝土，例如电化学除氯离子法（electrochemical chloride extraction method，ECE）（Polder，1994；Siegwart et al.，2003；Elsener et al.，2007；Zheng et al.，2015；Luan et al.，2017）。ECE法是在混凝土结构内部的钢筋和由金属网构成的外部电极之间施加电场。在电场的作用下，带电离子（如氯离子）被吸引到位于混凝土外表面的正极上，同时阳离子（即Ca^{2+}、K^+、Na^+）迁移到混凝土内部，氢氧根离子（OH^-）也会聚集在钢筋表面。图2.3为ECE法示意图。使用ECE法可延长受氯离子侵蚀的混凝土结构的服役寿命。此外，该法能在不破坏混凝土结构的前提下，去除混凝土中的氯离子，对环境影响小，效率高。

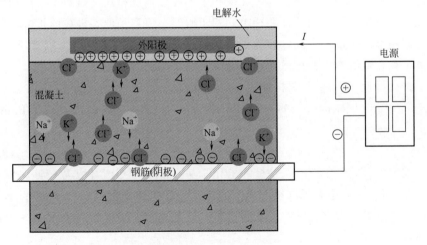

图2.3　ECE法示意图

Luan et al.，2017

在 ECE 法中，正极和负极发生不同的电解反应。正极反应是：

$$2OH^- \Longrightarrow \frac{1}{2}O_2 + H_2O + 2e^-$$

$$2H_2O \Longrightarrow O_2 + 4H^+ + 4e^-$$

$$2Cl^- \Longrightarrow Cl_2 + 2e^- \tag{2.6}$$

负极处生成氢氧根离子，进一步降低了钢筋的锈蚀风险。负极反应如下：

$$\frac{1}{2}O_2 + H_2O + 2e^- \Longrightarrow 2OH^-$$

$$2H_2O + 2e^- \Longrightarrow H_2 + 2OH^- \tag{2.7}$$

饱和氢氧化钙和饱和氢氧化钠溶液是最常用作外部电解质的溶液。ECE 法中使用的电流密度大多在 $1\sim5A/m^2$ 之间（Siegwart et al.，2003；Elsene et al.，2007；Luan et al.，2017）。

Orellan 等（2004）研究发现，经过 ECE 法处理一周后，试件内部氯离子含量降低了 40% 左右，同时在钢筋的周围观察到大量的碱性离子。试验结果表明，该方法的除氯效率可达 70%。

2.2.2 扩散

当混凝土处于饱和状态时，氯离子在混凝土中的传输方式主要是扩散。饱和混凝土同时包含固相和液相，因此氯离子是在非均质体而不是均质体中传输。在浓度梯度的作用下，氯离子是以一种"自由移动"的方式在连续的液相中进行传输，如图 2.4 所示。与在液相中的传输速度相比，氯离子在固相中的扩散可以忽略不计。当传输路径被固相阻碍时，氯离子便不再往前扩散，而是绕过固相继续扩散。因此，氯离子在混凝土中的扩散速率由两个因素所决定：氯离子在孔隙溶液中的扩散速率；毛细管孔结构的物理特性。

扩散情况下，电化学梯度是唯一的驱动力。离子的电化学势可以用式（2.8）表示（Rieger，1994；Zhang et al.，1994；Tang，1999；Poulsen et al.，2006）：

$$\mu = \mu_0 + RT\ln(\gamma c) \tag{2.8}$$

式中，μ 是化学势；μ_0 是标准电化学势；R 是理想气体常数；T 是温度；γ 是活度系数；c 是离子浓度。离子的传输是在电化学势的作用下进行的，而电化学势由驱动力（化学势）和滞后力（反电场）所组成，可表示为（Tang，1999）：

$$J = -\frac{D}{RT} \times c\nabla\mu = -D\frac{\partial c}{\partial x}\left(1 + \frac{\partial \ln\gamma}{\partial \ln c}\right) - cD\frac{zF}{RT} \times \frac{\partial E}{\partial x} \tag{2.9}$$

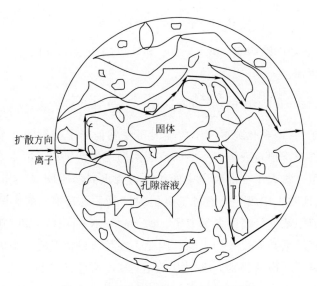

图 2.4　离子穿过混凝土的微观示意图

式中，J 是离子的流量；$\nabla \mu$ 表示离子的电化学势；D 是扩散系数；z 是离子的电价；F 是法拉第常数；E 是电场强度；R 是通用气体常数；x 是位移变量。

为了简化计算，在很多文献中，$\dfrac{\partial \ln \gamma}{\partial \ln c}$ 和 $cD \dfrac{zF}{RT} \times \dfrac{\partial E}{\partial x}$ 两项通常都被省略掉，式(2.9)便成为菲克第一定律：

$$J = -D \dfrac{\partial c}{\partial x} \tag{2.10}$$

在实际应用中，菲克第一定律只适用于稳态，也就是浓度不随时间变化而变化的情况。通过对菲克第一定律求导可以得到适用于非稳态的方程，也就是菲克第二定律（Crank，1975）：

$$\dfrac{\partial c}{\partial t} = \dfrac{\partial J}{\partial x} = -\dfrac{\partial c}{\partial x}\left(D \dfrac{\partial c}{\partial x}\right) = D \dfrac{\partial^2 c}{\partial x^2} \tag{2.11}$$

菲克第二定律的解析解可以通过以下边界条件和初始条件求得：$c(x=0, t>0) = c_0$（表面离子浓度恒等于 c_0）；$c(x>0, t=0) = 0$（试件内部的初始浓度为零）；$c(x=\infty, t>0) = 0$（在离表面无限远的地方，浓度一直等于零），由此可得到经典误差函数解：

$$c(x, t) = c_0 \left[1 - \mathrm{erf}\left(\dfrac{x}{\sqrt{4D}}\right)\right] \tag{2.12}$$

$$\mathrm{erf}(z) = 2/\sqrt{\pi} \int_0^z \exp(-u^2)\mathrm{d}u \tag{2.13}$$

式中，erf 是误差函数。式(2.12)和式(2.13)经常用于描述硬化混凝土中的氯离子传输。

可以看出式(2.9)中的 $\dfrac{\partial \ln\gamma}{\partial \ln c}$ 和 $cD\dfrac{zF}{RT}\times\dfrac{\partial E}{\partial x}$ 均为零，这表示氯离子被假设为"中性粒子"，即在孔隙溶液中传输时不受其他离子的影响。很明显，这个假设的正确性非常值得商榷。一些研究表明即使保持氯离子浓度不变，仅改变阳离子的类型，氯离子在混凝土中的传输行为也截然不同（Ushiyama et al., 1974）。这就证明了阳离子类型对氯离子的扩散系数有很大的影响。此外，混凝土孔隙溶液中浓度较高的各种离子，如 Na^+、K^+、SO_4^{2-} 和 OH^- 等，同样对氯离子的扩散系数有很大的影响。因此，在数值模拟混凝土中氯离子传输的过程时，氯离子不应该被假设为"中性粒子"，而应该是带有负电荷的粒子，同时还必须考虑离子间的相互作用，这将在后面的章节中详细讨论。理解硬化水泥浆体中的氯离子扩散机理对于预测混凝土结构的耐久性具有重要意义。对于低水胶比的水泥浆体中的氯离子传输，C—S—H 中的凝胶孔是其重要通道，双电层对其起重要的作用。试验结果表明，氯离子的有效扩散系数与氚化水（HTO）接近，且大于钠离子，这一差异可以归因于带电 C—S—H 表面附近的双电层。为了理解 C—S—H 中不同离子的迁移过程并测定其有效扩散系数，提出了一种结合原子尺度和孔隙尺度的多尺度建模技术。

2.2.3 对流

对于许多位于海平面以下的基础设施而言，混凝土常处于水饱和状态，并承受着稳定的静水压力。如果混凝土表面存在静水压力，同时液体中存在氯离子，那么氯离子便会在压力的作用下随溶液一起加速渗透进入混凝土。这一现象可用达西定律来解释，该定律是一个描述流体通过多孔介质的方程，最初用于地球科学，具体表达形式如下（Whitaker, 1986）：

$$Q = -\dfrac{\kappa A(p_b - p_a)}{\mu L} \tag{2.14}$$

式中，Q 为总流量，m^3/s；κ 为介质固有渗透率；A 为流量横截面面积，m^2；$(p_b - p_a)$ 为总压力降，Pa；μ 为液体黏度，Pa·s；L 为压降发生长度，m。

一般的达西定律表达式：

$$q = -\frac{\kappa}{\mu} \nabla p \tag{2.15}$$

式中，q 为流通量，m/s；∇p 为压力梯度矢量，Pa/m。

达西定律是一个简单明了的数学方程，从该方程中可以直接推导出一些基本原理：

① 如果一段距离内没有压力梯度，则不会产生流动。

② 如果存在压力梯度，则会产生从高压向低压的流动。

③ 多孔材料的压力梯度越大，离子扩散速率越大。

2.2.4 热传递

温度梯度也是一个驱动质量传递的重要势能。众所周知，离子或分子在高温环境中比在低温环境中移动快。在实际工程中，有可能发生氯离子的热传递。如果饱和混凝土内部的氯离子浓度是均匀的，当加热混凝土的一部分时，氯离子便会由温度高的部位迁移到温度低的部位。比如，当已被除冰盐污染的饱和混凝土受到阳光直射时，温度升高，氯离子便会在温差的作用下由混凝土外部向内部迁移。值得注意的是，此过程较为复杂，存在热量与质量的耦合作用。另外，这一过程也伴随着一定的扩散现象。

2.2.5 毛细效应

毛细效应与其他机理不同，驱动氯离子迁移的并不是电势，而是一种由各相内部和接触界面对分子的吸引力之差引起的自由界面能。随着差值的增大，孔隙溶液等流体被保留在半浸泡液面的多孔介质中。毛细管中的界面张力或吸力使水上升并形成凸液面或凹液面。如上所述，毛细效应可以用拉普拉斯方程来描述，液体的进入取决于表面张力、接触角和孔隙半径。由于混凝土原材料具有亲水性，且毛细孔隙半径在纳米级到毫米级之间，因此含氯离子的溶液在毛细作用下可以非常快地进入混凝土。然而，这种输送机理通常局限于浅层覆盖区域，故除非混凝土质量极差且钢筋埋藏较浅，否则其本身不会将氯离子带到钢筋表面。但是毛细效应确实能将氯离子迅速带到混凝土的一定深度处，由此缩短氯离子扩散到钢筋的距离（Thomas et al.，1995）。

图 2.5 所示是一种常用的测试毛细管作用的装置。由于水不能润湿玻璃，故当垂直玻璃管的下端置于水中时，形成凹液面。但是如果把混凝土管放在水中，因为混凝土可以被水润湿，所以形成凸液面。当液体能润湿毛细管孔时，

流体和毛细管孔壁将液体柱提起,直到有足够的液体用重力克服这些表面张力。孔的半径、接触角和液体的表面张力都能影响其被表面张力提升的高度,这也可以用拉普拉斯方程来描述(Basford,2002):

$$h = \frac{2\gamma\cos\theta}{\rho g r} \quad \text{或} \quad P = \frac{2\gamma\cos\theta}{r} \tag{2.16}$$

式中,h 为液体在毛细管中上升的高度,cm;γ 为液体的表面张力系数,mN/m;θ 为液体表面对固体表面的接触角,°;ρ 为液体密度,g/cm³;g 为重力加速度,cm/s²;r 为毛细管的半径,cm。

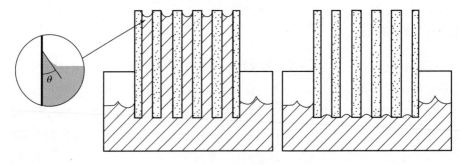

图 2.5　毛细效应

2.2.6　耦合效应

在实际工程中,氯离子的来源多为海水或除冰盐。对于暴露在海洋环境中的混凝土结构,为了快速施工和节约成本,拆除模板的时间一般会早于 28 天。当混凝土结构首次暴露在氯离子环境中时,混凝土通常是不饱和的,且水化程度相对较低。因此氯离子可以快速进入混凝土。在这种情况下,混凝土中氯离子的迁移将会涉及多种机理,并存在各种机理相互作用的耦合效应。例如,对于非饱和混凝土结构,首先发生的是毛细效应,它将含有氯离子的溶液带入混凝土表层,可以用拉普拉斯方程计算得到毛细效应使溶液进入混凝土的深度,或因毛细效应使溶液进入混凝土并达到饱和时的深度。之后,氯离子再通过扩散作用进入混凝土。

混凝土作为一种多孔材料,随着服役时间增加,并由于受两种因素影响,氯离子仅在孔隙中传输。首先,水泥颗粒的持续水化降低了孔隙率,使基体致密化,如图 2.6 所示。混凝土的孔隙率和孔径随养护时间的增加而减小,早期孔隙率和孔径下降较快,后期下降较慢。其次,混凝土在使用过程中会发生不同程度的劣化,而劣化会导致孔隙结构变粗。

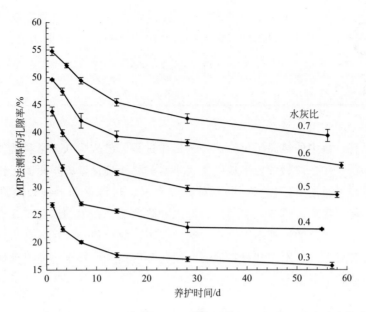

图 2.6 由压汞法（MIP）测得的养护时间和水灰比对混凝土总孔隙率的影响
Metha et al.，2006

值得注意的是，在海洋环境中，由于氯离子环境复杂，混凝土结构的不同部位会受到不同程度的侵蚀。根据海水与结构各部分间的相互作用，或结构与海水之间的距离，侵蚀部分可划分为长期暴露区、潮汐区和水下区。对于长期暴露区，混凝土结构与含氯物质相互作用，氯离子沉淀在混凝土结构上。在这种情况下，混凝土通常是不饱和的。对于潮汐区，混凝土将经历干湿循环。在干湿循环作用下，氯离子渗透速率非常快。故在这一区域，混凝土性能劣化最为严重。水下区的混凝土为水饱和状态，氯离子主要以扩散形式进入到混凝土中。值得一提的是，尽管混凝土中氯离子浓度较高，但由于水下区缺乏氧气，故较少出现钢筋锈蚀现象。

在冬季，常用除冰盐除去路面上的冰雪，钢筋混凝土结构经常因冻融循环和除冰盐侵蚀的耦合作用而遭到严重破坏。冻融循环会导致结构吸收额外水分，即霜冻吸力。如果超过临界含水饱和度，混凝土的微观结构很可能会严重劣化，使氯离子侵入的概率增大，进而发生钢筋锈蚀的可能性急剧增加（Kessler et al.，2017）。研究结果表明，冻融循环可显著加快氯离子在混凝土中的渗透。氯离子扩散系数的增加可用冻融循环的线性函数来描述。在冻害和氯离子渗透的共同作用下，钢筋锈蚀的速率将大大加快（Zhang et al.，2017）。显然，冻融耦合作用使混凝土内部的氯离子渗透过程变得更加复杂。

2.3 总结

水泥基材料中的氯离子传输是一种传质过程，已成为众多学科关注和研究的重要课题，并在该领域已形成坚实且丰富的科学理论基础。氯离子作为一种带电粒子，可通过电迁移、扩散、对流或渗透、热传递和毛细效应进入混凝土。在实际工程中，氯离子主要来自海水和除冰盐。在不同情况下，混凝土中氯离子传输所涉及的机理不同。在多数情况下，氯离子是通过各种机理的耦合作用进入混凝土的。水泥基材料的不断演化和氯离子的耦合传输机理使得氯离子的传输过程十分复杂。

参 考 文 献

ANDRADE C，1993. Calculation of chloride diffusion coefficients in concrete from ionic migration measurements. Cement and Concrete Research，23：724-742.

BASMADJIAN D，2005. Mass transfer：Principles and applications. Florida：CRC Press.

BASFORD J R，2002. The law of laplace and its relevance to contemporary medicine and rehabilitation. Archives of Physical Medicine and Rehabilitation，83：1165-1170.

CRANK J，1975. The mathematics of diffusion. 2nd ed. London：Oxford University Press.

ELSENER B，ANGST U，2007. Mechanism of electrochemical chloride removal. Corrosion Science，49：4504-4522.

KESSLER S，THIEL C，GROSSE C U，et al.，2017. Effect of freeze-thaw damage on chloride ingress into concrete. Materials and Structures，50：121.

LUAN R，MARCELO H，EDUARDO P，et al.，2017. Electrochemical chloride extraction：Efficiency and impact on concrete containing 1% of NaCl. Construction and Building Materials，145：435-444.

METHA P K，MONTEIRO P J M，2006. Concrete，microstructure，properties and materials. New York：McGraw-Hill Press.

MIDDLEMAN S，1997. Introduction to mass and heat transfer. New York：John Wiley.

ORELLAN J C，ESCADEILLAS G，ARLIGUIE G，2004. Electrochemical chloride extraction：Efficiency and side effects. Cement and Concrete Research，34：227-234.

POULSEN E，MEJLBRO L，2006. Diffusion of chloride in concrete：Theory and applications. Taylor & Francis.

POLDER R B，1994. Electrochemical chloride removal of reinforced concrete prisms containing chloride from sea water exposure. UK Corrosion & Eurocorr'94，Bournemouth.

RIEGER P H, 1994. Electrochemistry. 2nd ed. New York: Chapman & Hall.

SIEGWART M, LYNESS J F, MCFARLAND F J, 2003. Change of pore size in concrete due to electrochemical chloride extraction and possible implications for the migration of ions. Cement and Concrete Research, 33: 1211-1221.

TANG L, NILSSON L, MUHAMMEDBASHEER P A, 2012. Resistance of concrete to chloride ingress: Testing and modelling. Florida: CRC Press.

TANG L, 1999. Concentration dependence of diffusion and migration of chloride ions: Part 1. Theoretical considerations. Cement and Concrete Research, 29: 1463-1468.

TOUMI A, FRANÇOIS R, ALVARADO O, 2007. Experimental and numerical study of electrochemical chloride removal from brick and concrete specimens. Cement and Concrete Research, 37: 54-62.

THOMAS M D A, PANTAZOPOULOU S J, ANDMARTIN-PEREZ B, 1995. Service life modelling of reinforced concrete structures exposed to chlorides—A literature review, prepared for the ministry of transportation. Toronto: University of Toronto Press.

USHIYAMA H, GOTO S, 1974. Diffusion of various ions in hardened portland cement pastes: 6th International Congress on the Chemistry of Cement. Moscow, Russia: ICCC. 2: 331-337.

YUAN Q, 2009. Fundamental studies on test methods for the transport of chloride ions in cementitious materials. Ghent: Ghent University.

WHITAKER S, 1986. Flow in porous media I: A theoretical derivation of Darcy's law. Transport in Porous Media, 1: 3-25.

ZHANG T, GJORV O E, 1994. An electrochemical method for accelerated testing of chloride diffusion. Cement and Concrete Research, 24: 1534-1548.

ZHANG P, CONG Y, VOGEL M, et al., 2017. Steel reinforcement corrosion in concrete under combined actions: The role of freeze-thaw cycles, chloride ingress, and surface impregnation. Construction and Building Materials, 148: 113-121.

ZHENG L, JONES M R, SONG Z, 2016. Concrete pore structure and performance changes due to the electrical chloride penetration and extraction. Journal of Sustainable Cement-Based Materials, 5 (1-2): 76-90.

第3章

氯离子与水泥水化产物之间的物理化学反应

3.1 引言
3.2 Friedel 盐的形成
3.3 Friedel 盐的稳定性
3.4 氯离子物理吸附
3.5 氯离子浓聚现象
3.6 氯离子与其他化合物结合
3.7 总结

3.1 引言

当环境溶液中的氯离子渗入混凝土时，部分氯离子可被混凝土内的水泥水化产物捕获，这个过程称为氯离子结合。氯离子结合对研究钢筋混凝土结构的服役寿命具有重要意义。因此，在研究混凝土中的氯离子迁移时，必须考虑氯离子结合的影响。混凝土是一种多孔材料，有固体和孔隙两种组分。与孔隙结构相比，通过混凝土固体基质部分的质量传递可以忽略不计。对于饱和混凝土，氯离子的传输主要由孔隙溶液中的质量传递控制；对于非饱和混凝土，主要由毛细效应控制。大多数情况下，钢筋混凝土结构的服役寿命主要取决于氯离子从外部环境渗透到混凝土中的过程。

氯离子可以存在于孔隙溶液中，也可以通过化学反应与水化产物结合，或物理吸附于水化产物表面。一些研究人员认为，只有孔隙溶液中的游离氯离子才会引发锈蚀。但是，某些特定条件下释放到孔隙溶液中的结合氯离子也可能是引发锈蚀的原因。因此，有时在评估钢筋在混凝土中的锈蚀风险时，用总氯离子含量代替游离氯离子含量。由于结合氯离子的阻滞作用，在使用寿命预测模型时必须区分游离氯离子和结合氯离子。化学结合通常是氯离子与 C_3A 或 AFm 反应形成 Friedel 盐，或与 C_4AF 反应形成 Friedel 盐的类似物。物理吸附则是氯离子吸附到 C—S—H 表面。氯离子与 C—S—H 之间的相互作用有三种类型：存在于水化硅酸钙的化学吸附层中；存在于 C—S—H 层间空间中；紧密结合于 C—S—H 晶格中。一般认为形成 Friedel 盐是氯离子结合的主要机理，占结合氯离子的绝大部分。除此之外，$Ca(OH)_2$ 和 Friedel 盐在氯离子结合中也发挥了作用（尽管总共只占结合氯离子的 2%～5%）。在水泥基材料中，氯离子可以与不同的水化产物 [OH-AFm（$C_3A \cdot Ca(OH)_2 \cdot 12H_2O$）、$SO_4$-AFm（$C_3A \cdot CaSO_4 \cdot 14H_2O$）、C—S—H、$Ca(OH)_2$、Friedel 盐] 结合。在不同的研究中，这些水化产物的氯离子结合能力也有所不同。一般来说，内掺氯离子的结合受 C_3A 和 C_4FA 中铝相含量的影响，而外渗氯离子在材料内部的结合主要是受 AFm 相的化学结合和 C—S—H 凝胶的物理吸附的影响。

在研究氯离子传输过程时，往往没有区分化学结合氯离子与物理吸附氯离子，而是采用氯离子等温吸附曲线来描述水泥基材料的氯离子结合能力。本章讨论了水泥基材料中氯离子的化学结合和物理吸附机理，分别阐述了作为化学结合和物理吸附主要机理的 Friedel 盐的形成过程以及氯离子浓聚现象。

3.2 Friedel 盐的形成

氯离子的化学结合一般与孔隙溶液中的氯离子和水泥水化产物或水泥体系中其他固相的化学反应有关。在水泥材料内部，孔隙溶液中的氯离子可以与不同的水化产物或固相结合。如前所述，氯离子可以通过两种方式进入混凝土：通过混凝土组分（内掺氯离子）；从外部环境渗透进入材料内部（外渗氯离子）。外渗氯离子和内掺氯离子影响氯离子结合的方式不同（Hassan，2001）。Nagataki 等（1993）发现外渗氯离子的结合能力约为相应水泥浆体中内掺氯离子结合能力的 2~3 倍。

Florea 和 Brouwers（2012）定量研究了在不同外部氯离子浓度下硅酸盐水泥水化产物的氯离子结合能力。结果表明，在不同的氯离子浓度下，OH-AFm 相对材料的氯离子结合能力贡献最大。但是，随着外部氯离子浓度的增加，OH-AFm 相对水泥基材料氯离子结合的影响减小，当氯离子浓度大于 15mmol/L 时，所有的 OH-AFm 相都转化为 Friedel 盐。随着氯离子浓度的增加，SO_4-AFm 相在氯离子结合中的作用越来越重要。根据 Florea 和 Brouwers（2012）的研究结果，当氯离子浓度从 0.3mol/L 增加到 3.0mol/L，SO_4-AFm 对氯离子结合的贡献也从 13% 增加到 33%。当外部环境的氯离子浓度足够高时，SO_4-AFm 结合的氯离子含量可以与 OH-AFm 达到同一水平。铝相和 AFm 相是水泥基材料内部与氯离子结合并形成 Friedel 盐的主要物质。

3.2.1 氯离子与铝相反应

很多学者针对氯离子的化学结合进行了大量的研究。Diamond 等（Diamond，1986；Shi et al.，2017；Ke et al.，2017；Paul et al.，2015）发现 C_3A 可与氯离子反应生成 Friedel 盐。Hewlett 等（Hewlett，2003；Chen et al.，2015）的研究表明，铝酸盐含量与水泥的化学结合能力成正比的假设仅对内掺氯离子有效。Diamond 等（Diamond，1986；Gong et al，2016；Suryavanshi et al.，1996b；Yang et al.，2019）探究了在内掺氯离子和外渗氯离子两种情况下生成 Friedel 盐的过程。

对于内掺氯离子，人们普遍认为水泥中的 C_3A 相在水泥水化过程中可以与氯离子反应并生成 Friedel 盐（Diamond，1986；Kim et al.，2016）。然而，硫酸根离子也可以与 C_3A 反应，从而降低了可以吸附氯离子的 C_3A 含量。实际上，在水泥水化前，C_3A 会优先与硫酸根离子反应形成钙矾石晶体 $[Ca_6Al_2(SO_4)_3(OH)_{12} \cdot 26H_2O$，AFt]，直到硫酸盐耗尽之后，$C_3A$ 才可以与内掺氯离子反应生成 Friedel 盐。如果体系中的氯离子含量有限，则 AFt 相可以通过与残余的 C_3A 和 C_4AF（Spice，2016；Midgley et al.，1984）反应转化为 AFm。Ekolu 等（2006）的研究揭示了钙矾石与氯离子结合的机理。钙矾石可以在没有氯盐的情况下由 C—S—H 凝胶脱去吸附的硫酸根离子而形成。随着氯离子浓度的增加，单硫酸盐水合物在氯离子的作用下释放出硫酸根离子，加速硫酸根离子与未受氯离子影响的单硫酸盐水合物形成钙矾石的反应。但是，当氯离子浓度超过临界值时，单硫酸盐水合物和钙矾石都会被氯离子破坏，从而转化为 Friedel 盐和石膏。

由于材料中的大部分 C_3A 相参与了水化反应，故外渗氯离子的结合情况和内掺氯离子不同。Mehta（1977）发现 AFm 和 AFt 不会参与外渗氯离子的结合。Midgley 和 Illston（1984）声称，只有未水解的 C_3A 才能与氯离子结合形成 Friedel 盐，但后来 Glasser（2001）得出了不同的结论：水化的 C_3A 也能与氯离子反应生成 Friedel 盐。通常情况下，水泥基材料的化学结合能力由铝酸盐和铁铝酸盐的含量决定。根据王绍东等（2000）的研究，通常在水泥混凝土中，硫酸根离子、碳酸根离子和氯离子处于共存状态，且氯离子只能与和硫酸根离子、碳酸根离子反应后的残留铝酸盐发生反应，即水泥基材料的氯离子结合能力与经硫酸根和碳酸根离子消耗后的铝酸盐和铁铝酸盐的含量有关。

Ben-Yair（1974）提出水泥基材料中内掺 $CaCl_2$ 与 C_3A 反应的化学方程为：

$$C_3A + CaCl_2 + 10H_2O =\!=\!= C_3A \cdot CaCl_2 \cdot 10H_2O \tag{3.1}$$

对于内掺 NaCl，NaCl 首先会与 $Ca(OH)_2$ 发生反应：

$$Ca(OH)_2 + 2NaCl =\!=\!= CaCl_2 + 2Na^+ + 2OH^- \tag{3.2}$$

之后才会发生如式（3.1）所示的化学反应。研究发现，添加三异丙醇胺（TIPA）可加速铝相的溶解和 Friedel 盐的形成（Ma et al.，2018）。

一些学者（Csizmadia et al.，2001；Baroghel-Bouny et al.，2012；Xu et al.，2016）也研究了氯离子与 C_4AF 之间的反应，他们认为该反应生成了 Friedel 盐的类似物（$C_3F \cdot CaCl_2$）。然而，目前尚不清楚这种反应对水泥基材料氯离子结合的意义。

3.2.2 氯离子与 AFm 相反应

AFm 是水泥基材料内部同一结构化合物的统称，包括 SO_4-AFm、OH-AFm、CO_3-AFm（$C_3A \cdot CaCO_3 \cdot 10H_2O$），以及它们中任意两种的混合物。通常研究者认为 AFm 相可以通过化学结合的方式结合氯离子（Ekolu et al.，2006；Glasser et al.，1999；Matschei et al.，2007）。在水化水泥基材料中，大多数 AFm 族化合物都含有 OH^-、SO_4^{2-} 或 CO_3^{2-}，而这些离子都可以被氯离子取代（Balonis et al.，2010），当被氯离子取代时，AFm 相转化为 Friedel 盐或 Kuzel 盐（$C_3A \cdot 1/2CaCl_2 \cdot CaSO_4 \cdot 10H_2O$）。许多研究都已采用离子交换（Glasser et al.，1999；Suryavanshi et al.，1996）、溶解和沉淀（Florea et al.，2012）机理，来描述 AFm 相向 Friedel 盐或 Kuzel 盐转变的过程。根据离子交换机理，氯离子可取代 OH-AFm 相层间的 OH^-。Suryavanshi 等（1996）用以下方程式来描述氯离子结合机理：

$$R{-}OH^- + Na^+ + Cl^- \longrightarrow R{-}Cl^- + Na^+ + OH^- \tag{3.3}$$

其中，R 是 OH-AFm 相层间主要化合物，R 的分子式为 $[Ca_2Al(OH^-)_6 \cdot nH_2O]^+$，$n$ 的值主要取决于 OH-AFm 相的类型。Yonezawa（1989）解释了内掺氯离子通过离子交换机理形成 Friedel 盐的过程。而 Suryabanshi 和 Swamy（1996b）的研究发现，通过离子交换结合的氯离子只占结合氯离子总含量的一小部分。根据 AFm 相的定义，Friedel 盐也是 AFm 相的一种，可以称之为 Cl-AFm。基于 $Ca(OH)_2$ 的结构，$[Ca_2Al(OH^-)_6 \cdot nH_2O]^+$ 的层状分子结构可以这样理解：假设 3mol $Ca(OH)_2$ 中的 1mol Ca^{2+} 被 1mol Al^{3+} 取代，那么层间会发生电荷不平衡。然后，孔隙溶液中的氯离子被吸收，形成 Friedel 盐。当内掺氯离子时，Friedel 盐主要在水泥水化过程中形成并沉淀为一种 AFm 相，而氯离子与 OH-AFm 进行离子交换只能形成一小部分 Friedel 盐。因此可以得出结论，内掺氯离子可通过沉淀和离子交换机理实现化学结合并形成 Friedel 盐，其中前者占多数。

Balonis 等（2010）将氯离子分别引入含碳酸盐和不含碳酸盐的 AFm 相中，并研究其反应产物，如图 3.1 所示。他们发现 SO_4-AFm 中的硫酸根离子可以被氯离子取代。当氯离子浓度较低时，取代后形成的产物是 Kuzel 盐；当氯离子浓度较高时,则形成 Friedel 盐。置换后的硫酸根离子通过与钙、铝的结合转变为 AFm 相,导致体积膨胀、孔隙堵塞。同时,氯离子和 CO_3-AFm 相中碳酸根离子交换也能形成 Friedel 盐。在置换过程中,摩尔体积不会发生变化,且置换后的碳酸盐会变成方解石。通过对比有无碳酸盐的试验可知,碳酸根离子对引入的氯离子的活性有一定的影响:碳酸根离子能降低氯离子的结合能力,增加体系中 [Cl^-]/[OH^-] 的值。

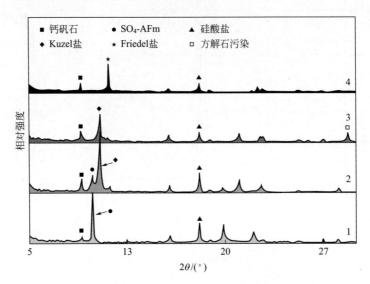

图 3.1 在 (25±2)℃ 时添加 0.01mol C_3A-0.01mol $CaSO_4$-0.015mol $Ca(OH)_2$-60mL H_2O 后,$CaCl_2$ 的影响及矿物相变（XRD 图谱）

1—不加 $CaCl_2$；2—加 0.003mol $CaCl_2$；3—加 0.005mol $CaCl_2$；4—加 0.01mol $CaCl_2$

Balonis et al., 2010

Hirao 等（2005）将合成的 AFm 浸入不同浓度的氯化钠溶液中,通过 XRD 测试研究其矿物含量和组成。如图 3.2 所示,在 Friedel 盐衍射峰的左侧有一个小的衍射峰。由于衍射峰与 Friedel 盐有关,且很难在 X 射线衍射图上分离出 AFm 相,因此本研究未能确定 Friedel 盐左侧的峰是否代表 Kuzel 盐。当氯离子浓度增大到 1mol/L 或更高时,AFm 相完全消失,出现一个与 Friedel 盐对应的峰。如图 3.3 所示,观察 AFm 相在浸泡前的形态特征和 Friedel 盐在氯化钠溶液中浸泡后的形态特征,可知 AFm 相的形态在氯离子结合过程中不变。结果表明,在此条件下 AFm 相转变为 Friedel 盐的过程或氯离子结合的过程主要受离子交换机理的影响。然而,有关内掺氯离子形成 Kuzel 盐的研究却很少。氯离子等温吸附曲线主要用于表征通过离子交换、沉淀等机理影响的 AFm 相的氯离子结合能力。

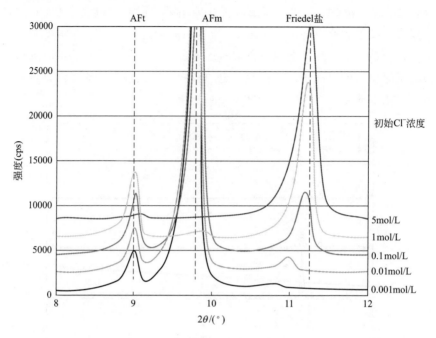

图 3.2　AFm 的 XRD 图谱
Hirao et al., 2005

(a) 浸泡前　　　　　　　　　　　(b) 5mol/L氯化钠溶液浸泡后

图 3.3　AFm 的二次电子图像
Hirao et al., 2005

根据 Elakneswaran 等（2009a）的研究，Friedel 盐也具有结合氯离子的能力。他们研究发现 Friedel 盐可以发生电离使表面带正电荷（主要是 $[Ca_2Al(OH)_6]^+$），进而吸引孔隙溶液中的氯离子以达到电荷平衡。

无论是内掺氯离子还是外渗氯离子，水泥基材料的化学结合主要与

Friedel 盐的形成有关。然而，对它们来说，Friedel 盐的形成机理是不同的：内掺氯离子通过溶解和沉淀机理与 C_3A 结合；而外渗氯离子通过与 AFm 之间的离子交换实现结合。

3.3 Friedel 盐的稳定性

Yue 等（2018）通过 TG-DTG 分析法研究了合成的纯 Friedel 盐的特性。如图 3.4 所示，在 Friedel 盐的热重结果图中可以看到三个明显的失重峰，这验证了 Friedel 盐的成分组成如下：

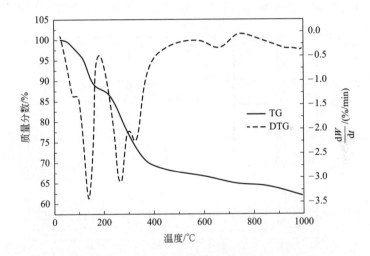

图 3.4 合成的 Friedel 盐的 TG-DTG 分析
Yue et al.，2018

① 25℃到200℃之间的质量损失是层间水分子蒸发、结晶度降低的结果，$3Ca(OH)_2$、$2Al(OH)_3$、$CaCl_2$ 等相关产物就是在这个过程中形成的（Birnin-Yauri et al.，1999）；

② 在 200℃到 400℃之间的 260℃和 340℃下可观察到两个失重峰，主要由氢氧化钙类岩片脱羟基形成的，在此过程中形成了一个结构不太稳定的化合物相；

③ 在 400℃至 1000℃的温度范围内，由于各种相变，可观察到轻微的质量损失，如非晶态相的再结晶（高于 750℃）（Vieille et al.，2003）、羟基重组时释放出水或阴离子分解。

Friedel 盐的稳定性对水泥基材料的氯离子结合起着重要作用，Friedel 盐通过溶解可以将氯离子释放到孔隙溶液中。Hassan（2001）研究了 Friedel 盐的稳定性，发现它高度依赖于环境溶液中的氯离子浓度。当氯离子浓度降低时，体系中的 Friedel 盐会分解成 Kuzel 盐。但也有报道（Thomas et al.，2012）称只有当水泥浆体浸泡在高浓度氯化钠溶液中时，才可以在水泥浆体内部形成 Friedel 盐。如图 3.5 所示，随着环境溶液中氯离子浓度的降低，通过 XRD 检测到的 Friedel 盐含量也逐渐降低，同时检测到一种可能是 Kuzel 盐的新化合物。Balonis 等（2010）研究了氯离子对水泥水化产物矿物组成的影响，并绘制了 25℃时 Friedel 盐与其他 AFm 相的相位关系图，如图 3.6 所示。从图中可以看出，SO_4-AFm 和 Friedel 盐两个固相占据了大部分的相位关系图。由于 Kuzel 盐在碳酸盐环境中不稳定，故只能在低碳酸盐环境中形成。

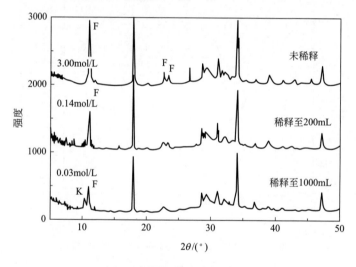

图 3.5　水泥净浆的 XRD 图

水泥净浆先浸泡在 3mol/L NaCl 溶液中，然后浸泡在不同体积的无氯溶液中

Thomas et al.，2012

Saikia 等（2006）研究了偏高岭土（MK）-石灰石浆体中主要水化产物 C—S—H 凝胶、C—A—S—H 凝胶和 C_4AH_{13} 的含量。当 MK-石灰石浆体中混合 2.5%的氯离子时，前 3 天水化产物主要为 C—S—H 凝胶和 Friedel 盐，之后逐渐转变为更稳定的 C—A—S—H 凝胶，在此过程中，孔隙溶液的酸碱

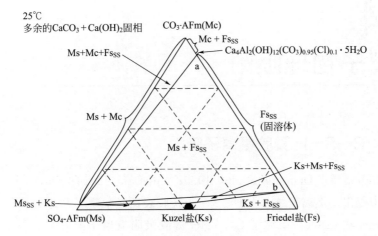

图 3.6 25℃时 Friedel 盐、SO_4-AFm 和 CO_3-AFm 之间的相位关系图
Balonis et al.，2010

度基本不变。水化过程中 C—A—S—H 凝胶的形成会影响 Friedel 盐的再分解。当内掺 5% 或 10% 氯离子时，Friedel 盐的形成伴随着大量 C—S—H 凝胶的形成。对于内掺 5% 氯离子的浆体，60 天后仍能在浆体内检测到少量的 C—A—S—H 凝胶。同时，由于形成了 Friedel 盐，内掺氯离子加速了 MK-石灰石体系的水化反应。在水化后期，Friedel 盐溶解不再产生氯盐。因此，原氯盐中的金属离子会与一些水化产物发生反应。当内掺 2.5% 氯离子时，pH 值的降低（<12）使得 Friedel 盐发生溶解并形成更稳定的 C—A—S—H 凝胶。Suryavanshi 和 Swamy（1996）在报道中称，Friedel 盐的稳定性高度依赖于水泥基材料的 pH 值和孔隙溶液中的氯离子浓度。他们通过以下方程式来进行解释：

$$3CaO \cdot Al_2O_3 \cdot CaCl_2 \cdot 10H_2O(s) \rightleftharpoons 4Ca^{2+} + 2Al(OH)_4^- + 2Cl^- + 4OH^- + 4H_2O \tag{3.4}$$

碳化反应消耗了大量的 OH^-，导致化学反应向右移动，从而提高了 Friedel 盐的溶解度。这一机理也可以解释氯离子减少的原因。当水泥浆中的氯离子浓度增大时，通过式（3.4）可以理解 Friedel 盐具有高稳定性的原因。

综上可以看出，环境中的氯离子浓度和 pH 值是影响 Friedel 盐稳定性的两个主要因素。两者降低都会导致 Friedel 盐的分解，并可能转化为 Kuzel 盐。但是，Kuzel 盐的稳定性尚不完全清楚，需要进一步研究。

3.4 氯离子物理吸附

3.4.1 C—S—H 凝胶氯离子吸附

Diamond 等（Diamond et al.，1986；Ye et al.，2016；Shi et al.，2017）在报告中提出，氯离子结合在 C—S—H 凝胶表面是氯离子物理吸附的主要形式。Hirao 等（2005）研究了 C—S—H 凝胶吸附氯离子前后的形态特征。如图 3.7 所示，C—S—H 凝胶在吸附氯离子前后的形态相同，即氯离子的物理吸附没有影响 C—S—H 凝胶的结构特性。Zibara 等（2008）研究了无铝相体系中氯离子与 C—S—H 凝胶的相互作用。结果表明，氯离子与 C—S—H 凝胶之间的相互作用受到 C—S—H 凝胶内碳硫比（C/S）的影响，较大的 C/S 值可以加速氯离子与 C—S—H 凝胶的反应。虽然氯离子与 C—S—H 凝胶之间的相互作用并不如铝相结合氯离子那样强烈，但是由于水泥基材料内部 C—S—H 凝胶的含量较高，所以与其他水化产物相比，C—S—H 凝胶对氯离子的吸附还是很重要的。Tang 和 Nilsson（1993）发现，大多数物理吸附的氯离子都吸附在 C—S—H 凝胶离子交换点，其中大多数吸附过程是可逆的。因此，降低孔隙溶液中的氯离子浓度可以释放出交换点附近的氯离子。在 C—S—H 凝胶表面，吸附的氯离子可以通过浓度梯度从一个区域移动到另一个区域，速

(a) 浸泡前

(b) 2mol/L 氯盐溶液浸泡后

图 3.7 C—S—H 凝胶的二次电子图像

Hirao et al.，2005

度远低于孔隙溶液中氯离子的移动速度。Ramachandran（1971）将氯离子与C—S—H凝胶的相互作用分成三种类型：吸附于C—S—H凝胶的化学吸附层中、渗透到C—S—H凝胶的层间区域、结合固定在C—S—H凝胶的晶格之中。Monteiro等（1997）研究表明，C—S—H凝胶的表面电位一般由C—S—H凝胶的C/S值决定。当C/S值较高时，C—S—H凝胶表面表现为正电位，可吸附孔隙溶液中的阴离子，例如Cl^-和OH^-。

Nagataki等（Nagataki et al.，1993；Friedmann et al.，2012；Hu et al.，2018）采用双电层（EDL）理论解释了C—S—H凝胶表面对氯离子的吸附作用。Laidler和Meiser（1982）指出，水泥水化产物表面带负电，可以吸引碱性孔隙溶液中的Ca^{2+}和Na^+，以形成Stern层或吸附层。Stern层的存在使得水化产物表面趋向于正电位，吸引阴离子并在Stern层之外扩散分布，以实现Stern层表面或边缘电位中和。C—S—H凝胶对离子的吸附能力高度依赖于C—S—H凝胶的表面积以及Stern层与扩散层之间的电势差，这种电势差也被称为Zeta电位。Zeta电位值是Stern层阳离子价态、孔隙溶液温度和离子浓度的函数。Elakneswaran等（2009a）发现，水泥浆体的Zeta电位值和正负性主要取决于孔隙溶液中的Ca^{2+}浓度。在Diamond等（1964）研究的基础上，Larsen（1998）认为，C—S—H凝胶的原始Zeta电位是正电位，当C—S—H凝胶中的$Ca(OH)_2$被除去且pH值降低至10时，Zeta电位变成负电位。因此得出结论，孔隙溶液中Ca^{2+}浓度决定了C—S—H凝胶表面的Zeta电位的正负性，从而影响水泥基材料对氯离子的物理吸附。水泥基材料双电层（EDL）的形成和特性，以及双电层的Zeta电位将在下一节中进行详细介绍。由于C—S—H凝胶的物理吸附与表面电位的关系，C—S—H凝胶与孔隙溶液之间界面性能的变化会对物理吸附产生影响。试验结果（Xu et al.，2016）表明，添加不同类型的表面活性剂会改变水泥水化产物对氯离子的物理吸附特性，但对化学结合没有影响。表面活性剂对氯离子吸附的影响取决于表面活性剂的表面电势。研究发现带负电荷的聚羧酸盐减水剂减小了C—S—H凝胶上氯离子的吸附量，故在考虑添加聚羧酸盐减水剂的情况下，提出了一种EDL改进模型（Feng et al.，2018）。

3.4.2 AFt相氯离子吸附

Birnin-Yauri和Glasser（1998）提出，即使在氯离子浓度较低的情况下，AFt相也可以吸附氯离子，但是没有试验结果来证实这一假设的有效性。Hirao等（2005）研究了AFt相的氯离子结合能力，发现环境溶液中的氯离子不受 AFt 相的束缚，并且 AFt 相的形态（图 3.8）在氯离子溶液浸泡后没有任何变化。Elakneswaran 等（2009a）发现 AFt 相的氯离子结合能力介于 Friedel 盐和 C—S—H 凝胶之间，且 AFt 相与氯离子之间的相互作用属于物理吸附。氯离子浓度的差异和物理吸附的可逆性可能是导致这些研究得出不同结论的主要原因。一般来说，水泥浆体中的 AFt 相在高浓度氯离子环境中可分解成 Friedel 盐（Hirao et al.，2005）。然而，水泥浆体中的 AFt 相含量远远小于 C—S—H 凝胶含量，故 AFt 相的氯离子吸附可以忽略不计。

 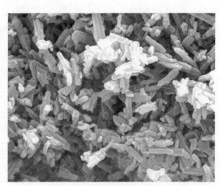

(a) 浸泡前　　　　　　　　　(b) 2mol/L 氯盐溶液浸泡后

图 3.8　AFt 相的二次电子图像

Hirao et al.，2005

3.5
氯离子浓聚现象

　　1993 年，日本研究人员 Nagataki 等（1993）将 3mm 厚的水泥浆薄片浸入与海水浓度相同的氯化钠溶液（0.547mol/L）中。然后采用孔隙溶液压滤法将浸泡一段时间的试件内的孔隙溶液压出，并测量压滤溶液的氯离子浓度。结果表明，随着浸泡时间的延长，孔隙溶液中氯离子浓度逐渐升高。浸泡 28 天后，他们发现压滤溶液的氯离子浓度已增大到与浸泡液一致。浸泡时间继续延长至 180 天，最终压滤溶液中的氯离子浓度甚至达到了浸泡液的两倍。他们将这种现象定义为氯离子浓缩（chloride condensation），并用氯离子浓缩系数

(chloride condensation index) 表示压滤溶液与浸泡液中氯离子浓度的比值。然而，由于固相表面形成 EDL 与化学中浓缩的定义完全不同，这一现象更接近于物理吸附。因此，在这一部分，用"氯离子浓聚（chloride concentrate）"和"氯离子浓聚系数（chloride concentration index）"取代"氯离子浓缩"和"氯离子浓缩系数"。

Glass 等（1996）将 5mm 厚的水泥浆薄片浸入 0.135mol/L 的氯化钠溶液中，浸泡 28 天后，发现孔隙溶液中游离氯离子的浓度比浸泡液高 30%。氯离子浓度之所以较高是因为在高压下弱结合态氯离子被释放了出来。李庆玲等（2013）研究了水泥浆养护时间、浸泡的氯化钠溶液浓度、浸泡时间、浸泡温度以及压滤压力对水泥浆孔隙溶液中游离氯离子浓度的影响。研究发现，水泥浆孔隙溶液中游离氯离子浓度随浸泡时间先增大，达到峰值后减小。随着浸泡液中氯离子浓度的增大，氯离子浓聚系数明显降低。

Baroghel-Bouny 等（2007）分别测试了在 18.2g/L 氯化钠溶液中浸泡 28 天、56 天和 90 天后的混凝土的总氯离子含量和平衡法测得的可溶于水的水溶性氯离子含量，发现水溶性氯离子的浓度几乎是浸泡溶液的两倍，他们将其归因于氯离子浓聚现象。在之后的一些研究中，这种现象被反复验证（何富强，2010；Yuan，2009）。

Nagataki 等（1993）首先尝试通过水泥基材料 EDL 理论解释氯离子浓聚系数。各种静电效应的存在使得水化产物产生表面电势，由此吸引孔隙溶液中的氯离子聚集到水化产物表面，从而增大 EDL 中氯离子的浓度。在孔隙溶液压滤试验过程中，压滤溶液中所测氯离子浓度高于浸泡液，这是因为液固界面处的 EDL 在高压条件下被破坏并释放出了氯离子。此后，Yuan（2009）根据 Debye 方程 [式(3.5)] 计算 EDL 的厚度并得出结论：浸泡液浓度越高，EDL 的厚度越薄，浓聚系数越小。

$$L = k^{-1} = \sqrt{\frac{RT\varepsilon}{2F^2 c_b}} \quad (3.5)$$

式中，k 是 Debye 常数；c_b 是溶液体积浓度；ε 是介电常数；R 是气体常数；T 是温度；F 是法拉第常数。

根据 Yuan（2009）的结论，何富强（2010）通过假设扩散层中氯离子的平均浓度，提出了水泥基材料孔隙结构中由 EDL 引起的"氯离子浓聚系数"计算模型。

基于已提出的 EDL 模型和给定的 Zeta 电位，研究人员对压滤孔隙溶液中与浸泡液中氯离子浓度之间的关系进行了研究（He et al., 2016）。试验测定了孔隙溶液和 EDL 溶液中的平均氯离子浓度与孔隙溶液氯离子浓度（c_b）的比值，计算得到了压滤溶液中氯离子浓度相较于浸泡液中氯离子浓度的增加系数（c_r）及其与压滤前试件内部可传输氯离子浓度（N_{tb}）之间的比值。计算结果揭示了氯离子浓聚系数与 Zeta 电位之间的关系，如图 3.9 所示。该计算模型解释了压滤孔隙溶液中氯离子浓度偏高的原因，当然，后续还需要研究改进计算浓度指数的公式。

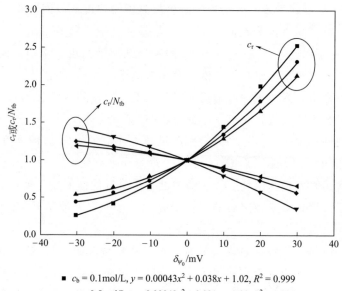

- ■ $c_b = 0.1\text{mol/L}$, $y = 0.00043x^2 + 0.038x + 1.02$, $R^2 = 0.999$
- ● $c_b = 0.5\text{mol/L}$, $y = 0.00043x^2 + 0.031x + 1.00$, $R^2 = 1.000$
- ▲ $c_b = 1.0\text{mol/L}$, $y = 0.00037x^2 + 0.026x + 1.00$, $R^2 = 0.999$
- ▼ $c_b = 0.1\text{mol/L}$, $y = -0.00013x^2 - 0.018x + 1.00$, $R^2 = 0.997$
- ◆ $c_b = 0.5\text{mol/L}$, $y = -0.00010x^2 - 0.011x + 1.00$, $R^2 = 1.000$
- ◄ $c_b = 1.0\text{mol/L}$, $y = -0.00008x^2 - 0.0088x + 1.00$, $R^2 = 1.000$

图 3.9　计算得到的 c_r 和 c_r/N_{tb} 随 Zeta 电位值的变化

He et al.，2016

一段时间内人们一直在研究氯离子浓聚现象，通常认为在液固界面形成的 EDL，特别是 EDL 的 Zeta 电位，是影响氯离子浓聚和氯离子浓聚系数的主要因素。

自然界中，材料的液固界面处普遍存在电动现象。大部分分散体系与极性溶液或者极性介质接触时，会在分散体系表面产生表面电势。带电的分散体系可以吸引周围环境中与自身所带电荷相反的离子或者离子团，使体系表面的电荷达到平衡，并在液固界面处形成 EDL。对于浸泡在溶液中的分散体系，固体表面形成 EDL 的原因主要有电离作用、离子交换、离子吸附和摩擦接触作用。

Helmholtz（1835）首次提出在多相材料内部液固界面处形成 EDL 的概念。根据静电学原理，Helmholtz 提出了表征 EDL 的平行板模型。Bolt（1955）对 Helmholtz（1835）提出的平行板模型进行了改进，由此建立了 Gouy-Chapman 模型，并在模型中引进了扩散层的概念。在固体表面电势和离子自身热运动的双重作用下，固体表面离子浓度随着与固体表面距离的增大而逐渐降低，直到与本体溶液的浓度相同。Gouy-Chapman 模型在理解 EDL 结构和解释许多静电现象方面取得了重大突破。然而，Gouy-Chapman 模型忽视了体系中离子的直径，并用点电荷代表 EDL 中分布的离子，导致从该模型中得出了一些不合理的结论（Torrie et al.，1982）。因此 Stern（1924）对 Gouy-Chapman 模型进行了改进，从而提出了在现阶段的研究中接受度最高和使用率最广的 Stern EDL 模型。

在 Stern 提出的 EDL 模型中，EDL 主要由内层和外层组成。内层是 EDL 的吸附层（Stern 层），外层则是扩散层（Lowke et al.，2017）。吸附层中，在电势力或者非电势力的作用下，与固体表面电势相反电荷的正离子（co-ion）被紧密吸附在固体表面。吸附层外，在表面电势和热运动的共同作用下离子呈现扩散分布。扩散层中同时存在正负离子，但是与吸附层氯离子电荷相反（与表面电荷相同）的反离子（counter-ion）数量比较多。随着与固体表面的距离逐渐增大，反离子浓度逐渐降低，而与固体表面电势相反电荷的离子浓度逐渐增大，最终两者浓度均与本体溶液中的离子浓度一致。扩散层中存在一个剪切面，具体位于致密层和扩散层的边界层附近。靠近本体溶液一侧的溶液可以随本体溶液一起做平面运动。剪切面两侧溶液的相互运动导致剪切面两侧形成电势差，这个电势差就是 Zeta 电位。

3.5.1 水泥基材料双电层的形成

对于水泥基材料，双电层主要存在于孔隙壁与孔隙溶液的界面处。水泥基材料中主要的水化产物是水化硅酸钙（C—S—H），在水化完全的普通硅酸盐水泥浆体内部，C—S—H 凝胶的体积可占总体积的 70% 以上，且 C—S—H 凝胶的比表面积很大。C—S—H 表面存在硅醇基，而硅醇基在碱性环境下可发生电解，从而在 C—S—H 表面形成负电位。当周围环境溶液的 pH 增大时，硅醇基的电解平衡式如式(3.6) 所示：

$$—SiOH + OH^- \rightleftharpoons —SiO^- + H_2O \quad (3.6)$$

对于水泥基材料，水泥水化会在材料内部产生大量的 $Ca(OH)_2$ 并将其释放到孔隙溶液中，增加孔隙溶液中 Ca^{2+} 的浓度。实际上，在水泥基材料内，孔隙溶液中的 Ca^{2+} 通常情况下都处于饱和状态。Ca^{2+} 可以吸附在硅醇基的表面形成正电位：

$$\mathrm{-SiOH} + Ca^{2+} \rightleftharpoons \mathrm{-SiOCa^+} + H^+ \qquad (3.7)$$

当水泥基材料浸泡到 NaCl 溶液中，或者环境中的 Cl^- 渗透进入试件内部时，固体表面 Ca^{2+} 形成的吸附层可以吸引孔隙溶液中的氯离子：

$$\mathrm{-SiOH} + Ca^{2+} + Cl^- \rightleftharpoons \mathrm{-SiOCaCl} + H^+ \qquad (3.8)$$

随着孔隙溶液中 Cl^- 浓度的增加，吸附到固体表面的 Cl^- 含量也逐渐增多，导致固体表面电势减小：

$$\mathrm{-SiOH} + Cl^- \rightleftharpoons \mathrm{-SiOCl^{2-}} + H^+ \qquad (3.9)$$

He 等（2016）使用式(3.10)计算了单孔中的氯离子浓聚系数（N_c）：

$$N_c = \frac{\Delta(L^2 + 2R_i L) + R_i^2}{(L + R_i)^2} \qquad (3.10)$$

$$\Delta = \frac{4}{1 - \tanh\left(\frac{F}{4RT}\varphi_0\right)\exp(1)} - \frac{4}{1 - \tanh\left(\frac{F}{4RT}\varphi_0\right)} + 1 - \exp(-1)$$

式中，R_i 是孔的直径；φ_0 是 Stern 面电位；L 是双电层的厚度；R 是气体常数；T 是温度；F 是法拉第常数。

图 3.10 展示了在不同电位情况下根据式(3.10)计算所得的氯离子浓聚系数随孔径变化的趋势。从图中可以看出，氯离子浓聚系数随孔径的增大而逐渐减小，尤其是当孔径小于 20nm 且 Stern 面电位较高时，氯离子浓聚系数随孔径增大而降低的趋势更加明显。随着孔径的增加，浓聚系数无限趋近于 1.0。

在研究水泥基材料内氯离子的传输特性时，Friedmann 等（2008）提出了一个双电层的物理模型，如图 3.11 所示。其中 IHP 和 OHP 分别表示内 Helmholtz 层和外 Helmholtz 层。根据 England（1975）对水泥基材料双电层模型的研究和 Stern 双电层模型，Lowke 和 Gehlen（2017）也提出了一个与图 3.11 类似的双电层模型，同时确定了双电层模型内的电势分布，如图 3.12 所示。

Friedmann 等（2008）利用泊松-玻尔兹曼方程和能斯特-普朗克方程对双

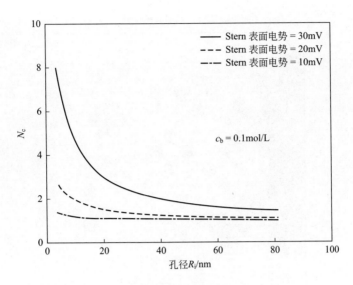

图 3.10　氯离子浓聚系数与孔径的关系

He et al.，2016

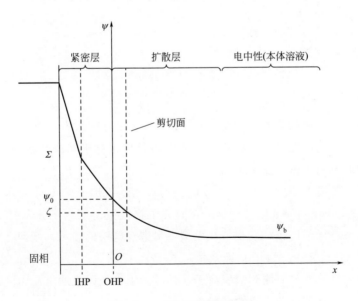

图 3.11　双电层模型示意图

Friedmann et al.，2008

电层中扩散层内的电位和氯离子分布进行了数值模拟，计算出了扩散层的厚度，还对水泥基材料内部孔隙结构中双电层的重叠现象进行了研究。基于已提出的物理模型和计算出的双电层中的氯离子分布，他们研究了双电层对水泥基

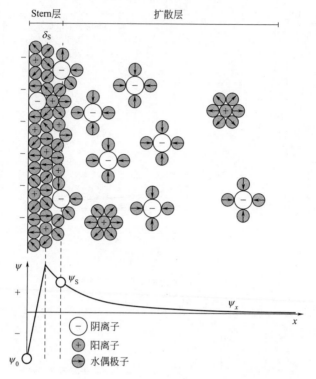

图 3.12 双电层内电势分布示意图
Lowke et al.，2017

材料中氯离子迁移的影响。Nguyen 和 Amiri（2014）认为，液相的连续性使得双电层对于内部处于饱和状态的混凝土的影响相对于未饱和状态更加明显。双电层中的氯离子浓度受 Zeta 电位的影响，一般来说，正 Zeta 电位可以提高双电层中的氯离子浓度，而当 Zeta 电位为负时，氯离子浓度可能低于本体溶液浓度。Nguyen 和 Amiri（2014）在研究中将模拟的氯离子分布（c_{Cl}）与实际测量结果进行了比较，发现若在模型中考虑双电层的影响，则两者的结果一致，如图 3.13 所示。为了验证双电层模型的有效性，Friedmann 等（2012）将模拟的电流密度与监测到的氯离子迁移试验中水泥砂浆的电流密度进行了比较，发现两者有较好的一致性。

3.5.2 Zeta 电位

通常悬浮液体系的 Zeta 电位值是决定体系流变性能最关键的参数。关于水泥基材料悬浮液和新拌水泥浆体的 Zeta 电位已有大量的研究。近期的一篇

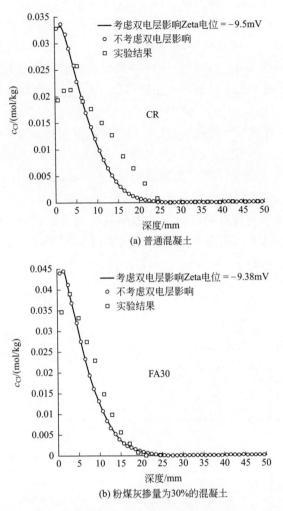

图 3.13 考虑双电层影响的计算结果与测试数据的比较

Nguyen et al.，2016

论文（Lowke et al.，2017）对低水固比的水泥基悬浮体系中水泥和外加剂颗粒表面的 Zeta 电位值进行了研究。研究结果表明在由水泥基材料形成的悬浮液体系内，Zeta 电位值的大小主要取决于体系中二价钙离子和硫酸根离子的浓度，这些离子吸附到双电层上会减小 Zeta 电位的绝对值。除了溶液中的离子浓度外，孔结构内部本体溶液的 pH 值和分散颗粒的比表面积也会影响 Zeta 电位的大小（Júnior et al.，2014）。Gunasekara 等（2015）的试验结果表明，当粉煤灰或其他聚合物颗粒表面的 Zeta 电位值为负时，电位值越小，其活性越强，且在材料内部有更多的凝胶体生成。Ersoy 等（2013）通过测试使用不同种类拌合水（蒸馏水、自来水、NaCl 盐溶液和 $CaCl_2$ 盐溶液）的水泥悬浮液体系的 Zeta 电位，来研究拌合水种类对水泥悬浮液 Zeta 电位的影响，以及 Zeta 电位随时间的变化。基于 Zeta 电位值与水泥浆体流变性能之间的关系，许多文献研究了减水剂等外加剂对水泥浆体 Zeta 电位的影响及其改善浆体流变性能的作用机理（Liu et al.，2015）。

目前，已有许多关于硬化水泥浆体材料内部液固界面处双电层形成机理的研究。Elakneswaran 等（2009a）分别测量了硬化水泥浆体和水泥水化主要产物的悬浮液的 Zeta 电位。测量结果如图 3.14 所示，Friedel 盐和氢氧化钙的 Zeta 电位为正，而其他化合物的悬浮液的测量结果为负值。对水泥基材料来说，C—S—H 凝胶内含有的硅醇基是影响双电层的形成和性能的主要因素。在表面电势的作用下，孔隙溶液中的氯离子可物理吸附于 C—S—H 凝胶表面，吸附平衡式为式(3.7)、式(3.8) 以及式(3.11)。

$$—\mathrm{SiOH} + \mathrm{Ca}^{2+} + \mathrm{SO}_4^{2-} \rightleftharpoons —\mathrm{SiOCaSO}_4^- + \mathrm{H}^+ \quad (3.11)$$

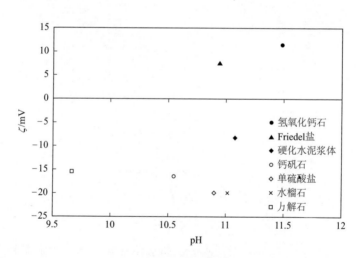

图 3.14　水溶液中不同种类颗粒的 Zeta 电位
Elakneswaran et al.，2009a

Elakneswaran 等（2009b）研究了矿渣水泥净浆试件的 Zeta 电位（ζ）及其吸附氯离子的含量，研究结果表明，随着钙离子浓度的增加，净浆试件的 Zeta 电位由负值逐渐增大为正值，且钙离子与氯离子都是水泥基材料 Zeta 电位的决定性因素。但是 Hocine 等（2012）的研究结果表明，当使用氢氧化钙、氢氧化钾或者超纯水作为分散溶液时，水泥净浆试件的 Zeta 电位为负值；当使用氯化钠溶液时，Zeta 电位随浓度的增大逐渐变为正值，如图 3.15 所示。

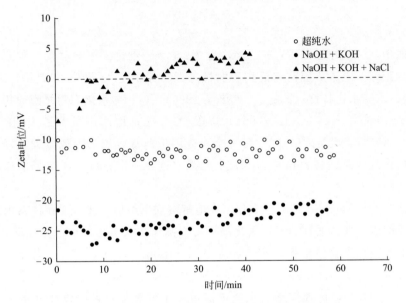

图 3.15　硬化水泥净浆的 Zeta 电位随测试时间的变化
Hocine et al.，2012

对于研究水泥基材料中氯离子浓聚现象的机理而言，理解并掌握双电层的特性以及双电层或者扩散层内部的电势分布规律十分重要。Zeta 电位，或者液固界面处的电位，是表征双电层特性的最基本参数。Zeta 电位可以反映形成于固相基质和溶液之间的双电层的化学特性及其电势或离子分布情况。Zeta 电位本身的复杂性使得测试 Zeta 电位、分析数据都较为复杂和困难（Kirby et al.，2004）。通常在实验室有三种方法测试 Zeta 电位：电渗法、电泳法、电声法。

电渗法是测试 Zeta 电位最为直接、简单的一种方法，该方法是通过测量分散介质在分散相中的电渗迁移率来得到 Zeta 电位，而 Zeta 电位与分散介质电渗迁移率之间的关系与 Debye 薄层假设有关。在早期的文献中，电渗法主要用于测量单晶的 Zeta 电位（Smit et al.，1977）。然而，受测试过程中随着电场强度增大而逐渐累积的热量以及界面处表面张力的影响，电渗法的测试结果与真实结果之间很容易出现误差。

与电渗法不同，电泳法是通过监测电场作用下分散相粒子在流体中的移动速率来测试样品的 Zeta 电位。1904 年 Paillot（1904）提出的电泳理论奠定了使用电泳法测试 Zeta 电位的理论基础。Zeta 电位（ζ）与电泳速率（μ）之间的关系可以用式(3.12)表示：

$$\mu = \frac{\zeta \varepsilon_m U}{4\pi \eta D} \tag{3.12}$$

式中，U 是外加电压；η 是溶液黏度；ε_m 是介质的介电常数；D 是电极之间的距离。电泳法现已广泛用于测试悬浮体系的 Zeta 电位（White et al.，2007）、水泥水化特性（Nägele，1985，1986）、离子与水化产物之间的相互作用（Viallis-Terrisse et al.，2001）以及离子与固相之间的相互作用（He et al.，2016）。但是式(3.12)是一个仅适用于薄双电层的近似方程式，且电极的极化效应会影响 Zeta 电位测试的结果，这在一定程度上限制了电泳法的应用范围。

1933 年，Debye（1933）发现当在电解液周围施加声波时，在体系内部可以形成交流电场。通过动电位极化测试可以测试出交流电场的等效宏观电流，这一电流被称为胶体偏振电流（colloid vibration current，CVI）或者胶体偏振电势（colloid vibration potential，CVP）（Zana et al.，1982）。测量外加声场作用下的颗粒电泳速率或者振动电流可以定量表征颗粒的粒径分布和 Zeta 电位。对于水泥基材料，电声法主要用于研究水泥水化（Plank et al.，2007）、减水剂吸附（Ferrari et al.，2010；Plank et al.，2006；Zingg et al.，2008）以及材料内部的氯离子迁移过程（Plank et al.，2008）。

与电泳法、电渗法相比，电声法在测量胶体体系的 Zeta 电位方面具有较明显的优势。因为声波可以直接施加于复杂且固液比高的体系，还不会对测试样品的内部结构或者组成产生影响。尤其是当样品浓度高、粒径大且数量较少时，采用电声法无需对样品进行处理，可直接测量不同材料的电化学性能。采用电声法测量新拌水泥浆体和硬化浆体的 Zeta 电位的过程中，无需对样品进行稀释处理，故可以有效避免稀释过程对水泥水化和表面特性的影响。电声测试法的原理以及 Zeta 电位的计算方法如下所述。

当施加声波时，稳定的双电层会被破坏，多余的离子被移除颗粒表面并形成新的偏振状态，进而导致颗粒表面的电场发生变化并重置。极化效应会形成一个偶极矩并在体系内产生胶体偏振电流。

胶体偏振电流（CVI，I_{CV}）是悬浮液体系在宏观上的一种电流，对于单分散体系内形成的薄双电层，当电导率较低时，可以根据 Shilov Zharkikh 细胞模型计算宏观电流以及电场强度：

$$\langle I \rangle = I_r / \cos\theta_{r=b} \quad \langle E \rangle = \phi/(b\cos\theta_{r=b}) \tag{3.13}$$

式中，r 是极坐标；θ 是极角（°）；b 是细胞模型中的细胞单元直径，mm；ϕ 是电压，V；$\langle E \rangle$ 是宏观电场强度，V/m；$\langle I \rangle$ 是宏观电流，A。

根据式(3.13)，I_{CV} 可以用下式计算：

$$I_{CV} = (-K_m/\cos\theta)(\partial\phi/\partial r_{r=b}) \tag{3.14}$$

式中，K_m 是介质的电导率，S/m。代入 Kuwabara 细胞模型并考虑双电层的重叠现象，可以得到：

$$I_{CV} = \zeta G Q(1+F)\nabla_p \tag{3.15}$$

$$G = (9j/2s)h(s)/\{3H + 2s[1-\rho_p(1-\varphi)/\rho_s]\}$$

$$s = a[\omega/(2\upsilon)]^{1/2}$$

$$Q = 2\varepsilon_0\varepsilon_m\varphi(\rho_p - \rho_s)/(3\eta\rho_s)$$

$$F = (1-\varphi)/(2+\varphi)\nabla_p$$

式中，ζ 是 Zeta 电位，V；∇_p 是压力梯度，Pa/m；j 是虚数单位；a 为分散相的细度，m；ω 是超声波频率，rad/s；υ 是动黏滞率，m²/s；h、H 和 s 是 Kuwabara 细胞模型中确定的参数；ρ_p 和 ρ_s 分别指分散相和胶体的密度，kg/m³；φ 是体积分数；ε_0 是真空介电常数，F/s；ε_m 是相对介电常数，F/s；η 是黏度，Pa·s。

3.5.3 双电层氯离子分布

利用 Gouy-Chapman 模型可模拟双电层中扩散层的离子分布，基于模型的假设，扩散层中的离子在溶液中出现的概率与 Boltzmann 因子 $e^{-ze\psi/(kT)}$ 成正比。扩散层中的离子浓度可表示为：

$$n_+ = n_0 \exp\left(-\frac{ze\psi}{kT}\right)$$

$$n_- = n_0 \exp\left(\frac{ze\psi}{kT}\right) \tag{3.16}$$

式中　n_+，n_-——单位体积溶液所含的正、负离子数；

　　　n_0——距离固体表面适当距离处溶液开始呈电中性（$\psi=0$）时，单位体积溶液中的正离子数或负离子数；

　　　z——阳离子或阴离子所带的电荷数；

　　　ψ——距离剪切面 x 处的电势；

　　　k——Debye 常数；

　　　T——热力学温度。

根据静电学的经典理论可知，扩散层中的电势与固体表面（或剪切面）距离的关系可用泊松方程表示。

$$\nabla^2 \psi = -\frac{\rho}{\varepsilon_0 \varepsilon_r} = -\frac{z\mathrm{e}(n_+ - n_-)}{\varepsilon_0 \varepsilon_r} = \frac{2n_0 z\mathrm{e}}{\varepsilon_0 \varepsilon_r}\sinh\left(\frac{z\mathrm{e}\psi}{kT}\right) \quad (3.17)$$

式中 ε_0, ε_r ——双电层的真空介电常数、介质的相对介电常数;

∇^2 ——拉普拉斯算子,表示函数的散度;

ρ ——电荷平衡,即单位体积溶液中负电荷数减去正电荷数。

代入边界条件解上述方程,可以得到如下的解:

$$\kappa x = \ln\frac{(\mathrm{e}^{y/2}+1)(\mathrm{e}^{y_0/2-1}-1)}{(\mathrm{e}^{y/2}-1)(\mathrm{e}^{y_0/2-1}+1)} \quad (3.18)$$

式中 $\kappa^2 = \frac{2n_0 z^2 \mathrm{e}^2}{\varepsilon_0 \varepsilon_r kT}$, $\frac{1}{\kappa}$ 是距离的量纲,称为扩散双电层的有效厚度;$y = z\mathrm{e}\psi/(kT)$,y_0 为在固体表面处即当 $x=0$ 时,y 的值。

考虑 y_0 的值,本试验中 Zeta 电位值最大为 7.87mV。水泥基材料的 Zeta 电位一般在 $-20\sim 20$mV 之间。将 Zeta 电位范围值代入 $y = z\mathrm{e}\psi/(kT)$,可得本试验中 y 值均小于 1.0,将 $\mathrm{e}^{y/2}$ 以级数展开,取前两项,即:

$$\mathrm{e}^{y/2} = 1 + y/2 + \frac{(y/2)^2}{2!} + \frac{(y/2)^3}{3!} + \cdots \approx 1 + y/2 \quad (3.19)$$

代入式(3.18)可得:

$$\kappa x = \ln\frac{(2+y/2)\times y_0/2}{y/2 \times (2+y_0/2)} \approx \ln\frac{y_0}{y} = \ln\frac{\psi_0}{\psi}$$

或

$$\psi = \psi_0 \mathrm{e}^{-\kappa x} \quad (3.20)$$

将式(3.20)和双电层有效厚度代入式(3.16),可得距离剪切面 x 处的氯离子浓度 c_{Cl}:

$$c_{\mathrm{Cl}} = n_0 \exp\left(\frac{z\mathrm{e}\psi_0 \mathrm{e}^{-\kappa x}}{\kappa T}\right) = n_0 \exp\left[\frac{z\mathrm{e}\psi_0 \mathrm{e}^{-x\left(\frac{2n_0 z^2 \mathrm{e}^2}{\varepsilon_0 \varepsilon_r kT}\right)^{1/2}}}{\kappa T}\right] \quad (3.21)$$

在扩散层内部范围对上式进行积分并除以扩散层的厚度,可以得到扩散层内氯离子的平均浓度 n_{ave} 如下:

$$n_{\mathrm{ave}} = \kappa \int_0^L n_0 \exp\left[\frac{z\mathrm{e}\psi_0 \mathrm{e}^{-x\left(\frac{2n_0 z^2 \mathrm{e}^2}{\varepsilon_0 \varepsilon_r kT}\right)^{1/2}}}{\kappa T}\right]\mathrm{d}x \quad (3.22)$$

根据柱状孔隙模型的假设(图3.16),可得孔隙溶液中氯离子浓聚系数 N_c 如下:

$$N_\mathrm{c} = \int \frac{n_{\mathrm{ave}} \times \pi[(R+L)^2 - R^2] + n_0 \times \pi R^2}{n_0 \times \pi(R+L)^2}\mathrm{d}(R+L) \quad (3.23)$$

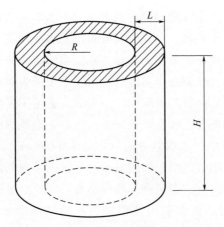

图 3.16 水泥基材料的柱状孔结构模型

根据式(3.23)和由电声法测得的 Zeta 电位（Hu，2017），采用孔隙溶液压滤法计算得出不同矿渣掺量（0、20%、40%和60%）下水泥浆体的 N_c 结果，如图 3.17 所示。结果表明，计算得到的氯离子浓聚系数随浸泡液浓度的变化规律与矿粉取代后得到的结果一致。但是两者之间还是存在误差，这是因为我们假设孔隙形状是一个简化的圆柱形模型，其孔径分布简单且表面电位高于 Zeta 电位，故计算结果偏低。

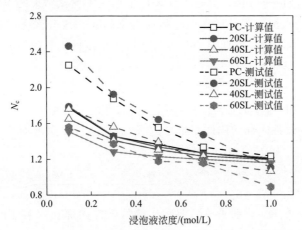

图 3.17 计算和测量得到的氯离子浓聚系数 N_c 的比较

Hu，2017

3.5.4 孔隙溶液压滤过程双电层变化

在可以确定水泥基材料孔隙溶液中自由氯离子的方法中，水萃取法和孔隙溶液压滤法是两种最主要且应用最广的方法。由水萃取法得到的氯离子称为水溶性氯离子，当水固比较高、萃取时间较长时，水溶性氯离子的浓度稍高于压滤法测得的氯离子浓度。一般认为，通过孔隙溶液压滤法得出的自由氯离子浓度与水泥基材料内部孔隙溶液中实际的氯离子浓度最为接近，因此将其广泛用于测量孔隙溶液中的自由氯离子浓度。一些研究证明了采用孔隙溶液压滤法测量自由氯离子浓度的可行性和有效性，并认为在一定范围内压滤时所施加的压力大小不会对测试结果产生明显影响（Duchesne et al.，1994）。然而，在孔隙溶液压滤试验过程中，外部施加的高压会将双电层内部的溶液随本体溶液一起压出试件，导致压滤溶液中氯离子浓度增加，即产生氯离子浓聚现象。在研究氯离子浓聚现象时，通常采用孔隙溶液压滤法提取水泥基材料中的孔隙溶液。

尽管孔隙溶液压滤法在研究水泥基材料孔隙溶液组成、氯离子迁移以及溶液与水化产物相互作用方面已有一些应用，但这个方法自身的一些缺陷限制了其进一步发展。首先，由于压滤过程中需要使用高压将试件内部孔隙溶液压出，故需要可以承受高压且不会变形的压滤装置进行试验。同时，由于水泥基材料内部孔隙率和含水量较低，所以很难通过一次压滤就得到满足要求的孔隙溶液量，导致试验需要耗费大量的人力。而且得到的孔隙溶液一般需要经过稀释才能进行溶液成分分析，这在一定程度上增大了测试结果的误差。

图 3.18 是水泥净浆试件在压滤前后内部结构与成分变化的物理模型示意图。压滤过程中，试件内部部分孔隙溶液被压出试件，但固体成分质量没有发生改变。压滤溶液中氯离子的含量 n_{Cl}（mol）计算如下：

$$n_{Cl}=(C_1-C_2)\times m_s/35.45 \tag{3.24}$$

式中，C_1 和 C_2 分别是压滤前和压滤后试件内部的总氯离子质量分数，%；m_s 是水泥净浆试件内部的固体质量，g。然后，通过孔隙溶液压滤法提取的压滤溶液的体积 V_p 如下：

$$V_p=\frac{m_{l1}}{\rho_{l1}}-\frac{m_{l2}}{\rho_{l2}}=\frac{m_s\omega_1}{(1-\omega_1)\rho_{l1}}-\frac{m_s\omega_2}{(1-\omega_2)\rho_{l2}} \tag{3.25}$$

式中，m_{l1} 和 m_{l2} 分别是压滤前和压滤后试件内部孔隙溶液的质量；ρ_{l1} 和 ρ_{l2} 分别是压滤前和压滤后试件内部孔隙溶液的密度；ω_1 和 ω_2 分别是压滤前和压滤后试件的孔隙率。通常采用浸泡液 NaCl 的密度 ρ_l 来表示孔隙溶液的密度。因此，压滤溶液中氯离子的浓聚系数可以用下式计算：

$$N_c=n_{Cl}/V_p=\frac{C_1-C_2}{35.45\left[\dfrac{m_s\omega_1}{(1-\omega_1)\rho_{l1}}-\dfrac{m_s\omega_2}{(1-\omega_2)\rho_{l2}}\right]} \tag{3.26}$$

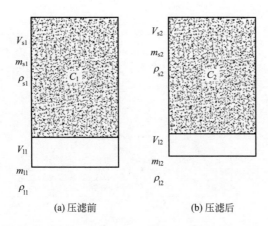

图 3.18 水泥净浆试件在压滤前后内部结构与成分变化的物理模型示意图

核磁共振（NMR）是一种在磁场中原子核吸收和再发射电磁辐射的物理现象。根据原子核的磁场强度和磁性，特定共振频率下吸收和再发射能量可以反映晶体和非晶体材料的分子结构和多相相互作用。

水是水泥水化的重要反应物，也是侵蚀性物质的重要介质，利用核磁共振氢谱（^{1}H NMR）可以检测水泥基材料中侵蚀性物质的含量和分布结果（Friedemann et al.，2006；Greener et al.，2000）。通过测量水泥基材料在水化过程中的^{1}H NMR，人们对水泥水化过程（Cano-Barrita et al.，2009；Muller et al.，2013；Puertas et al.，2004）、孔隙率以及通过^{1}H NMR 测得的孔径分布（Pipilikaki，2009；Kupwade-Patil et al.，2018）进行了广泛研究。研究人员应用^{1}H NMR（McDonald et al.，2010）研究水泥基材料中共存的不同类型的水（包括游离水和吸附水）及其在不同孔径范围内的特性，如材料内部和 C—S—H 凝胶孔内水的特性，这些对水泥基材料的耐久性研究具有重要意义。

通过^{1}H NMR 测试，可以得到水的信号幅度，但得不到样品内部水的质量。因此，需要对不同含水量的样品进行一系列^{1}H NMR 测试，以获得水的质量和信号幅度之间的关系。对于制备的所有水泥浆体，Hu（2017）得出了核磁共振信号幅值与被测样品中水分质量的关系，如图 3.19 所示。从图中可以看出，信号幅度与水的质量之间的关系受 W/B 比值和孔隙溶液压滤过程的影响。根据图 3.19 拟合曲线的斜率和在未干燥状态下孔隙溶液压滤前后的测试信号幅值，可以得到浆体内部水的质量比。

图 3.20 为不同 W/B 水泥浆体在孔隙溶液压滤试验前后的 T_2 弛豫分布图。将 T_2 弛豫时间转换为图 3.20 中每个图 x 轴下方所示的孔径（nm）。从图中可

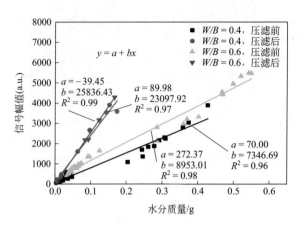

图 3.19 核磁共振信号幅值与水分质量的关系
Hu，2017

以清楚地看出，W/B 为 0.6 的水泥浆样品的孔隙率大于 W/B 为 0.4 的。随着 W/B 的减小，信号幅度减小，峰的 T_2 弛豫时间或孔径左移。通过核磁共振试验得出的 W/B 对水泥浆体孔隙率和孔隙结构的影响与文献（Ding et al.，2005；Moon et al.，2006）中采用 MIP 或其他测试方法得到的结果一致。通过孔隙溶液压滤试验，可以看出不同水灰比的样品在水分分布和孔径分布上的差异较小。孔隙溶液压滤试验后，样品中直径大于 40nm 的孔隙基本被去除，而直径较小的孔的孔隙率降低。

结合总氯离子浓度的计算结果，可以计算出氯离子浓度和氯离子浓聚系数 N_c。从图 3.21 中可以看出，所有水泥浆体的 N_c 均大于 1.0，即孔隙溶液中的氯离子浓度高于浸泡液中的氯离子浓度。随着浸泡液中氯离子浓度和 W/B 的增大，N_c 值明显降低，这与孔隙溶液压滤试验测定的结果一致。测量值和计算值的比较如图 3.21 所示，从图中可以看出，实测的和计算的 N_c 随氯离子浓度和 W/B 变化的趋势是相似的，但计算结果小于实测结果。由于可供分析的孔隙溶液有限，故核磁共振测试数据和总氯离子含量对计算结果影响较大。可以想象，在孔隙溶液压滤出来后，一部分已提取出来的氯离子可能残留在水泥浆体表面。为了防止水溶性氯离子的流失，需对孔隙溶液压滤后的粉末样品进行清洗或冲洗，但是在试验过程中，没有进行这一步骤。因此，孔隙溶液压滤后样品中残留的这部分氯离子可能导致了孔隙溶液中氯离子浓度的计算值偏低，进而导致 N_c 值偏低。

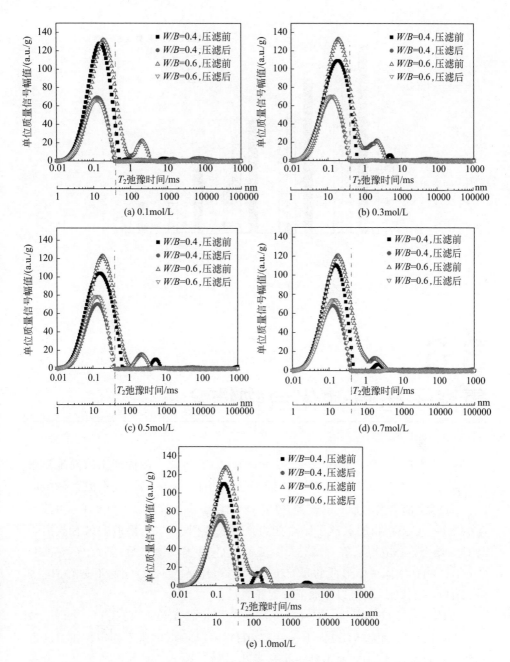

图 3.20 压滤前后水泥净浆试件的 T_2 弛豫时间分布

Hu，2017

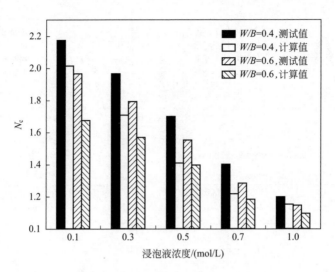

图 3.21　氯离子浓聚系数 N_c 测量值与计算值的比较

Hu，2017

3.6
氯离子与其他化合物结合

Smolczyk（1968）发现浸泡在 3mol/L $CaCl_2$ 溶液中的混凝土因发生膨胀反应而开裂，膨胀反应的产物为 $CaCl_2 \cdot Ca(OH)_2 \cdot H_2O$，且水泥浆体中的 $Ca(OH)_2$ 全部消失。Lambert 等（1985）比较了浸泡在 NaCl 和 $CaCl_2$ 溶液中硅酸三钙（C_3S）相的氯离子结合能力，结果表明，$CaCl_2$ 溶液中没有氯离子与 C_3S 结合。Lambert 等（1985）验证了当 $CaCl_2$ 作为氯盐使用时，在 $CaCl_2$-$Ca(OH)_2$-H_2O 体系中形成的是 $CaCl_2 \cdot 3Ca(OH)_2 \cdot 12H_2O$ 而不是 $CaCl_2 \cdot Ca(OH)_2 \cdot H_2O$，其可以用如下方程式表示：

$$CaCl_2 + 3Ca(OH)_2 + 12H_2O = CaCl_2 \cdot 3Ca(OH)_2 \cdot 12H_2O \quad (3.27)$$

Shi（2001）报道称，$CaCl_2 \cdot 3Ca(OH)_2 \cdot 12H_2O$ 非常不稳定，在温度为 20℃且相对湿度为 20% 的条件下可能发生分解。因此，必须严格控制试验条件才能检测到水泥基材料中的 $CaCl_2 \cdot 3Ca(OH)_2 \cdot 12H_2O$。

Hirao 等（2005）将纯 $Ca(OH)_2$ 浸泡在 2mol/L NaCl 溶液中，如图 3.22 所示，$Ca(OH)_2$ 在 NaCl 溶液中浸泡前后的形态没有变化。XRD 结果也表明，

体系中没有新的相形成。但是 Elakneswaran 等（2009a）发现 Ca(OH)$_2$ 的电离作用使钙离子表面带正电荷，可以将氯离子物理吸附到 Ca(OH)$_2$ 表面形成 CaOHCl，并用 XRD 分析了 CaOHCl 的晶体结构。

(a) 浸泡前　　　　　　　　　(b) 2mol/L 氯盐溶液浸泡后

图 3.22　Ca(OH)$_2$ 二次电子图像

Hirao et al.，2005

Elakneswaran 等（2009a）通过测试合成的 Ca(OH)$_2$ 和 Friedel 盐的氯离子吸附能力，得到了两种化合物的氯离子等温吸附曲线（图 3.23）。Ca(OH)$_2$ 和 Friedel 盐的氯离子吸附机理可以用如下的方程式表示：

$$[Ca_2Al(OH)_6]^+ + Cl^- + 2H_2O \rightleftharpoons [Ca_2Al(OH)_6]Cl \cdot 2H_2O \quad (3.28)$$

$$[CaOH]^+ + Cl^- \rightleftharpoons CaOHCl \quad (3.29)$$

结果表明，Ca(OH)$_2$ 和 Friedel 盐结合氯离子的能力都归因于固体表面氯离子的物理吸附。

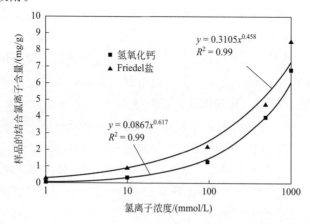

图 3.23　Ca(OH)$_2$ 和 Friedel 盐中的初始氯离子量和吸附氯离子量

Elakneswaran et al.，2009a

Elakneswaran 等（2009a）认为，钙矾石也可以通过物理吸附作用结合氯离子。但是水泥基材料中钙矾石的含量相对于 C—S—H 低很多，故这种影响可以忽略不计。尽管有研究（Hirao et al.，2005）表明钙矾石不具有氯离子结合能力，但我们仍然可以得出结论：因为单硫酸盐的作用，在特定氯离子浓度范围内钙矾石具有结合氯离子的能力（Balonis et al.，2010）。

3.7 总结

氯离子结合在水泥基材料的氯离子渗透过程和水泥基材料使用寿命预测中起着重要作用。氯离子以游离态、物理吸附态和化学结合态的形式存在于水泥基材料中。一般来说，孔隙溶液中的游离态氯离子对钢筋锈蚀的影响最大。氯离子浓聚是指通过压滤试验得到的孔隙压滤溶液中氯离子浓度高于浸泡液中氯离子浓度的现象，该现象是双电层物理吸附的结果。

本章阐述了水泥基材料中氯离子化学结合和物理吸附的机理以及 Friedel 盐的形成和稳定性研究进展，同时为解释化学结合和物理吸附的机理，详细讨论了氯离子浓聚现象，可以得出以下结论：

① 可以通过混凝土内部混合或外部侵入的方式引入氯离子，其中化学结合的主要机理是形成 Friedel 盐。但是，对于内掺氯离子和外渗氯离子，Friedel 盐的形成机理是不同的。对于内掺氯离子，Friedel 盐的形成主要是因为氯离子与 C_3A 的相互作用，这种相互作用主要指溶解和沉淀；而对于外渗氯离子，离子交换是氯离子与 AFm 相反应的主要机理。

② Friedel 盐的稳定性取决于氯离子浓度和孔隙溶液的 pH 值。当氯离子渗透或溶解在孔隙溶液中时，首先在低氯浓度下形成 Kuzel 盐，然后转变为 Friedel 盐。当孔隙溶液中氯离子浓度降低时，Friedel 盐也能分解成 Kuzel 盐。当内掺氯离子浓度较低时是否会形成 Kuzel 盐，这一问题还需要进一步研究。

③ 不同水化产物的氯离子结合能力不同，先是 AFm 相与氯离子结合，然后是 C—S—H 凝胶。前者通过化学结合与氯离子发生相互作用，而后者通过物理吸附与氯离子发生相互作用。AFt 相、$Ca(OH)_2$ 和 Friedel 盐也能与氯离

子发生相互作用，但由于它们在水泥基材料中含量小且氯离子结合能力低，故可以忽略不计。

④ 水泥基材料存在氯离子浓聚现象，即双电层对氯离子的吸附导致压滤溶液中氯离子浓度较高的现象。

⑤ 双电层模型，特别是改进之后的 Stern 模型，可以用来描述双电层中的电位和离子分布，Zeta 电位是表征双电层特性的重要参数。

参 考 文 献

何富强，2010. 硝酸银显色法测量水泥基材料中氯离子迁移. 长沙：中南大学.

李庆玲，史才军，何富强，等，2013. 水泥基材料中自由氯离子浓缩的影响因素. 硅酸盐学报，41：320-327.

王绍东，黄煜镔，王智，2000. 水泥组分对混凝土固化氯离子能力的影响. 硅酸盐学报，(6)：570-574.

BALONIS M, LOTHENBACH B, LE SAOUT G, et al., 2010. Impact of chloride on the mineralogy of hydrated Portland cement systems. Cement and Concrete Research, 40: 1009-1022.

BAROGHEL-BOUNY V, BELIN P, MAULTZSCH M, et al., 2007. $AgNO_3$ spray tests: Advantages, weaknesses, and various applications to quantify chloride ingress into concrete. Part 1: Non-steady-state diffusion tests and exposure to natural conditions. Materials and structures, 40: 759-781.

BAROGHEL-BOUNY V, WANG X, THIERY M, et al., 2012. Prediction of chloride binding isotherms of cementitious materials by analytical model or numerical inverse analysis. Cement and Concrete Research, 42 (9): 1207-1224.

BEN-YAIR M, 1974. The effect of chlorides on concrete in hot and arid regions. Cement and Concrete Research, 4: 405-416.

BIRNIN-YAURI U, GLASSER F, 1998. Friedel's salt, $Ca_2Al(OH)_6(Cl, OH) \cdot 2H_2O$: Its solid solutions and their role in chloride binding. Cement and Concrete Research, 28: 1713-1723.

BOLT G, 1955. Analysis of the validity of the Gouy-Chapman theory of the electric double layer. Journal of Colloid Science, 10: 206-218.

CANO-BARRITA P D J, MARBLE A, BALCOM B, et al., 2009. Embedded NMR sensors to monitor evaporable water loss caused by hydration and drying in Portland cement mortar. Cement and Concrete Research, 39: 324-328.

CHEN Y, SHUI Z, CHEN W, et al., 2015. Chloride binding of synthetic Ca-Al-NO_3 LDHs in hardened cement paste. Construction and Building Materials, 93: 1051-1058.

CSIZMADIA J, BALÁZS G, TAMÁS F D, 2001. Chloride ion binding capacity of aluminoferrites. Cement and Concrete Research, 31: 577-588.

DEBYE P, 1933. A method for the determination of the mass of electrolytic ions. The Journal of Chemical Physics, 1: 13-16.

DIAMOND S, 1986. Chloride concentrations in concrete pore solutions resulting from calcium and sodium chloride admixtures. Cement Concrete and Aggregates, 8: 97-102.

DIAMOND S, DOLCH W, WHITE J L, 1964. Studies on tobermorite-like calcium silicate hydrates. Highway Research Record, 62: 62-79.

DING Z, LI Z, 2005. Effect of aggregates and water contents on the properties of magnesium phosphosilicate cement. Cement and Concrete Composites, 27: 11-18.

DUCHESNE J, BÉRUBÉ M, 1994. Evaluation of the validity of the pore solution expression method from hardened cement pastes and mortars. Cement and Concrete Research, 24: 456-462.

EAGLAND D, 1975. The influence of hydration on the stability of hydrophobic colloidal systems. Water in Disperse Systems, 5: 1-74.

EKOLU S, THOMAS M, HOOTON R, 2006. Pessimum effect of externally applied chlorides on expansion due to delayed ettringite formation: Proposed mechanism. Cement and Concrete Research, 36: 688-696.

ELAKNESWARAN Y, NAWA T, KURUMISAWA K, 2009a. Electrokinetic potential of hydrated cement in relation to adsorption of chlorides. Cement and Concrete Research, 39: 340-344.

ELAKNESWARAN Y, NAWA T, KURUMISAWA K, 2009b. Zeta potential study of paste blends with slag. Cement and Concrete Composites, 31: 72-76.

ERSOY B, DIKMEN S, UYGUNOĞLU T, et al., 2013. Effect of mixing water types on the time-dependent zeta potential of Portland cement paste. Science and Engineering of Composite Materials, 20: 285-292.

FENG W, XU J, CHEN P, et al., 2018. Influence of polycarboxylate superplasticizer on chloride binding in cement paste. Construction and Building Materials, 158: 847-854.

FERRARI L, KAUFMANN J, WINNEFELD F, et al., 2010. Interaction of cement model systems with superplasticizers investigated by atomic force microscopy, zeta potential, and adsorption measurements. Journal of Colloid and Interface Science, 347: 15-24.

FLOREA M, BROUWERS H, 2012. Chloride binding related to hydration products: Part I: Ordinary Portland Cement. Cement and Concrete Research, 42: 282-290.

FRIEDEMANN K, STALLMACH F, KÁRGER J, 2006. NMR diffusion and relaxation studies during cement hydration—A non-destructive approach for clarification of the mechanism of internal post curing of cementitious materials. Cement and Concrete Research, 36: 817-826.

FRIEDMANN H, AMIRI O, AÏT-MOKHTAR A, 2008. Physical modeling of the electrical double layer effects on multispecies ions transport in cement-based materials. Cement and Concrete Research, 38: 1394-1400.

FRIEDMANN H, AMIRI O, AÏT-MOKHTAR A, 2012. Modelling of EDL effect on chloride migration in cement-based materials. Magazine of Concrete Research, 64: 909-17.

GLASS G, WANG Y, BUENFELD N, 1996. An investigation of experimental methods used to determine free and total chloride contents. Cement and Concrete Research, 26: 1443-1449.

GLASSER F, KINDNESS A, STRONACH S, 1996. Stability and solubility relationships in AFm phases: Part I. Chloride, sulfate and hydroxide. Cement and Concrete Research, 29: 861-866.

GONG N, WANG X, 2016. Examining the binding mechanism of chloride ions in sea sand mortar//2016 2nd

International Conference on Architectural, Civil and Hydraulics Engineering (ICACHE 2016). Paris: Atlantis Press: 6-11.

GREENER J, PEEMOELLER H, CHOI C, et al., 2000. Monitoring of hydration of white cement paste with proton NMR spin-spin relaxation. Journal of the American Ceramic Society, 83: 623-627.

GUNASEKARA C, LAW D W, SETUNGE S, et al., 2015. Zeta potential, gel formation and compressive strength of low calcium fly ash geopolymers. Construction and Building Materials, 95: 592-599.

HASSAN Z, 2001. Binding of external chloride by cement pastes. Toronto: University of Toronto.

HE F, SHI C, HU X, et al., 2016. Calculation of chloride ion concentration in expressed pore solution of cement-based materials exposed to a chloride salt solution. Cement and Concrete Research, 89: 168-176.

HELMHOLTZ P, 1853. On the methods of measuring very small portions of time, and their application to physiological purposes. Philosophical Magazine Series 4, 6: 313-325.

HEWLETT P, 2003. Lea's chemistry of cement and concrete. Amsterdam: Elsevier.

HIRAO H, YAMADA K, TAKAHASHI H, et al., 2005. Chloride binding of cement estimated by binding isotherms of hydrates. Journal of Advanced Concrete Technology, 3: 77-84.

HOCINE T, AMIRI O, AÏT-MOKHTAR A, et al., 2012. Influence of cement, aggregates and chlorides on zeta potential of cement-based materials. Advances in Cement Research, 24: 337-438.

HU X, 2017. Mechanism of chloride concentrate and its effects on microstructure and electrochemical properties of cement-based materials. Ghent: Ghent University.

HU X, SHI C, YUAN Q, et al., 2018. Influences of chloride immersion on zeta potential and chloride concentration index of cement-based materials. Cement and Concrete Research, 106: 49-56.

JÚNIOR J A A, BALDO J B, 2014. The behavior of zeta potential of silica suspensions. New Journal of Glass and Ceramics, 4: 29-37.

KE X, BERNAL S A, PROVIS J L, 2017. Uptake of chloride and carbonate by Mg-Al and Ca-Al layered double hydroxides in simulated pore solutions of alkali-activated slag cement. Cement and Concrete Research, 100: 1-13.

KIM M J, KIM K B, ANN K Y, 2016. The influence of C_3A content in cement on the chloride transport. Advances in Materials Science and Engineering.

KIRBY B J, HASSELBRINK E F, 2004. Zeta potential of microfluidic substrates: 1. Theory, experimental techniques, and effects on separations. Electrophoresis, 25: 187-202.

KUPWADE-PATIL K, PALKOVIC S D, BUMAJDAD A, et al., 2018. Use of silica fume and natural volcanic ash as a replacement to Portland cement: Micro and pore structural investigation using NMR, XRD, FTIR and X-ray microtomography. Construction and Building Materials, 158: 574-590.

LAIDLER K, MEISER J, 1982. Physical Chemistry. California: The Benjamin Cummings Publishing Company.

LAMBERT P, PAGE C, SHORT N, 1985. Pore solution chemistry of the hydrated system tricalcium silicate/sodium chloride/water. Cement and Concrete Research, 15: 675-680.

LARSEN C, 1998. Chloride binding in concrete, effect of surrounding environment and concrete composition. Trondheim, Norway: The Norwegian University of Science and Technology.

LIU M, LEI J, BI Y, et al., 2015. Preparation of polycarboxylate-based superplasticizer and its effects on zeta potential and rheological property of cement paste. Journal of Wuhan University of Technology-Mater Sci Ed, 30: 1008-1012.

LOWKE D, GEHLEN C, 2017. The zeta potential of cement and additions in cementitious suspensions with high solid fraction. Cement and Concrete Research, 95: 195-204.

MA B, ZHANG T, TAN H, et al., 2018. Effect of TIPA on chloride immobilization in cement-fly ash paste. Advances in Materials Science and Engineering: 1-11.

MATSCHEI T, LOTHENBACH B, GLASSER F, 2007. The AFm phase in Portland cement. Cement and Concrete Research, 37: 118-130.

MCDONALD P J, RODIN V, VALORI A, 2010. Characterisation of intra-and inter —C—S—H gel pore water in white cement based on an analysis of NMR signal amplitudes as a function of water content. Cement and Concrete Research, 40: 1656-1663.

MEHTA P, 1977. Effect of cement composition on corrosion of reinforcing steel in concrete. ASTM Special Technical Publication, 629: 12-19.

MIDGLEY H, ILLSTON J, 1984. The penetration of chlorides into hardened cement pastes. Cement and Concrete Research, 14: 546-558.

MONTEIRO P, WANG K, SPOSITO G, et al., 1997. Influence of mineral admixtures on the alkali-aggregate reaction. Cement and Concrete Research, 27: 1899-1909.

MOON H Y, KIM H S, CHOI D S, 2006. Relationship between average pore diameter and chloride diffusivity in various concretes. Construction and Building Materials, 20: 725-732.

MULLER A, SCRIVENER K, GAJEWICZ A, et al., 2013. Use of bench-top NMR to measure the density, composition and desorption isotherm of C—S—H in cement paste. Microporous and Mesoporous Materials, 178: 99-103.

NÄGELE E, 1985. The Zeta-potential of cement. Cement and Concrete Research, 15: 453-462.

NÄGELE E, 1986. The Zeta-potential of cement: Part II: Effect of pH-value. Cement and Concrete Research, 16: 853-863.

NAGATAKI S, OTSUKI N, WEE T H, et al., 1993. Condensation of chloride ion in hardened cement matrix materials and on embedded steel bars. Aci Materials Journal, 90: 323-332.

NGUYEN P, AMIRI O, 2014. Study of electrical double layer effect on chloride transport in unsaturated concrete. Construction and Building Materials, 50: 492-498.

NGUYEN P, AMIRI O, 2014. Study of the chloride transport in unsaturated concrete: Highlighting of electrical double layer, temperature and hysteresis effects. Construction and Building Materials, 122: 284-293.

PAILLOT R M, SMOLUCHOWSKI, 1904. Contribution à la théorie de l'sendosmose électrique et de quelques phénomènes corrélatifs (Bulletin de l'Académie des Sciences de Cracovie; mars 1903). J Phys Theor Appl, 3: 912.

PAUL G, BOCCALERI E, BUZZI L, et al., 2015. Friedel's salt formation in sulfoaluminate cements: A combined XRD and ^{27}Al MAS NMR study. Cement and Concrete Research, 67: 93-102.

PIPILIKAKI P, BEAZI-KATSIOTI M, 2009. The assessment of porosity and pore size distribution of limestone Portland cement pastes. Construction and Building Materials, 23: 1966-1970.

PLANK J, GRETZ M, 2008. Study on the interaction between anionic and cationic latex particles and Portland cement. Colloids and Surfaces A: Physicochemical and Engineering Aspects, 330: 227-233.

PLANK J, HIRSCH C, 2007. Impact of zeta potential of early cement hydration phases on superplasticizer adsorption. Cement and Concrete Research, 37: 537-542.

PLANK J, SACHSENHAUSER B, 2006. Impact of molecular structure on zeta potential and adsorbed conformation of α-allyl-ω-methoxypolyethylene glycol-maleic anhydride superplasticizers. Journal of Advanced Concrete Technology, 4: 233-239.

PUERTAS F, FERNÁNDEZ-JIMÉNEZ A, BLANCO-VARELA M, 2004. Pore solution in alkali-activated slag cement pastes. Relation to the composition and structure of calcium silicate hydrate. Cement and Concrete Research, 34: 139-148.

RAMACHANDRAN V S, 1971. Possible states of chloride in the hydration of tricalcium silicate in the presence of calcium chloride. Matériaux et Construction, 4: 3-12.

SAIKIA N, KATO S, KOJIMA T, 2006. Thermogravimetric investigation on the chloride binding behaviour of MK-lime paste. Thermochimica Acta, 444: 16-25.

SHI C, 2001. Formation and stability of $3CaO \cdot CaCl_2 \cdot 12H_2O$. Cement and Concrete Research, 31: 1373-1375.

SHI Z, GEIKER M R, LOTHENBACH B, et al., 2017. Friedel's salt profiles from thermogravimetric analysis and thermodynamic modelling of Portland cement-based mortars exposed to sodium chloride solution. Cement and Concrete Composites, 78: 73-83.

SMIT W, STEIN H N, 1977. Electroosmotic zeta potential measurements on single crystals. Journal of Colloid and Interface Science, 60: 299-307.

SMOLCZYK H G, 1968. Chemical reactions of strong chloride-solution with concrete. Proceedings of the 5th International Congress on the Chemistry of Cement: 274-280.

SPICE J E, 2016. Chemical binding and structure. Amsterdam: Elsevier.

STERN O, 1924. Theory of the electrical double layer. Electrochemistry, 30: 508-516.

SURYAVANSHI A, SCANTLEBURY J, LYON S, 1996. Mechanism of Friedel's salt formation in cements rich in tri-calcium aluminate. Cement and Concrete Research, 26: 717-727.

SURYAVANSHI A, SWAMY R N, 1996. Stability of Friedel's salt in carbonated concrete structural elements. Cement and Concrete Research, 26: 729-741.

TANG L, NILSSON L, 1993. Chloride binding capacity and binding isotherms of OPC pastes and mortars. Cement and Concrete Research, 23: 247-253.

THOMAS M, HOOTON R, SCOTT A, 2012. The effect of supplementary cementitious materials on chloride binding in hardened cement paste. Cement and Concrete Research, 42: 1-7.

TORRIE G, VALLEAU J, 1982. Electrical double layers. 4. Limitations of the Gouy-Chapman theory. The Journal of Physical Chemistry, 86: 3251-3257.

VIALLIS-TERRISSE H, NONAT A, PETIT J, 2001. Zeta-potential study of calcium silicate hydrates interacting with alkaline cations. Journal of Colloid and Interface Science, 244: 58-65.

VIEILLE L, ROUSSELOT I, LEROUX F, et al., 2003. Hydrocalumite and its polymer derivatives. 1. Reversible thermal behavior of Friedel's salt: A direct observation by means of high-temperature in situ powder X-ray diffraction. Chemistry of materials, 15: 4361-4368.

WHITE B, BANERJEE S, O'BRIEN S, et al., 2007. Zeta-potential measurements of surfactant-wrapped individual single-walled carbon nanotubes. The Journal of Physical Chemistry C, 111: 13684-13690.

XU J, FENG W, JIANG L, et al., 2016. Influence of surfactants on chloride binding in cement paste. Construction and Building Materials, 125: 369-374.

YANG Z, GAO Y, MU S, et al., 2019. Improving the chloride binding capacity of cement paste by adding nano-Al_2O_3. Construction and Building Materials, 195: 415-422.

YE H, JIN X, CHEN W, et al., 2016. Prediction of chloride binding isotherms for blended cements. Computers and Concrete, 17 (5): 655-672.

YONEZAWA T, 1989. The mechanism of fixing Cl^- by cement hydrates resulting in the transformation of NaCl to NaOH//8th International Conference on Alkali-Aggregate Reaction Florida: CRC Press, 1989: 153-160.

YUAN Q, 2009. Fundamental studies on test methods for the transport of chloride ions in cementitious materials. Ghent: Ghent University.

YUE Y, WANG J J, BASHEER P M, et al., 2018. Raman spectroscopic investigation of Friedel's salt. Cement and Concrete Composites, 86: 306-314.

ZANA R, YEAGER E B, 1982. Ultrasonic vibration potentials. Modern Aspects of Electrochemistry, 129: 1-60.

ZIBARA H, HOOTON R, THOMAS M, et al., 2008. Influence of the C/S and C/A ratios of hydration products on the chloride ion binding capacity of lime-SF and lime-MK mixtures. Cement and Concrete Research, 38: 422-426.

ZINGG A, WINNEFELD F, HOLZER L, et al., 2008. Adsorption of polyelectrolytes and its influence on the rheology, zeta potential, and microstructure of various cement and hydrate phases. Journal of Colloid and Interface Science, 323: 301-312.

第4章

氯离子结合及其对水泥基材料性能的影响

4.1 引言
4.2 水泥基材料氯离子结合的影响因素
4.3 氯离子等温吸附曲线
4.4 确定等温吸附方程的方法
4.5 双电层中氯离子物理吸附分布的测定
4.6 氯离子结合对微观结构的影响
4.7 总结

4.1 引言

水泥基材料中的氯离子通常可以分成两部分：自由氯离子和结合氯离子。自由氯离子是溶解在孔隙溶液中并在水泥基材料内部迁移的可溶性氯离子。一般认为，孔隙溶液中的自由氯离子是导致氯离子迁移和钢筋混凝土结构中钢筋锈蚀的决定性因素。在水泥基材料中，氯离子和水泥水化产物可以发生化学或者物理反应。反应过程中，孔隙溶液中部分氯离子被俘获，从而降低自由氯离子浓度并减慢氯离子的渗透过程。结合氯离子是指被水泥水化产物俘获的氯离子，其中包括通过物理吸附和化学结合的氯离子。由于氯离子结合会影响水泥基材料的氯离子侵入过程和抗氯离子渗透性，故针对不同因素，对不同水泥基和碱激发体系的氯离子结合能力的影响因素进行了大量研究。一些研究发现水泥的类型和组分、辅助胶凝材料、水胶比（W/B）、养护和暴露条件以及氯离子来源都会影响水泥基材料的氯离子结合能力。根据这些研究可知，C_3A 和 C_4AF 的含量决定了水泥基材料对氯离子的化学结合能力，而 C_3S 和 C_2S 决定了物理吸附能力，氢氧根离子和硫酸根离子可能会降低胶凝材料的氯离子结合能力。

氯离子与水泥基材料固相之间的物理化学作用会影响氯离子的侵入过程。一方面氯离子结合增加了水泥基材料俘获氯离子的总量，另一方面，孔隙溶液中游离氯离子浓度降低导致氯离子的渗透速率降低。氯离子结合形成的水化产物可以改变水泥基材料的结构并影响其性能。本章将讨论水泥基材料中的氯离子结合及其对氯离子迁移和水泥基材料微观结构的影响。

4.2 水泥基材料氯离子结合的影响因素

相对于氯离子的扩散速率来说，氯离子结合速率是非常快的，氯离子结合几乎可以说是瞬时发生的，因此人们认为在此过程中，孔隙溶液系统是处于平衡状态的。这个假设在氯离子移动很慢时，即扩散的情况下可能是合理的，然而在电迁移的情况下可能不合理，因为在离子移动得非常快且试验时间很短的情况下，氯离子传输的速率可能太快以至于孔隙溶液中的平衡不能及时建立。Tang 和 Nilsson（1993）发现将压碎的砂浆颗粒（粒径为 0.25~2mm）浸泡在氯盐溶液中，14 天之内氯离子结合就基本完成。Arya 等（1990）发现当试件在 2% 的氯盐溶液中浸泡 84 天后，结合氯离子的含量仍然在增加。Olivier（2000）认为压碎的砂浆颗粒结合氯离子的速率非常快，5h 内就可以完成 80% 以上的氯离子结合。

Tang（1996）发现氯离子的结合速率对氯离子浓度分布曲线有很大的影响，但对氯离子的渗透深度影响不大。关于水泥基材料对氯离子的结合速率，Stanish（2002）进行了一系列的研究，在他的研究中数据离散性很高。他将试件分别浸泡在浓度为 1% 和 5% 的氯化钠溶液中，然后用 0.01mol/L 的硝酸银溶液来滴定氯化钠溶液，进而确定氯离子浓度随时间的变化。Stanish 认为氯化钠溶液在滴定前需要进行稀释是导致数据离散性很高的原因之一。Stanish 的研究结果表明，尽管数据离散性很高，但大多数结合都发生在试验开始的一两个小时内。

水泥基材料对氯离子的结合是一个非常复杂的过程，它受很多因素的影响，其中包括氯离子浓度、水泥种类、氢氧根离子浓度、阳离子种类、温度、矿物掺合料、碳化、硫酸根离子以及电场。总结见表 4.1，这节将详细讨论这些因素是如何影响氯离子结合的。

表 4.1　影响氯离子结合的因素

	因素	趋势	原因	参考文献
	Cl^- 浓度	促进	更多的 Cl^- 有机会占用结合点	Tang 和 Nilsson(1993)
水泥	C_3A+C_4AF	促进	Friedel 盐及其类似物的形成	Tang 和 Nilsson(1993)，Suryavanshi et al. (1996)
	C_3S	重要因素	取决于 C—S—H 凝胶中的钙硅比	Beaudoin et al. (1990)，Tang 和 Nilsson(1993)
	C_2S	促进	取决于 C—S—H 凝胶中的钙硅比	
	硫酸盐	抑制	硫酸盐消耗 C_3A 和 C_4AF，减少化学结合	Hassan (2001)
矿物掺合料	硅灰	抑制	化学结合稀释了 C_3A 的作用，同时增加低钙硅比 C—S—H 的含量	Page 和 Vennesland (1983)
	粉煤灰	促进	更多的 Al_2O_3 形成更多的 Friedel 盐	Dhir et al. (1997)
	矿渣	促进	更多 Al_2O_3 形成更多 Friedel 盐，或稀释水泥中的 SO_4^{2-}	Arya et al. (1990)，Delagrave et al. (1997)

续表

因素	趋势	原因	参考文献
OH^-浓度	抑制	和Cl^-相互竞争以结合在水泥水化物的表面,并且增大了Friedel盐的溶解度	Mehta(1977),Suryavanshi et al. (1996)
氯盐的阳离子种类	Ca^{2+}比Na^+结合的Cl^-更多	Ca^{2+}吸附在C—S—H表面,增加了C—S—H表面的正离子的电量,从而使双电层结合更多的Cl^-	Hassan(2001),Suryavanshi et al. (1996),Wowra et al. (1997b)
温度	抑制	温度升高,解吸附的Cl^-增多,Friedel盐的溶解度增大	Hassan(2001)
碳化	抑制	C—S—H分解,孔隙率降低,产生较少的结合位点	Hassan(2001)
SO_4^{2-}	抑制	SO_4^{2-}和C_3A反应,并且其水化产物减少了Friedel盐的形成	Hassan(2001)
电场	抑制	一些物理吸附的Cl^-将被激活发生解吸附	Ollivier et al. (1997),胡曙光等(2008)
水灰比	在0.3~0.5之间,影响显著	取决于孔隙率和水化程度	Hassan(2001)
养护龄期	吸附量提升,吸附能力抑制	吸附逐渐达到饱和	Yu et al. (2007)

4.2.1 氯离子浓度

氯离子浓度可能是影响氯离子结合最重要的因素。很多研究都已表明外渗氯离子浓度越高,孔隙溶液中氯离子浓度就越高,氯离子结合也就越多(Song et al., 2008a; Yuan et al., 2009; Machner et al., 2018)。显然,对于给定的水泥基材料,其存在一个最大的氯离子结合能力。在这一限度下,孔隙溶液中氯离子浓度越高,就有更多的氯离子有机会占用结合点,因此结合量也就越高。通常用等温吸附曲线来表示自由氯离子和结合氯离子之间的关系,这将在4.3节中详细讨论。

4.2.2 水泥化学组分

4.2.2.1 C_3A 和 C_4AF

对于内掺氯离子,Raeheeduzzafar等(1990)发现水溶性氯离子随C_3A含量的增加而显著减少。除此之外,他们将由含9%和14% C_3A的水泥配制而成的混凝土浸泡在氯盐溶液中,并用XRD分析证实了氯铝酸钙的形成。

Blunk 等（1986）将纯 C_3A-石膏混合物、普通硅酸盐水泥（OPC）和 C_3S 浆体浸泡在不同浓度的氯盐溶液中，发现和其他两种浆体相比，C_3A-石膏混合物能够结合更多的氯离子。Arya 等（1990）将 OPC 和抗硫酸盐水泥（SRPC）分别浸泡在 20g/L 的 NaCl 溶液中，然后发现 SRPC 结合的氯离子量要远小于 OPC，这是因为 SRPC 中的 C_3A 含量比 OPC 低得多。一些有关内掺氯离子的研究结果（Delagrave et al.，1997；Kim et al.，2016；Vu et al.，2017；Ann et al.，2018）表明，C_3A 含量越高，结合氯离子的量越大。Glass 和 Buenfeld（2000）提出了一个可以预测自由氯离子和结合氯离子关系的模型，C_3A 含量对结合氯离子的影响如图 4.1 所示。由图可知，采用 Langmuir 等温吸附公式可以较好地表征普通硅酸盐水泥结合氯离子与自由氯离子含量之间的关系，氯离子结合能力随 C_3A 含量的增加而提高。

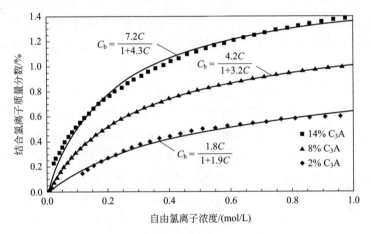

图 4.1 水胶比为 0.45 的 OPC 的预测氯离子吸附数据与 Langmuir 等温吸附曲线
Glass et al.，2000

C_3A 和 C_4AF 都可以与氯离子发生化学反应生成 Friedel 盐及其类似物。所以，氯离子的化学结合取决于水泥中 C_3A 和 C_4AF 的含量。Friedel 盐可能是由 C_3A 和 $CaCl_2$ 直接反应所形成的，当氯盐为氯化钠时，反应方程式如下（Hassan，2001；Qiao et al.，2018）：

$$Ca(OH)_2 + 2NaCl \Longrightarrow CaCl_2 + 2Na^+ + 2OH^- \qquad (4.1)$$

$$C_3A + CaCl_2 + 10H_2O \Longrightarrow C_3A \cdot CaCl_2 \cdot 10H_2O \qquad (4.2)$$

根据 Suryavanshi 等（1996）的研究，Friedel 盐及其类似物可以通过两种不同的机理形成：结合机理和离子互换机理。结合机理是为了达到电中性，AFm 相的层间结构（$[Ca_2Al(OH)_6 \cdot 2H_2O]^+$）与孔隙溶液中的氯离子结合从而形成 Friedel 盐。离子互换机理是氯离子取代 AFm 水化相（C_4AH_{13} 及其衍生物）层间的氢氧根离子从而形成 Friedel 盐，该过程可以用下式表示：

$$R-OH^- + Na^+ + Cl^- \longrightarrow R-Cl^- + Na^+ + OH^- \tag{4.3}$$

式中，R 是 AFm 水化物组成的主要层间结构：$[Ca_2Al(OH)_6 \cdot nH_2O]^+$。

当通过结合机理形成 Friedel 盐时，为保持孔隙溶液的电中性，孔隙溶液会释放与结合氯离子等量的 Na^+。相反，当通过离子互换机理形成 Friedel 盐时，AFm 水化物会释放部分氢氧根离子到孔隙溶液中，因而增大了孔隙溶液的 pH 值。通常认为氯离子的结合量随含铝相量的增加而增加。在碳化或硫酸根离子侵入的情况下，化学结合是可逆的（Saillio et al., 2014; Chang, 2017）。

4.2.2.2 C_3S 和 C_2S

与 C_3A 相比，对 C_3S 和 C_2S 的氯离子结合研究相对较少。C—S—H 凝胶是普通硅酸盐水泥的主要水化产物，决定了氯离子的物理吸附。而物理吸附主要指的就是氯离子吸附在 C—S—H 凝胶表面。Ramachandran 等（1971）将与 C—S—H 发生反应的氯离子分为三类：以物理吸附存在于水化硅酸钙的表面，结合在 C—S—H 的层间，紧密地结合在 C—S—H 的晶格中。C_3S 和 C_2S 的含量越高，C—S—H 含量就越高，物理吸附的氯离子含量也就越高。Tang 和 Nilsson（1993）发现水泥混凝土的氯离子结合能力完全取决于 C—S—H 的含量，与水灰比和骨料含量没有关系。Beaudoin 等（1990）认为 C—S—H 的氯离子结合能力取决于它的钙硅比，钙硅比越低，结合能力越低。然而通过向阿利特（Alite）相浆体中掺入氯离子，Lambert 等（1985）发现 C—S—H 凝胶只能结合非常少量的氯离子。

一般认为，C_3A 和 C_4AF 决定氯离子的化学结合，而 C_3S 和 C_2S 决定氯离子的物理吸附。Hassan（2001）将纯 C_3A、C_4AF、C_3S 和 C_2S 相分别浸泡在氯离子溶液中，然后发现 C_3A 是影响氯离子结合的最重要的因素：在高浓度氯离子范围（$1.0\sim3.0$ mol/L）内，C_3A 含量是水泥氯离子结合能力的良好指标；而在低浓度范围（<0.1 mol/L）内，C_3A 含量对氯离子结合能力的影响则显著降低。C_4AF 对氯离子结合能力的贡献大约为 C_3A 的三分之一，C_3S 对氯离子结合能力的贡献可能在 $25\%\sim50\%$。

4.2.2.3 SO_3 含量

水泥中 SO_3 的含量对氯离子结合也有一定的影响。Hassan（2001）发现 SO_3 含量对水泥的氯离子结合能力有负面影响，尤其是在低氯离子浓度

(0.1mol/L) 时。硫酸根离子可与 C_3A 和 C_4AF 反应生成钙矾石或单硫型水化硫铝酸钙，但随着氯离子浓度的增加，单硫型水化硫铝酸钙首先转变成 Kuzel 盐，然后在更高氯离子浓度时转变成 Friedel 盐。当氯离子浓度更高 (3.0mol/L) 时，钙矾石也开始转变，这就解释了为什么在低浓度时 SO_3 含量对氯离子结合能力的影响更为显著。

4.2.3 辅助胶凝材料

目前已广泛使用如硅灰、矿渣和粉煤灰等辅助胶凝材料（SCMs）取代混凝土中的部分水泥，以减少水泥的用量，降低混凝土的成本，使用辅助胶凝材料还能较好地提高混凝土的耐久性能。由于每种胶凝组分都有其各自的物理化学特性，所以它们对氯离子结合能力的影响也各不相同。

4.2.3.1 粉煤灰

Thomas 等（2012）研究了辅助胶凝材料对硬化水泥浆氯离子结合的影响，结果表明，当粉煤灰取代率为 25% 时，水泥浆具有较高的氯离子结合能力，这是因为粉煤灰中氧化铝含量较高，且水化后期可形成 C—A—S—H。C—S—H、C—A—H、钙矾石、单硫酸盐等水化产物或火山灰反应产物表面物理吸附氯离子量的增加也是粉煤灰水泥氯离子结合能力提高的原因。

Cheewaket 等（2010）研究了粉煤灰对水泥浆体氯离子结合能力的影响，结果表明：随着粉煤灰取代量提高到 50%，试样的氯离子结合能力也逐渐增强。Dhir 等（1997）用平衡法研究水泥对氯离子的结合，同样发现用粉煤灰取代部分水泥能够增强氯离子的结合能力，并且当粉煤灰取代量为 50% 时，对氯离子的结合仍然有正面影响。然而当取代量为 67% 时，粉煤灰对水泥的氯离子结合开始有负面影响。许多其他研究者（Arya et al.，1990；Byfors，1986）也都发现用粉煤灰取代部分水泥对氯离子环境中水泥浆体的氯离子结合有正面影响。但是，Nagataki 等（1993）的试验结果表明，在外渗氯离子的情况下，当粉煤灰取代 30% 的水泥时，水泥浆的氯离子结合能力降低，对此作者没有给出解释。Azad 和 Isgor（2016）也发现了用 F 级粉煤灰替代水泥后，水泥对氯离子的化学结合能力下降，这主要有两个原因：F 级粉煤灰中的有效碱含量大于 OPC；F 级粉煤灰水泥中的 C_3A 含量较低。在内掺氯离子的情况下，用粉煤灰取代部分水泥会提高水泥浆体的氯离子结合能力（Arya et al.，1990；Arya et al.，1995；Byfors，1986），这可能是因为粉煤灰中铝相的含量较高，有利于生成更多的 Friedel 盐。

4.2.3.2 磨细高炉矿渣

许多研究（Arya et al.，1990；Hassan，2001；Nagataki et al.，1993；Khan et al.，2016；Kopecskó et al.，2017）表明，当将水泥浆体置于氯盐环境中时，用高炉矿渣取代部分水泥也可以提高水泥浆体对氯离子的结合能力。对于掺有矿渣的水泥，结合氯离子的物相主要是 AFm 和 C—A—S—H（Florea et al.，2014）。Kayali 等（2012）称可以用两种机理解释矿渣对氯离子的结合。第一种是矿渣中氧化镁含量很高，水化过程中会形成水滑石。第二种是矿渣中的铝相可以与氯离子反应形成 Friedel 盐。XRD 分析表明，纯矿渣硬化过程中形成的水滑石含量达到总结晶相的 54%，高于普通硅酸盐水泥浆中 C—S—H 凝胶的含量（约 40%）。从他们的文章中可以得出结论：掺有矿渣的混凝土具有优异的氯离子结合能力主要是因为水滑石。Khan 等（2016）进一步证实了这一结论，同时他们还发现水滑石结合氯离子的能力并没有因碳酸盐的竞争性结合而受到显著影响。然而，Maes 等（2013）得出了截然不同的结论，即当掺入矿渣取代部分水泥时，氯离子的结合能力下降。根据文章中的讨论，Al_2O_3 和 Fe_2O_3 在氯离子结合中发挥着类似的作用，而在他们研究时所使用的矿渣中，Fe_2O_3 含量较低是导致掺有磨细高炉矿渣（GGBFS）的水泥混凝土具有较低氯离子结合能力的原因。Sun 等（2010）通过 XRD、差示扫描量热法（DSC）和热重分析-微商热重分析（TG-DTG）分析了水泥-矿渣浆体中的氯离子结合情况。结果表明，矿渣的氯离子结合能力与 GGBFS 的比表面积和化学组成密切相关，比表面积越大，三氧化硫含量越低，则氯离子结合能力越强。

当内掺氯离子时，试验结果表明用矿渣取代部分水泥也可增加水泥基材料的氯离子结合能力（Arya et al.，1990；Arya et al.，1995；Potgieter et al.，2011）。Yu 等（2007）用等温吸附法测定了混凝土在一系列氯化钠溶液中的平衡氯离子浓度，计算了矿渣混凝土对氯离子的总结合能力、物理吸附能力以及化学结合能力，探讨了矿渣掺量对混凝土氯离子结合能力的影响规律。结果表明，当水胶比和胶凝材料用量一定时，随着矿渣掺量的增加，混凝土对氯离子的总结合能力和化学结合能力呈现先升后降的变化趋势，当矿渣掺量（占总胶凝材料的质量分数）为 40% 时，氯离子结合能力达到最大，然而矿渣掺量对混凝土的氯离子物理吸附能力几乎没有影响。Dhir 等（1997）认为氯离子结合能力的提高可能是因为矿渣中的铝相含量较高，这有利于生成更多的 Friedel 盐，但 Arya 等（1990）认为氯离子结合能力提高也可能是由物理吸附能力的提高所引起的。值得注意的是，Xu（1997）将氯离子内掺入水泥浆体，发现当矿渣水泥浆中的硫酸根离子含量等于水泥净浆中硫酸根离子含量时，矿渣水泥浆体便没有较高的氯离子结合能力，所以，他将矿渣水泥较高的氯离子结合能力归因于硫酸根离子的稀释效应。

4.2.3.3 硅灰

与矿渣和粉煤灰不同，人们通常认为在水泥基材料中掺入硅灰（SF）会降低氯离子结合能力（Thomas et al.，2012；Jung et al.，2018）。根据Nilsson等（1996）的研究，硅灰会通过三种方式影响氯离子结合能力：稀释C_3A，导致化学结合减少；降低孔隙溶液的pH值，进而增加氯离子的结合；增加C—S—H的量，进而增加氯离子的物理吸附。此外，掺入硅灰会降低钙硅比，从而降低C—S—H的物理吸附能力。图4.2为不同水胶比混凝土试块在潮汐区放置5年后所得到的氯离子等温吸附曲线随硅灰掺量变化的规律（Dousti et al.，2011）。掺入硅灰会显著降低混凝土的结合氯离子含量，但是不同的硅灰掺量对混凝土试件的氯离子结合没有显著影响。

Arya等（1990）将掺有15%硅灰的水泥试件浸泡在0.56 mol/L的NaCl溶液中，发现用硅灰取代部分水泥后，水泥浆体的氯离子结合能力降低了。虽然一些研究者得出了相反的结论（Byfors，1986），但是多数研究均发现在外渗氯离子情况下掺入硅灰会降低水泥浆体的氯离子结合能力（Hassan，2001；Thomas et al.，2012）。在内掺氯离子的情况下，许多研究者（Arya et al.，1990；Arya et al.，1995；Hussain et al.，1991）观察到了与外渗氯离子相同的现象。掺入硅灰后，水泥浆体内部可能发生如下的三个变化：低钙硅比的C—S—H凝胶含量增加；混凝土的碱度降低；C_3A被稀释。C—S—H凝胶含量的增加可能会增强氯离子的结合能力，但是低钙硅比可能会对氯离子结合产生负面影响（Beaudoin et al.，1990）。Page和Vennesl（1983）借助差热分析和热重分析发现，Friedel盐的含量随硅灰含量的增加而减少，这可能是因为pH值的降低。同时铝酸三钙的稀释效应也会导致氯离子结合能力降低。

通常，掺入辅助胶凝材料的水泥材料，其氯离子结合量，尤其是氯离子的化学结合量，主要取决于浆料中氧化铝的含量。因此，我们可以很容易地识别出不同辅助胶凝材料的氯离子结合能力。Al_2O_3含量较高的偏高岭土（Thomas et al.，2012）与Al_2O_3含量较低的石灰石对氯离子结合影响完全不同（Ipavec et al.，2013）。除氧化铝含量外，C—A—S—H凝胶的钙铝比和C—S—H凝胶的钙硅比也与辅助胶凝材料对氯离子结合能力的影响有直接关系，钙铝比或钙硅比越大，氯离子结合能力越大（Zibara et al.，2008）。Saillio等（2015）称由于OPC和SCMs水泥水化产生的C—S—H类型不同，

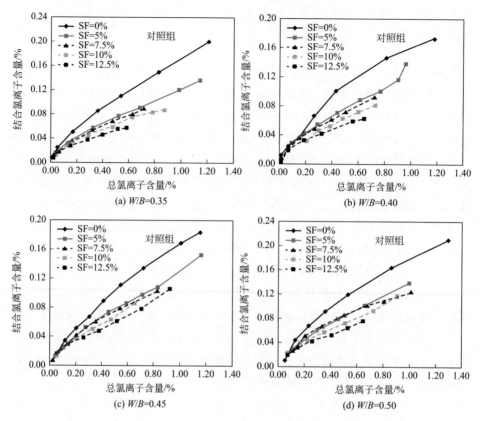

图 4.2 在潮汐区放置 5 年后不同硅灰掺量海洋工程混凝土试件的氯离子等温吸附曲线

Dousti et al.，2011

物理吸附的氯离子含量随水泥浆中 SCMs 含量增加而增加。

4.2.4 氢氧根离子浓度

Tritthart（1989）将水泥浆试件浸泡在 pH 值不同的氯盐溶液中，然后发现水泥浆的氯离子结合能力随 pH 值的增加而降低。许多其他研究者（Page et al.，1991；Sandberg et al.，1993）也发现，外部环境中的氢氧根离子浓度对氯离子结合有很大的影响。一般规律是氢氧根离子浓度越高，结合的氯离子越少。Tritthart（1989）指出，氢氧根离子和氯离子相互竞争以结合在水泥水化物的表面。Suryavanshi 等（1996）同样认为氢氧根离子和氯离子相互竞争以结合在 $[Ca_2Al(OH)_6 \cdot 2H_2O]^+$ 的层间。Roberts（1962）认为 pH 值增大导致 Friedel 盐的溶解度增大，氯离子被释放到溶液中，因此化学结合的氯离子含量减少。与其他因素相比，氢氧根离子浓度对水泥基材料的氯离子结合能力的影响较小，Song 等（2008b）没有发现孔隙溶液的 pH 值与浆体的氯离子结合能力之间存在直接关系。

4.2.5 氯盐的阳离子

一些研究（Arya et al., 1990；Blunk, 1986；Delagrave et al., 1997；Wowra et al., 1997）发现，氯盐的阳离子类型对氯离子结合有很大的影响。Delagrave 等（1997）发现水泥浆体在氯化钙溶液中比在氯化钠溶液中结合的氯离子更多。Arya 等（1990）发现水泥净浆在氯化钠溶液中可以结合 43% 的氯离子，在氯化钙溶液中可以结合 65% 的氯离子，在氯化镁溶液中可以结合 61% 的氯离子，而在海水中可以结合 43% 的氯离子。阳离子结合特性的本质是改变 Friedel 盐的溶解度和提供更多的离子结合点（Delagrave et al., 1997）。另外，与钙离子和镁离子相比，水泥浆体中的钠离子使溶液的 pH 值更高，因此氯化钠溶液中氢氧根离子与氯离子之间的竞争比氯化钙和氯化镁溶液中要强。Zhu 等（2012）研究了不同水胶比混凝土中结合氯离子的含量。如图 4.3 所示，不同阳离子类型的氯盐溶液中氯离子结合能力大小的趋势可以表示为 $c_b(CaCl_2) > c_b(MgCl_2) > c_b(KCl) \approx c_b(NaCl)$。Wowra 等（1997）认为氯化钙中的钙离子结合在 C—S—H 表面，增加了 C—S—H 表面正离子的电量，从而增加了双电层中结合氯离子的含量。

4.2.6 温度

Larsson（1995）和 Roberts（1962）发现水泥结合氯离子的能力随温度的升高而下降。实际上，对于物理吸附，温度升高增加了结合基体的热振动能，从而导致解吸附氯离子的增加。而对于化学结合，温度升高不仅能加快化学反应的速率，同时也会增大反应产物（Friedel 盐）的溶解度，导致平衡状态下自由氯离子增多。Hassan（2001）发现当氯离子浓度较低（0.1~1.0mol/L）时，温度升高，氯离子结合能力下降；当氯离子浓度较高（3.0mol/L）时，温度升高，氯离子结合能力增强。此外，当存在石灰岩时，低温（5℃）会抑制水泥结合氯离子的能力（Ipavec et al., 2013）。

4.2.7 碳化

关于碳化对氯离子结合的影响这一方面的研究不多。Hassan（2001）将

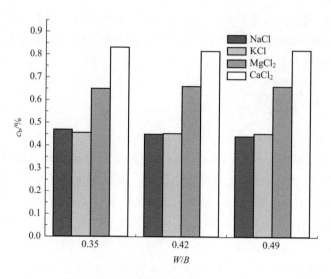

图 4.3 氯盐中的阳离子对混凝土结合氯离子含量的影响
Zhu et al.，2012

三种被碳化的水泥浆体浸泡在不同浓度的氯盐溶液中，发现碳化后的水泥浆体几乎没有氯离子结合能力。结果表明，在水泥基材料中，氯离子可以从碳酸化区域进入非碳酸化区域（Ye et al.，2016）。

碳化可以改变水泥水化产物的性质，自然对水泥的氯离子结合能力有很大的影响。碳化后，水泥水化产物转变成 $CaCO_3$、硅胶和铝胶，混凝土的 pH 值降到 9 以下。对于物理吸附，C—S—H 凝胶的分解和总孔隙率的降低会导致离子交换反应和氯离子的物理吸附减少（Liu et al.，2016a）。对于化学结合，因碳化导致的 pH 值下降可能会减小氢氧根离子与氯离子的竞争，但会增大 Friedel 盐的溶解度（Suryavanshi et al.，1996）。总而言之，碳化会降低水泥基材料的氯离子结合能力，这一结论已被 Suryavanshi 和 Swamy（1996）通过 XRD 和 DTA 试验证实。他们发现，在碳化的作用下，Friedel 盐中的氯离子被释放到孔隙溶液中，因此在碳化的作用下，钢筋混凝土结构在氯离子环境中遭受锈蚀的可能性更高。Saillio 等（2014）通过平衡法研究了未碳化和碳化胶凝材料的氯离子等温吸附曲线，发现碳化后的试件内部化学结合氯离子（Friedel 盐）和 C—S—H 结合氯离子含量减少。前者主要是因为缺少了氢氧化钙和改变了铝酸盐相的平衡，后者则是因为碳化过程中 C—S—H 凝胶表面的电荷发生了变化。研究（Liu et al.，2017）发现碳化反应显著降低了混凝土碳化区中结合氯离子的含量，对于一些样品，游离氯离子含量几乎等于总氯离子含量（Liu et al.，2016b）。基于碳化对水泥混凝土中的氯离子结合和氯离子迁移的影响，Zhu 等（2016）提出了一个综合模型来研究混凝土中碳化和氯离子侵蚀的组合效应。

4.2.8 硫酸根离子

众所周知，硫酸根离子可与 C_3A 及其水化产物反应生成单硫型水化硫铝酸钙和钙矾石（Cao et al.，2019）。Byfors（1986）将水泥净浆在浓度为 0.28mol/L 且含有硫酸根离子的 NaCl 溶液中浸泡 8 个月后发现，硫酸根离子的存在略微降低了水泥的氯离子结合能力。一些研究（Wowra et al.，1997；Frías et al.，2013；Sotiriadis et al.，2017）也观察到了类似的现象。硫酸根离子会优先与 C_3A 及其水化产物反应，导致 Friedel 盐发生分解（Geng et al.，2015；De Weerdt et al.，2014；Xu et al.，2013）。Brown 和 Badger（2000）研究了水泥净浆在 NaCl、$MgSO_4$ 和 Na_2SO_4 混合溶液侵蚀下的物相分布，发现混凝土表面形成的侵蚀产物主要是石膏，其次是钙矾石，而在试件的中心区域形成的是单硫型水化硫铝酸钙和 Friedel 盐。之所以会在内部区域形成 Friedel 盐，是因为氯离子的渗透速率比硫酸根离子快。因此，无论硫酸根离子是内掺入混凝土还是从外部环境渗透到混凝土中，都会降低氯离子结合能力。此外，研究还发现添加 $MgSO_4$ 会降低孔隙溶液的 pH 值，进而降低 C—S—H 凝胶表面的电荷量和物理吸附的氯离子含量（Tran et al.，2018）。

4.2.9 外加电压

自由扩散试验和氯离子快速迁移试验是两种使用最为广泛的用于评估水泥基材料抗氯离子渗透性的方法，特别是后者，因为使用外加电压可极大地缩短试验所需的时间，但是外加电压会影响水泥基材料的结合能力和解吸附过程。

外加电压在缩短试验时间的同时，可能会改变孔结构和化学结合的氯离子含量（Zheng et al.，2016）。同时，外加电压还会影响水化产物表面的电荷分布，改变液固界面处双电层的形成与特性（Liu et al.，2009）。因此，电迁移试验使用外加电压会对氯离子在材料内部的渗透和材料的氯离子结合能力造成一定的影响。研究人员已关注到外加电压对氯离子结合的影响，并研究了扩散试验结果与电迁移试验结果之间的差异与联系（Ma et al.，2013；Spiesz et al. 2012，2013）。

一些研究者（Krishnakumark，2014；Spiesz et al.，2013；Voinitchi et al.，2008）认为达到稳态之后，外加电压对氯离子结合没有影响，而材料

内部总氯离子含量则随外界氯离子浓度的增大而增加。此外，为了研究电场对氯离子结合的影响，Yuan（2009）比较了在相同的龄期和养护条件下进行的自然扩散试验和电迁移试验，发现不同试验得到的氯离子等温吸附曲线十分相似。Ollivier 等（1997）发现在 2~30V 的电压范围内，外部电压对水泥砂浆的氯离子结合能力无显著影响。Spiesz 等（2012）研究了经过自然扩散试验和快速氯离子迁移试验的混凝土试件的氯离子结合性能，并通过数值模拟证实了自由氯离子可被瞬时结合，并且经过自然扩散试验和电迁移试验后的试件内部自由氯离子含量没有发生变化。

Spiesz 和 Brouwers（2013）通过跟踪自然扩散试验过程中试件内部结合氯离子的变化情况，发现若想氯离子结合达到平衡状态，标准圆柱试件（直径 50mm，高度 100mm）一般需要浸泡 7~14 天；而电迁移试验不需要如此长的时间。Castellote 等（1999，2001）采用 XRD 技术和析出法对电迁移试验后混凝土试件的化学结合氯离子和自由氯离子进行了定量分析，然后将试验结果与 Sergi 等（1992）得到的自然扩散试验后的氯离子等温吸附曲线进行比较，发现当自由氯离子浓度较低（<97g/L）时，外加电压可以抑制氯离子的结合；而当自由氯离子浓度较大时，外加电压可以促进氯离子的结合。之所以外加电压会影响氯离子结合能力是因为外加电压减少了氯离子与材料内部之间的接触时间并改变了液固界面处双电层的特性。此外，Gardner（2006）研究发现，相比于自然浸泡的试件，先进行两周电迁移试验再浸泡 180 天的试件，其化学结合氯离子减少了将近一半。电场会永久改变基体的氯离子结合能力，且对化学结合的影响远大于物理吸附。然而，在上述所提到的文献中，几乎都只考虑了氯离子等温吸附曲线，而忽略了水化产物表面的物理吸附氯离子。同时，为了保证两组试验样品与氯盐溶液的接触时间相同，通常忽略了自然扩散试验与电迁移试验测试持续时长的差异。基于以上讨论，关于外加电压对孔隙溶液中自由氯离子和结合氯离子（化学结合氯离子和物理吸附氯离子）的影响以及对双电层特性的影响还需要进一步的研究。

我们研究了经自然扩散（A 组）试验和 RCM（B 组）试验后水泥浆中不同类型的氯离子。如表 4.2 所示，外加电压主要影响水溶性氯离子，包括双电层中物理吸附的氯离子和通过孔隙溶液压滤法得到的孔隙溶液中的自由氯离子，但对 Friedel 盐的含量没有明显影响。这说明氯离子和 C_3A 之间的反应可以在相对较短的时间内完成，并且施加电压不会对该反应造成影响。但是在浸泡于 0.1mol/L NaCl 溶液的样品中未检测到 Friedel 盐，这一现象可以用 Friedel 盐的形成机理来解释。当氯离子浓度增加时，外渗氯离子可以与硬化水泥中的铝相发生反应，生成 Friedel 盐。而 Friedel 盐的稳定性与周围环境中的氯离子浓度密切相关，当氯离子浓度降低时，Friedel 盐晶体可能会发生分解。在低浓度扩散试验中，氯离子的扩散速率缓慢，孔隙溶液中的氯离子浓度太低以至于不能形成稳定的 Friedel 盐。然而，外加电压可以使孔隙溶液中的氯离子浓度在短时间内急剧增加。研究结果表明，外加电压也可以增加孔隙溶液中自由氯离子的浓度。根据试验结果可知，当孔隙溶液中的氯离子浓度超过特定值时，外加电压对水泥浆的化学结合没有明显影响。Xia 和 Li（2013）的研究还表明，当施加外部电压时，水泥基材料中氯离子的迁移主要由孔隙溶液的初始氯离子浓度决定。

表 4.2　电场对水泥浆中不同类型氯离子的影响　　　单位：%

样品	总氯离子		水溶性氯离子[①]		化学结合氯离子		C—S—H 结合氯离子	
	A 组	B 组	A 组	B 组	A 组	B 组	A 组	B 组
OPC	1.48	1.86	0.34	0.57	0.56	0.55	0.57	0.74
20%矿渣	1.52	1.90	0.44	0.60	0.56	0.57	0.52	0.73
40%矿渣	1.63	1.96	0.43	0.65	0.68	0.68	0.52	0.63
60%矿渣	1.37	1.75	0.42	0.64	0.86	0.85	0.10	0.26

① 基于 MIP 测试结果，压滤孔隙溶液中的氯离子浓度转化为氯离子的质量分数。

4.3 氯离子等温吸附曲线

在温度和浓度范围一定的条件下，通常用等温吸附曲线来表示自由氯离子和结合氯离子之间的关系。目前，共有四种等温吸附曲线（线性等温吸附曲线、Langmuir 等温吸附曲线、Freundlich 等温吸附曲线和 BET 等温吸附曲线）可用来描述这种关系，如表 4.3 所示，此内容将在下面的章节中详细讨论。

表 4.3 文献中采用的四种氯离子结合等温吸附曲线

等温吸附曲线类型	适用范围	注释	参考文献
线性等温吸附曲线	浸泡在氯盐溶液中的混凝土	因 OH^- 浸出导致的线性关系	Hassan（2001），Mohammed 和 Hamada(2003)
Langmuir 等温吸附曲线	低 Cl^- 浓度（<0.05mol/L）	在高 Cl^- 浓度的情况下，所有结合位点都被占据	Tang（1996），Tang 和 Nilsso(1993)
Freundlich 等温吸附曲线	高 Cl^- 浓度（>0.05mol/L）	包括海水中主要的两个氯离子浓度	Tang（1996），Tang 和 Nilsson(1993)
BET 等温吸附曲线	Cl^- 浓度<1.0mol/L		Xu(1990)

4.3.1 线性吸附曲线

Tuutti（1982）提出了线性吸附曲线，形式如下：

$$c_b = k c_f \tag{4.4}$$

式中，c_b 是结合氯离子浓度；k 是常数；c_f 是自由氯离子浓度。当自由氯离子浓度低于20g/L时，这种线性关系和试验结果较为相符。Arya 等（1990）提出了另外一种线性吸附关系，该直线不通过原点，与轴线之间存在截距。Ramachandran 等（1984）发现线性吸附关系与其试验结果不相符。由于线性关系过于简单，只适用于非常有限的浓度范围（Olivier, 2000），故现在普遍接受自由氯离子和总氯离子之间为非线性关系。当氯离子浓度较高时，线性吸附关系高估了水泥基材料的氯离子结合能力，而当氯离子浓度较低时，线性吸附关系低估了水泥基材料的结合能力，如图 4.4 所示。

然而，一些研究者们（Mohammed et al., 2003；Sandberg, 1999）发现，现场暴露混凝土中的自由氯离子和总氯离子之间存在着线性关系。同时线性等温吸附曲线也适用于一些氯离子渗透模型（Oh et al., 2007）。Mohammed 和 Hamada（2003）研究了不同类型的混凝土在海洋环境中暴露长达 10 年至 30 年后的氯离子结合情况，包括普通硅酸盐水泥、早强硅酸盐水泥、中热硅酸盐水泥、铝酸钙水泥、矿渣水泥和粉煤灰水泥。需要注意的是，Mohammed 和 Hamada（2003）将水溶性氯离子定义为自由氯离子，酸溶性氯离子定义为总氯离子，而自由氯离子与总氯离子之间存在线性的关系。Sandberg 等（1999）还发现现场暴露混凝土中的自由氯离子和总氯离子之间存在线性关系，这与通过平衡试验测得的对应关系不同，他们认为该差异是由氢氧根离子的浸出所导

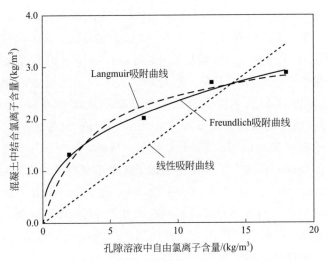

图 4.4　线性、Langmuir 和 Freundlich 等温吸附曲线

Hassan，2001

致的。在 Sandberg 的研究中，自由氯离子是指通过孔隙溶液压滤法得到的氯离子，而总氯离子是指酸溶性氯离子。

4.3.2　Langmuir 等温吸附曲线

Langmuir 等温吸附曲线源于物理化学研究，它假设氯离子是单层吸附，故该吸附曲线在高浓度时曲率接近于零。形式如下：

$$c_b = \alpha c_f / (1 + \beta c_f) \tag{4.5}$$

式中，α 和 β 均为常数，随胶凝材料组分的变化而变化。这些系数是由试验数据非线性拟合所得到的，没有物理意义。在氯离子结合的情况下，Langmuir 等温吸附曲线表明当自由氯离子浓度较高时，所有的结合点都被氯离子占据（Papadakis，2000）。Sergi 等（1992）采用 Langmuir 等温吸附曲线来分析 $W/C = 0.5$ 的水泥浆体中的自由氯离子和结合氯离子之间的关系，其中，c_f 和 c_b 的计量单位分别为 mol/L 和 mmol/g，得出 α 和 β 的值分别为 1.67 和 4.08。很明显，采用不同的计量单位会得到不同的 α、β 值。Tang 和 Nilsson（1993）发现当氯离子浓度低于 0.05mol/L 时，Langmuir 等温吸附曲线与他们的试验数据较为相符。

4.3.3　Freundlich 等温吸附曲线

Freundlich 等温吸附曲线可以用以下方程表示：

$$c_b = \alpha c_f^\beta \tag{4.6}$$

式中，α 和 β 是结合常数。Tang 和 Nilsson（1993）认为单层吸附的情况在低浓度时比较可能发生，该情况用 Langmuir 等温吸附曲线来描述比较合适。而当浓度高于 0.05mol/L 时，结合的情况变得更为复杂，此时用 Freundlich 等温吸附曲线来描述更为合适。当氯离子浓度较高时，Freundlich 和 Langmuir 等温吸附曲线的差异如图 4.4 所示。Tang 和 Nilsson（1993）发现当自由氯离子浓度在 0.01~0.1mol/L 的范围内时，Freundlich 方程与试验数据的符合程度很高，而这个浓度范围包括了海水中氯离子浓度的两个最重要的浓度数量级。Olivier（2000）和 Tang（1996）将 Freundlich 等温吸附曲线应用于他们的模型中，用以预测混凝土中的氯离子传输。Weiss 等（2018）通过 Freundlich 等温吸附曲线，提出了一种预测饱和混凝土中氯离子侵入的方法，模拟结果与试验结果具有较好的一致性。

4.3.4　BET 等温吸附曲线

BET（Brunauer，Emmett，Teller）等温吸附曲线最早应用于气体结合。Xu（1990）对其进行了修正，并用于描述水泥混凝土中的氯离子结合：

$$\frac{p}{V(p_0-p)} = \frac{1}{V_m C} + \frac{C-1}{V_m C}\left(\frac{p}{p_0}\right) \tag{4.7}$$

式中，V 是吸附气体总体积，mL；V_m 是表面盖满一个单分子层时的饱和吸附量，mL/g；p 和 p_0 分别是吸附压力和饱和蒸气压，Pa；C 是常数。

Tang（1996）也用这个结合方程式来表示水泥基材料的氯离子结合情况。他发现当氯离子浓度低于 1.0mol/L 时，BET 方程与试验数据符合得很好。然而还没有研究确定，当自由氯离子浓度大于 1.0mol/L 时，BET 等温吸附曲线与试验数据的符合程度如何。

4.4
确定等温吸附方程的方法

通常是通过各种试验来确定等温吸附方程中的参数。这节将介绍几种确定等温吸附曲线的常用方法，包括平衡法、孔隙溶液压滤法、扩散槽法和电迁移法。

4.4.1 平衡法

平衡法是最直接、应用最广泛的一种试验方法，这种方法也较为准确。平衡法是将样品浸泡在已知浓度的溶液中直至达到平衡，然而达到平衡需要很长的时间，对于10mm厚的水泥浆来说，达到平衡需要约一年的时间（Tritthart，1989）。为了缩短达到平衡所需要的时间，Tang和Nilsson（1993）将数克压碎的样品颗粒浸泡在已知浓度的溶液中，然后根据溶液中的初始氯离子浓度和浸泡一段时间后达到平衡时溶液中的氯离子浓度之差来计算结合氯离子的含量。根据Tang和Nilsson（1993）得到的试验结果，粒径为0.25～2mm的颗粒可以在14天内达到吸附平衡。到达平衡后用0.01mol/L的硝酸银溶液滴定浸泡溶液，从而确定氯离子浓度。除此之外，溶液中的氯离子浓度还可以通过X射线荧光光谱分析来测量氯离子蒸发析出的盐（Dhir et al.，1995）。将颗粒浸泡在一系列不同浓度的溶液中，便可以得到完整的等温吸附曲线。

采用平衡法确定等温吸附方程中的参数也存在一定的问题：首先，平衡法没有考虑试验过程中其他离子的析出，实际上水泥孔隙溶液中的其他离子都对氯离子结合有一定的影响，特别是氢氧根离子；其次，为了缩短达到平衡所需的时间，样品都被压碎成0.25～2mm粒径大小的颗粒，这可能会引起碳化和水泥浆体的进一步水化，进而可能影响试验的准确性。实际上在试验过程中，达到平衡状态需要的时间都非常长，而且也很难确定衡量平衡的标准。

4.4.2 孔隙溶液压滤法

该方法先是采用高压将水泥基材料中的孔隙溶液挤压出来，然后通过化学分析测量压滤出来的孔隙溶液中的自由氯离子浓度（Larsen，1998）。这种方法需要特殊的压滤孔隙溶液的设备，而且有时候很难从混凝土中得到足量的孔隙溶液，特别是在低水胶比的情况下。Sergi等（1992）曾用这种方法得出了Langmuir等温吸附曲线。

孔隙溶液压滤法可以避免一些潜在的问题，比如碳化或在其他方法中因使用小颗粒样品引起的问题，而且通过一个试件就可以得到一个完整的氯离子等温吸附曲线。但是高压会使部分松散的结合氯离子被释放到孔隙溶液中，导致试验得出的自由氯离子浓度偏大。通过压滤法得出的自由氯离子含量可能比真实值高出20%（Glass et al.，1996）。

如第3章所述，作者团队研究了孔隙溶液压滤法对水泥浆体的微观结构和氯离子含量的影响。在压滤孔隙溶液的过程中，较高的外加压力压缩了水泥浆体，使得浆体之间的孔结构更为紧密。紧密度的增加使内部的孔隙溶液被压出试件并使内部孔隙结构得到重新排列。根据 NMR 测量结果，NMR 信号图中弛豫时间 T_2 大于 0.4ms（或孔径大于 40nm）的峰在孔隙溶液压滤之后几乎完全消失。因此，通过孔隙溶液压滤法可以将大直径孔隙中的孔隙溶液全部压出。对于直径小于 40nm 的小孔，NMR 测量的信号峰值显著降低。在前期的研究（He，2010；He et al.，2016）中已经发现孔隙溶液压滤试验会降低水泥浆的总孔隙率和大尺寸孔的体积分数，这与此试验得到的结果具有较好的一致性。

孔隙溶液压滤法作为一种被广泛应用于提取和研究水泥基材料孔隙溶液的方法，现在仍存在一些疑问需要进一步的解答。例如，孔隙溶液压滤过程是否能将试件内部所有的孔隙溶液压出或者哪一部分的孔隙溶液可以被压出；孔隙溶液压滤过程对试件内部微观结构和氯离子结合特性会产生怎样的影响。这些疑问均需要进一步的研究，为孔隙溶液压滤法在水泥基材料孔隙溶液和氯离子结合研究中的应用提供理论依据。

4.4.3　扩散槽法

Glass 等（1998）提出可以通过用于测定氯离子稳态扩散系数的氯离子稳态扩散试验得出氯离子等温吸附曲线。首先将稳态扩散试验后的试件从扩散槽中取出，再放入氮气中进行冷冻，冷冻后将样品磨至粉状颗粒，最后通过电位滴定测量样品中的酸溶性氯离子含量和上游槽溶液中的氯离子含量。自由氯离子浓度则通过假设稳态扩散条件（如样品中的游离氯离子浓度不随时间变化）下试件内部氯离子浓度呈线性变化得出。Glass 等通过此方法得到的试验结果与通过其他试验方法，如平衡法和孔隙溶液压滤法得到的试验结果很相似。Bigas（1994）通过一系列不同上游氯离子浓度的扩散试验得出了氯离子等温吸附曲线。通过扩散试验可以确定每个试件稳定状态下的流体扩散速度和临界时间，然后通过临界时间与氯离子浓度之间的函数就可以求得整个结合曲线。一般来说，扩散槽法耗时较长且不容易操作。

4.4.4　电迁移试验法

Olliver 等（1997）和 Castellote 等（1999）测量了稳态电迁移试验后的氯离子等温吸附曲线，而 Castellote 等（1999）测量了非稳态电迁移试验后的混凝土试件中不同深度处的结合氯离子数量。在非稳态电迁移试验中，通过

XRD分析测得总的氯离子含量，通过浸出法确定自由氯离子的含量。由于稳态电迁移试验后的试件内部的氯离子浓度几乎是恒定的，通过一个电迁移试验便可以求得等温吸附曲线上的一点，因此通过一系列不同上游氯离子浓度的电迁移试验可以得到整个等温吸附曲线。电场大大缩短了试验所需的时间，然而电场是否会对水泥的氯离子结合性能有所影响，目前尚不清楚。

如上所述，各种试验方法均可以用来测量水泥基材料内的自由氯离子含量和结合氯离子含量。除了上述四种方法以外，少数研究者也使用其他方法来获取或预测水泥基材料的氯离子等温吸附曲线（Baroghel-Bouny et al.，2012；Ramírez-Ortíz et al.，2018）。每种方法的步骤不同但都存在缺点，这就使得比较不同试验结果之间的差异变得困难。另外，氯离子结合对氯盐环境下的钢筋混凝土结构的服役寿命预测模型有很大的影响，因此非常有必要将一种试验方法标准化，这样试验结果就具有可比性，还能应用于服役寿命预测模型中。

4.5
双电层中氯离子物理吸附分布的测定

对于理解和解释水泥基材料的物理化学特性来说，研究硬化水泥材料内部的水分分布是非常必要的。外界环境中的氯离子、二氧化碳等侵蚀性物质渗透进水泥基材料内部是导致混凝土结构劣化和耐久性降低的主要原因，而影响侵蚀性物质渗透的最主要因素是材料内部水分的分布和特性。全面研究了硬化水泥浆体试件内部的水蒸气结合曲线之后，Powers 和 Brownyard（1946）提出了 Powers 模型。该模型将水泥基材料内部的水分为三类，分别是毛细孔水（自由水）、凝胶水（物理吸附水）和不可蒸发水（化学结合水）。

在测试技术，如热重分析（TGA）（Pane et al.，2005）和准弹性中子散射（QNS）（Berliner et al.，1998）等辅助下，研究人员已经对水泥基材料内部的化学结合水进行了研究。因为化学结合水不可移动，故一般来说试件内的化学结合水对材料渗透性等性能的影响较小。而自由水和物理吸附水则在侵蚀性物质的迁移和水泥基材料的界面性质方面起着非常重要的作用。根据 Stern 双电层模型可知，双电层在液固界面处形成且双电层内部结合的水分子与本体孔隙溶液中的水分子特性不同。从电化学方面来讲，水分子和带电离子一起聚集在带电电极的亚纳米范围内（Feng et al.，2014），而水分子与周围离子的结合使得水分子积聚在离子高度带电的区域。Bager 等（1986a，1986b）用低温卡尔维微量热计研究了硬化水泥浆体在低温条件下内部水的结冰过程。他们发现孔径较小的孔隙内的水分、固体表面双电层内的物理吸附水及层间水在 -55 ℃的低温条件下依然处于液体状态，而饱和水泥浆体试件内部的可结冰水在相对蒸气压低于60%时可被压出试件。

在讨论水泥基材料内离子迁移和界面性质的文献中，人们已对水分子和带电粒子在液固界面处双电层内的结合情况进行了一定的研究。Hawes 和 Feldman（1992）研究了蓄热混凝土建筑内有机相变材料的结合情况，发现混凝土结构、温度、液体黏度、接触时间以及结合面积等因素都可以影响有机相变材料在试件内部的结合量。Friedmann 等（Friedmann et al.，2008；Nguyen et al.，2014）根据提出的双电层物理模型，研究了水泥基材料内双电层对氯离子和其他离子迁移特性的影响。这些研究都对双电层的形成、试件内双电层的重叠现象、双电层内的离子分布规律以及这些因素对氯离子和其他离子迁移过程的影响进行了理论分析。尤其是在研究氯离子的渗透过程时，发现固体表面的双电层可将氯离子吸引至水泥水化产物的表面，然后将其释放到压滤孔隙溶液中，增大氯离子的浓度。研究还发现水泥混凝土试件内部水分的结冰过程不是一个连续的过程，毛细孔中的水结冰是存在一个特定的临界温度点的（Shi，1992）。而对于固体表面的结合水或者是附着在细孔中的水分子来说，在测试允许的温度范围内可以认为它们是不可结冰的。然而，由于测试技术的不足，目前仍无法通过试验验证水泥基材料内双电层的形成与特性。

核磁共振（NMR）技术是一种非破损性测试方法，可以用来检测试件内特定元素在某种状态下的存在与分布。^{1}H NMR 可以检测试件内部氢元素的分布，并根据元素的不同状态确定试件内部的水分含量及其分布。^{1}H NMR 已经在一些研究中得到了应用，主要用于表征水泥基材料内部的水分分布，测试精度可以达到纳米级别。同时，根据孔隙中氢元素的弛豫率和孔表面积与体积之比的关系，可以将得到的水分分布数据转化成孔径分布数据并由此计算出孔隙率（Gajewicz et al.，2016）。在地质工程中，^{1}H NMR 已被广泛用于检测试件内部的孔径分布和结合水含量。基于 NMR 测试得出的自由水和结合水在凝固点和电阻吸力方面的不同，Tian 等（2014a，2014b）提出了一种区分黏土材料内部自由水与结合水的方法。与黏土或其他土壤材料相比，水泥基材料内部的孔结构更加致密，总的孔隙率也更低，这在一定程度上增大了区分自由水与结合水的难度。

Hu（2017）介绍了一种通过^{1}H NMR 弛豫测试法测定水泥浆孔隙内结合水含量的新方法。根据凝固点的不同确定毛细孔水（游离水）和结合水的 T_2 弛豫时间临界值。该研究结果可以为进一步了解和研究界面性质、双电层形成和氯离子吸附提供有效信息，但是仍然需要进一步的研究来验证用该方法表征水泥基材料中结合水和自由水的可行性。

将水泥净浆试件分别置于 0.1mol/L、0.3mol/L、0.5mol/L、0.7mol/L 和 1.0mol/L 的 NaCl 溶液中浸泡 91 天，然后取直径约 0.5cm 的小碎片用于 NMR 测试，进而得到试件的弛豫时间分布。用 Niumag MicroMR12-025V 仪器进行 NMR 弛豫时间测量，该仪器可测量在 $-30 \sim 30$℃ 范围内样品的 T_2 弛豫时间分布。首先在环境温度下进行 NMR 测试，然后测试温度从 5℃ 逐渐降低到 -30℃，降温过程以 5℃ 为一个台阶。测试之前需将试件在低温槽中放置 24h，然后放置在提前调至测试温度的测试管中进行测试。测试过程中，需要使用低温氮气对测试的温度进行调控以防止试件内部的温度发生明显变化。每次测试结束之后，需将试件重新放回低温槽并将低温槽的温度调成下一个测试点的温度。测试共振频率为 11.845MHz，同时使用 Carr-Purcell-Meiboom-Gill（CPMG）脉冲序列进行 NMR 横向弛豫时间的测试。重复取样的时间为 100ms，回波个数为 1000 个，半回波时间为 120ms。最后使用测试仪器自带的转换软件将测试得到的自由感应衰减（FID）曲线转换成测试样品在不同温度下的 T_2 弛豫时间分布图。

图 4.5 为水泥净浆试件在低温结冰过程中（从 5℃ 降至 -30℃）随温度变化的 T_2 弛豫时间分布图，图中分别为浸泡在 0.1mol/L、0.5mol/L 和 1.0mol/L NaCl 溶液中的试件的测试结果。从图中可以看出随着温度的降低，大孔中的水逐渐变成冰。当弛豫时间范围为 $1000 \sim 10000$ms 时，只在测试温度为 -5℃、0℃ 和 5℃ 条件下检测到了 T_2 信号值。与弛豫时间范围为 $0.01 \sim 1.0$ms 的曲线图相比，我们可以看到 1.0ms 右侧曲线的 T_2 信号值相对较小，尤其是当测试温度较低时。当测试温度降至 -30℃，弛豫时间分布曲线中 95% 的信号都集中在 $0.01 \sim 1$ms 弛豫时间范围内。然而，从图中可以看到在这部分信号峰中，当 T_2 弛豫时间小于 0.4ms 时，T_2 信号值随温度的降低而逐渐增大，而当 T_2 弛豫时间大于 0.4ms 时，T_2 信号值随温度的降低而逐渐降低。

NMR 测试结果中 T_2 值对应着这部分水分在试件内部所处的位置。T_2 值较大表示这部分水分处于孔径较大的孔中。而较小的 T_2 值则对应着小孔中的水或者是大孔中液固界面处双电层内的结合水。在该研究中，可以认为测试结果中 0.01~1.0ms 范围内的曲线表示的是小孔或者双电层内的水分分布和含量。通常认为，孔径中水分的结冰温度与孔径有关。Jehng 等（1996）通过 NMR 技术研究了冷冻过程中水泥净浆试件内部微观结构的变化，他们发现当温度低于 -30℃时，试件内的毛细孔水可以凝结成冰。然而，当温度降至 -120℃时，凝胶孔内的水分依然保持为液体状态。结冰温度发生变化是因为固体相或者固体表面对孔隙溶液中离子或液体的结合限制作用改变了孔隙溶液中分子的存在形式。

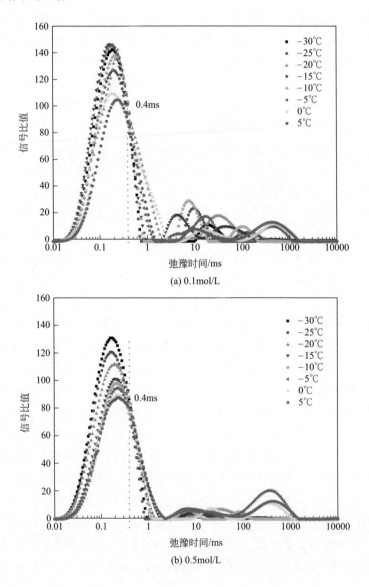

(a) 0.1mol/L

(b) 0.5mol/L

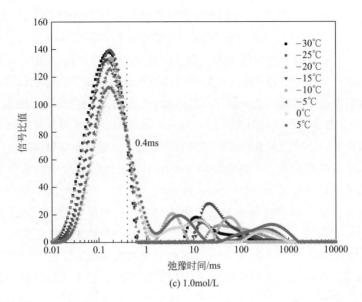

(c) 1.0mol/L

图 4.5　低温结冰过程中水泥净浆试件的 T_2 弛豫时间分布（见彩图）

Hu, 2017

根据这一研究的结果,在测试过程中 0.01~1.0ms 范围内的水均处于液体状态,因此可以认为这里得到的 T_2 弛豫时间分布结果是水分结冰之前的水分分布。由于固体表面电势对双电层中液体和离子的影响,双电层中的结合水与孔隙溶液中的自由水会表现出不同的特性。结合在液固界面处双电层内的溶液只能在平行于固体表面的方向上作二维运动,而若想摆脱表面电势的作用,让双电层外的溶液作垂直于固体表面的运动,则需要借助外界作用力。在该研究中,试件内部的总含水量是不变的,同时还假设在结冰过程中大孔中的水与小孔之间没有水分交换。目前已有文献（Yong,1962）得出了结合水含量会随温度的变化而变化的结论。在该研究中,因为总含水量是不变的,故试件内部结合水与自由水的变化情况一定是互相对立的,因此从试验结果中可以看出,随着温度的降低,试件中小孔内的结合水含量逐渐增大而自由水含量逐渐减小。结合图 4.5 所示的不同浓度 NaCl 溶液中水泥浆的 T_2 弛豫分布图,可以看出在这三个样品中结合水与自由水的 T_2 弛豫时间临界点基本相同。在 T_2 弛豫时间分布图中,0.4ms 两侧的分布曲线呈现了随温度变化的不同趋势,也就是说在 0.4ms,两侧检测到的信号表征的是两种不同类型的孔隙水,即自由水与结合水。因此,笔者认为 $T_2=0.4$ms 是水泥净浆试件内部自由水与结合水的弛豫时间临界点。

基于 NMR 技术提出了一些研究水泥基材料内部自由水和结合水的方法。对于一些高含水量和高孔隙率的材料，如黏土材料，研究发现当环境温度较低或者真空吸力较大时，只有低于某一临界值的 T_2 弛豫时间分布曲线才能检测到信号（Tian et al.，2014），而这个弛豫时间点被认为是试件内部孔隙中自由水与结合水的临界点。然而，这一研究未能将所有游离水都转化为冰，因为-30℃是 NMR 探针所能达到的最低温度，同时通过外部吸力提取水泥浆体中的水也很困难。故需要进一步的研究来验证该研究获得的 T_2 弛豫时间临界点。

得到水泥净浆试件 T_2 弛豫时间分布图中自由水与结合水的临界弛豫时间点后，就可以计算在常温（20℃）条件下测试得到的弛豫时间分布图中自由水与结合水的含量。弛豫时间分布图中曲线与坐标横轴围成的面积表示的是对应弛豫时间范围内的水分含量，因此可以用 0.4ms 左侧部分的面积与总面积的比值来表示结合水含量。图 4.6 为浸泡在不同浓度 NaCl 溶液中的水泥净浆试件内部的结合水占总水分的比例。从图中可以看出，水泥净浆试件内结合水的含量随孔隙溶液（浸泡液）中氯离子浓度的增大而逐渐降低。当浸泡液浓度为 0.1mol/L 时，试件内部有将近 20% 的水都被结合在固体表面，而当浸泡液浓度增大到 1.0mol/L 时，试件内部仅有 5% 的结合水。

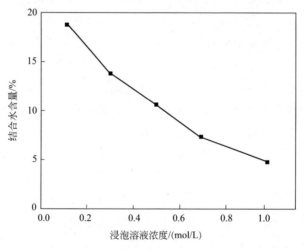

图 4.6 水泥净浆中的结合水含量
Hu，2017

前文已研究了浸泡液中的氯离子浓度或离子浓度对双电层中离子分布和离子含量的影响。随着孔隙溶液中氯离子浓度的增大，双电层的范围逐渐被压缩，双电层厚度也逐渐减小。根据式(3.5)可知，双电层的厚度随孔隙溶液浓度的增大而显著减小。水泥基材料内部孔隙中的水分可以分为双电层中的结合水和本体溶液中的自由水。增大双电层的厚度会增大结合水的含量。如图4.7所示，同时结合由式(3.5)计算得到的双电层厚度（He，2010），可以看出双电层厚度的变化与图4.6中结合水含量随浸泡液浓度的变化具有较好的一致性。除了浸泡液浓度外，水泥基材料内部的孔结构也会影响结合水含量占总含水量的比值。氯离子与水泥水化产物之间的化学反应可以降低水泥基材料内部的孔隙率并增大试件的密度。当双电层厚度一定时，在孔径较小的孔中，双电层面积占孔隙总面积的比值与结合水占孔隙总水分的比值增大。因此，比较图4.6和图4.7中双电层厚度和结合水含量的变化趋势，可以发现双电层厚度随浸泡液浓度增大而降低的趋势比结合水含量更加明显。

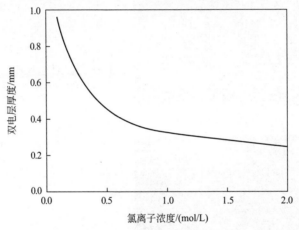

图 4.7 根据 Debye 公式计算的双电层厚度

He，2010

4.6 氯离子结合对微观结构的影响

4.6.1 氯离子结合对水化产物的影响

Koleva 等（2007）研究了内掺氯离子的水泥基材料内水化产物化学组成

的变化,如图 4.8 所示,内掺氯离子的样品中 C—S—H 凝胶的钙硅比为 2.19~2.95,而无氯离子的样品中钙硅比约为 1.8。C—S—H 凝胶表面的电荷主要由其化学组成决定,尤其是 C—S—H 凝胶的钙硅比。当 C—S—H 凝胶中的钙硅比很高时,其表面带正电荷,因此将结合孔隙溶液中的阴离子 Cl^- 和 OH^- (Monteiro et al.,1997)。相反,当 C—S—H 凝胶中的钙硅比低于 1.2 左右时,其表面带负电荷,此时将结合孔隙溶液中的碱性阳离子 Na^+ 和 K^+,而氯离子则被留在孔隙溶液中。

 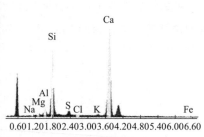

(a) 不掺氯离子

 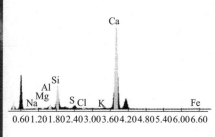

(b) 掺有氯离子

图 4.8 普通砂浆的 SEM 照片和相应的 EDX 谱图
Koleva et al.,2007

除 C—S—H 凝胶之外,氯离子结合也会对其他水化产物造成影响。Ekolu 等(2006)认为当氯离子浓度适中时,AFm 相遭到破坏,而大部分的 AFt 相依然保持稳定。当氯离子浓度持续增大时,AFm 和 AFt 相均遭到破坏并转变为 Friedel 盐和石膏。Balonis 等(2010)研究了硬化水泥浆中氯离子与 AFm 相之间的相互作用,并提出了随氯离子浓度增加的相变关系图,如图 4.9 所示。当向水泥基材料内部引入氯离子时,氯离子可以很容易地取代

AFm 相中的 OH^-、SO_4^{2-} 和 CO_3^{2-} 并转变为 Kuzel 盐或 Friedel 盐，同时形成较低密度的钙矾石，导致固相体积增加（Jensen et al.，1989；Shi et al.，2016）。

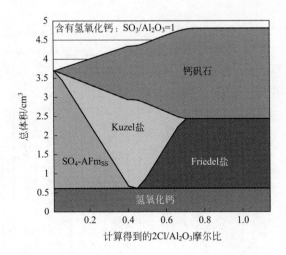

图 4.9　氯离子浓度对水泥浆体内物相组成的影响
Balonis et al.，2010

4.6.2　氯离子结合对孔结构的影响

氯离子进入水泥基材料后，材料的孔结构也会产生变化（Wang et al.，2013）。Midgley 和 Illston（1986）研究了氯离子渗透进入水泥净浆内部后试件的孔径分布，发现引入氯离子会导致更多细孔的出现且试件内部的大孔数量减少。Jensen 等（Jensen et al.，1989；Suryavanshi et al.，1998）发现氯离子和水化产物反应生成的 Friedel 盐沉淀在大孔中，且混凝土的孔隙率和渗透性降低。然而对于含 10% 硅灰的水泥，氯离子结合对其孔结构的影响并不明显。当样品的水灰比较小时，氯离子结合能明显改善样品中的孔径分布（Zhang et al.，1991）。

Díaz 等（2008）用交流阻抗法研究了砂浆在真空饱和氯化钠溶液中微观结构的变化。研究表明，在引入氯离子的过程中，由于 Friedel 盐的生成，砂浆试件的微观结构发生了变化。试件的孔隙率与孔隙曲折性增大了，水泥砂浆中还形成了新的孔隙体系，其中孔隙率增加是由水泥基材料中的钙离子在外界氯离子浓度很低时浸出所造成的。Sánchez 等（Jain et al.，2010；Sánchez et al.，2008）也用交流阻抗法研究了普通硅酸盐水泥混凝土在电迁移试验过程中微观结构的变化。研究表明,在离子迁移过程中,孔径逐渐减小,该结论与压汞试验的结果是一致的。如图 4.10 所示,混凝土中的孔隙网络经历了一个变窄的过程,即有孔径减小的趋势,这是因为形成了一种新的固相产物。

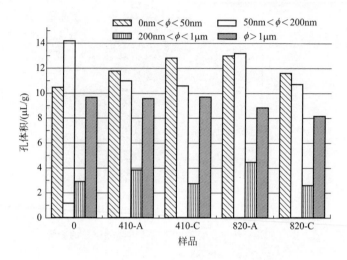

图 4.10 混凝土中四个孔径范围内的孔体积

0—未经迁移的样品;410-A,410-C—迁移 410h 后阳极和阴极两侧的样品;
820-A,820-C—迁移 820h 后阳极和阴极两侧的样品

Sánchez et al.,2008

综上所述,渗入水泥基材料中的氯离子改善了水泥基材料的孔结构,主要表现为孔径变小,孔网体系变得更加曲折,这主要归因于新的固相产物 Friedel 盐的形成以及孔壁或 C—S—H 凝胶表面上结合的氯离子。

与氯离子扩散试验相比,快速氯离子渗透测试和电迁移试验中使用的高电压加快了水泥基材料中氯离子的迁移速率。与自然扩散试验相比,由于温度变化和测试周期的不同,在电迁移试验期间很难确定样品微观结构的变化。一些研究(Balonis et al.,2010;Page et al.,1981)的试验结果表明,在电迁移试验期间,水泥砂浆的电阻和质量逐渐增加。根据我们最近的研究,如图 4.11 所示,氯离子渗透进入样品中可改善水泥浆的孔隙结构,特别是在 RCM 试验后,与自然扩散试验后的样品和暴露在非氯离子环境中的样品相比,C—S—H 凝胶的钙硅比增加。外加电压会改变水泥浆中形成的 Friedel 盐的大小和形状。

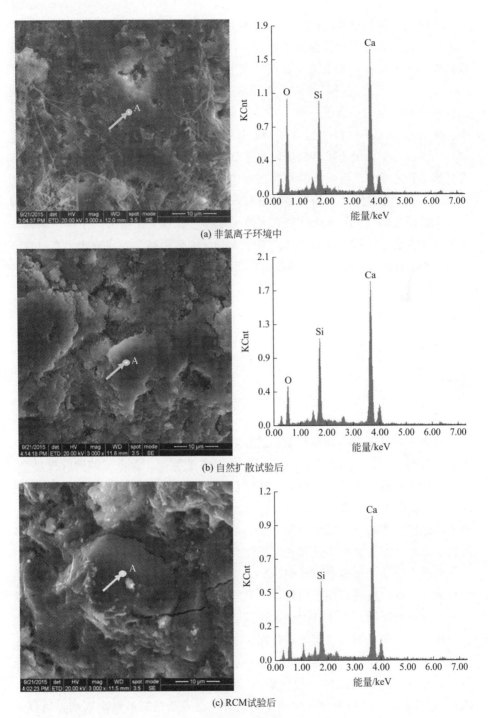

图 4.11 不同条件下样品的 SEM 照片和相应的 EDX 谱图

在氯离子迁移试验过程中，现有的关于氯离子结合对水泥基材料微观结构影响的研究比较有限。孔隙溶液内发生化学反应和阴阳极电解液内发生化学反应的时间间隔很短，这增大了在该过程中分析微观结构的难度。Jain 和 Neithalath（2011）通过交流阻抗法分析了混凝土在非稳态氯离子迁移试验中微观结构的变化。他们引入了一种微观结构参数 $\beta\Phi$ 来表征混凝土的微观结构。其中：Φ 表示水泥基材料的孔隙率；β 表示水泥基材料的孔隙连通性。研究表明，在非稳态氯离子迁移试验中，混凝土的 $\beta\Phi$ 值平均减少了 10%。也就是说，在迁移试验过程中，混凝土的孔隙率和连通孔隙含量逐渐降低，但孔隙系统变得更加复杂。这方面还需要更多的研究，尤其是当掺入的矿物掺合料不止一种时。同时还发现交流阻抗法是研究氯离子迁移过程和水泥基材料中微观结构变化的有效方法。Wu 和 Yan（2012）综合阐述了交流阻抗法在研究水泥基材料的氯离子扩散过程中的应用，为该技术广泛应用于水泥基材料奠定了基础。

4.7 总结

氯离子结合是一个非常复杂的过程，它受许多因素的影响，例如氯离子浓度、水泥组成、氢氧根离子浓度、氯盐的阳离子类型、温度、辅助胶凝材料、碳化、硫酸根离子以及外加电场。通常情况下假设混凝土是饱和的且不会发生碳化作用。事实上，在许多情况下，飞溅区的混凝土和受除冰盐侵蚀的混凝土处于不饱和状态且同时发生碳化作用。但是有关碳化对氯离子结合的影响的文献很少，故有必要研究碳化和氯离子结合之间的关系。

电场广泛用于加速氯离子的传输。然而，通常忽略了电场对水泥基材料结合行为的影响。电场作用下的结合与自然扩散的结合可能在结合能力和结合速率方面存在着不同。为了利用快速迁移试验的结果来预测混凝土中的氯离子迁移，研究人员应当明白氯离子结合在扩散和迁移过程中的差异。

用粒化高炉矿渣或粉煤灰取代部分水泥提高了水泥基材料的氯离子结合能力，而硅灰降低了其氯离子结合能力。C_3A 在氯离子结合中的作用最重要，C_3S、C_2S 和 C_4AF 都有利于氯离子的结合。已发表的试验结果表明，通过水泥组成来预测试件的氯离子结合能力是可行的。虽然已经发表了大量关于水泥和辅助胶凝材料组分对氯离子结合的影响的数据，但是仅凭它们还不足以发展出通过水泥组分预测氯离子结合的模型，故还需要更多关于水泥和辅助胶凝材料组分对氯离子结合的影响的数据。

本章介绍了一种可以确定双电层中结合水含量的新方法。基于结冰过程中孔隙溶液中水分子的两种不同变化，可以通过核磁共振来区分孔结构内的结合水和自由水。双电层厚度的减小导致浸泡液中氯离子浓度增加，进而导致结合水的比例降低。

在完整的浓度范围内，单一的等温吸附曲线不能准确地表示出自由氯离子和结合氯离子之间的关系。线性吸附曲线似乎过度简化了自由氯离子和结合氯离子之间的关系。Langmuir 等温吸附曲线作出的单层吸附的假设在高浓度下并不现实，但该曲线在低浓度下与试验结果非常吻合。由于数值的复杂性，BET 等温吸附曲线很少应用于服役寿命预测模型中。当浓度范围覆盖了海水中游离氯离子的浓度范围时，Freundlich 等温吸附曲线与试验结果非常相符。当预测模型没有考虑结合或线性吸附时，该模型会低估结构的使用寿命。

但是研究人员发现在一些长期暴露的混凝土中，自由氯离子和结合氯离子之间存在线性关系，这可能是由氢氧根离子浸出所导致的。因此，为了准确描述水泥基材料内自由氯离子和结合氯离子之间的关系，应考虑许多其他的因素，如氢氧根离子的浸出、温度等。

通过每个点的化学平衡将氯离子结合现象模型化比等温吸附曲线更先进，但是不应忽略物理吸附作用。因此，需要进行更多的研究来开发包含物理吸附的数学模型。

参 考 文 献

胡曙光，耿健，丁庆军，2008. 杂散电流干扰下掺矿物掺合料水泥石固化氯离子的特点. 华中科技大学学报（自然科学版），36（3）：32-34.

王小刚，史才军，何富强，等，2013. 氯离子结合及其对水泥基材料微观结构的影响. 硅酸盐学报，41（2）：187-198.

余红发，翁智财，孙伟，等，2007. 矿渣掺量对混凝土氯离子结合能力的影响. 硅酸盐学报，35（6）：801-806.

ANN K Y, HONG S I, 2018. Modeling chloride transport in concrete a pore and chloride binding. Aci Materials Journal, 115 (4): 595-604.

ARYA C, BUENFELD N, NEWMAN J, 1990. Factors influencing chloride-binding in concrete. Cement and Concrete Research, 20: 291-300.

ARYA C, XU Y, 1995. Effect of cement type on chloride binding and corrosion of steel in concrete. Cement and Concrete Research, 25: 893-902.

AZAD V J, ISGOR O B, 2016. A thermodynamic perspective on admixed chloride limits of concrete produced with SCMs. Special Publication, 308: 1-18.

BAGER D H, SELLEVOLD E J, 1986a. Ice formation in hardened cement paste, part I —room temperature cured pastes with variable moisture contents. Cement and Concrete Research, 16: 709-720.

BAGER D H, SELLEVOLD E J, 1986b. Ice formation in hardened cement paste, part II —drying and resaturation on room temperature cured pastes. Cement and Concrete Research, 16: 835-844.

BALONIS M, LOTHENBACH B, LESAOUT G, et al., 2010. Impact of chloride on the mineralogy of hydrated Portland cement systems. Cement and Concrete Research, 40: 1009-1022.

BAROGHEL-BOUNY V, WANG X, THIERY M, et al., 2012. Prediction of chloride binding isotherms of cementitious materials by analytical model or numerical inverse analysis. Cement and Concrete Research, 42: 1207-1224.

BEAUDOIN J J, RAMACHANDRAN V S, FELDMAN R F, 1990. Interaction of chloride and C—S—H. Cement and Concrete Research, 20: 875-883.

BERLINER R, POPOVICI M, HERWIG K, et al., 1998. Quasielastic neutron scattering study of the effect of water-to-cement ratio on the hydration kinetics of tricalcium silicate. Cement and Concrete Research, 28: 231-243.

BIGAS J P, 1994. La diffusion des ions chlore dans les mortiers. Toulouse: INSA.

BLUNK G, GUNKEL P, SMOLCZYK H G, 1986. On the distribution of chloride between the hardening cement pates and its pore solutions: Proceedings of the 8th International Congress on the Chemistry of Cement. Rio de Janeiro, Brazil, 4: 85-90.

BROWN P, BADGER S, 2000. The distributions of bound sulfates and chlorides in concrete subjected to mixed NaCl, $MgSO_4$, Na_2SO_4 attack. Cement and Concrete Research, 30: 1535-1542.

BYFORS K, 1986. Chloride binding in cement paste. Nordic Concrete Research, 1986: 27-38.

CAO Y, GUO L, CHEN B, 2019. Influence of sulfate on the chloride diffusion mechanism in mortar. Construction and Building Materials, 197: 398-405.

CASTELLOTE M, ANDRADE C, ALONSO C, 1999. Chloride-binding isotherms in concrete submitted to non-steady-state migration experiments. Cement and Concrete Research, 29: 1799-1806.

CASTELLOTE M, ANDRADE C, ALONSO C, 2001. Measurement of the steady and non-steady-state chloride diffusion coefficients in a migration test by means of monitoring the conductivity in the anolyte chamber. Comparison with natural diffusion tests. Cement and Concrete Research, 31: 1411-1420.

CHANG H, 2017. Chloride binding capacity of pastes influenced by carbonation under three conditions. Cement and Concrete Composites, 84: 1-9.

CHEEWAKET T, JATURAPITAKKUL C, CHALEE W, 2010. Long term performance of chloride binding capacity in fly ash concrete in a marine environment. Construction and Building Materials, 24: 1352-1357.

DÍAZ B, FREIRE L, MERINO P, et al., 2008. Impedance spectroscopy study of saturated mortar samples. Electrochimica Acta, 53: 7549-7555.

DE WEERDT K, ORSÁKOVÁD, GEIKER M R, 2014. The impact of sulphate and magnesium on chloride binding in Portland cement paste. Cement and Concrete Research, 65: 30-40.

DELAGRAVE A, MARCHAND J, OLLIVIER J P, et al., 1997. Chloride binding capacity of various hydrated cement paste systems. Advanced Cement Based Materials, 6: 28-35.

DHIR R, EL-MOHR M, DYER T, 1997. Developing chloride resisting concrete using PFA. Cement and Concrete Research, 27: 1633-1639.

DHIR R, HUBBARD F, UNSWORTH H, 1995. XRF thin film copper disc evaporation test for the elemental analysis of concrete test solutions. Cement and Concrete Research, 25: 1627-1632.

DOUSTI A, SHEKARCHI M, ALIZADEH R, et al., 2011. Binding of externally supplied chlorides in micro silica concrete under field exposure conditions. Cement and Concrete Composites, 33: 1071-1079.

EKOLU S, THOMAS M, HOOTON R, 2006. Pessimum effect of externally applied chlorides on expansion due to delayed ettringite formation: Proposed mechanism. Cement and Concrete Research, 36: 688-696.

FENG G, JIANG X, QIAO R, et al., 2014. Water in ionic liquids at electrified interfaces: The anatomy of electrosorption. ACS Nano, 8: 11685-11694.

FLOREA M, BROUWERS H, 2014. Modelling of chloride binding related to hydration products in slag-blended cements. Construction and Building Materials, 64: 421-430.

FRÍAS M, GOÑI S, GARCÍA R, et al., 2013. Seawater effect on durability of ternary cements. Synergy of chloride and sulphate ions. Composites Part B: Engineering, 46: 173-178.

FRIEDMANN H, AMIRI O, AÏT-MOKHTAR A, 2008. Physical modeling of the electrical double layer effects on multispecies ions transport in cement-based materials. Cement and Concrete Research, 38: 1394-1400.

GAJEWICZ A, GARTNER E, KANG K, et al., 2016. A ^{1}H NMR relaxometry investigation of gel-pore drying shrinkage in cement pastes. Cement and Concrete Research, 86: 12-19.

GARDNER T J, 2006. Chloride transport through concrete and implications for rapid chloride testing. Cape Town: University of Cape Town.

GENG J, EASTERBROOK D, LI L, et al., 2015. The stability of bound chlorides in cement paste with sulfate attack. Cement and Concrete Research, 68: 211-222.

GLASS G, BUENFELD N, 2000. The influence of chloride binding on the chloride induced corrosion risk in reinforced concrete. Corrosion Science, 42: 329-344.

GLASS G, STEVENSON G, BUENFELD N, 1998. Chloride-binding isotherms from the diffusion cell test. Cement and Concrete Research, 28: 939-945.

GLASS G, WANG Y, BUENFELD N, 1996. An investigation of experimental methods used to determine free and total chloride contents. Cement and Concrete Research, 26: 1443-1449.

HASSAN Z, 2001. Binding of external chloride by cement pastes. Toronto: University of Toronto.

HAWES D, FELDMAN D, 1992. Absorption of phase change materials in concrete. Solar Energy Materials and Solar Cells, 27: 91-101.

HE F, 2010. Measurement of chloride migration in cement-based materials using $AgNO_3$ colorimetric method. Changsha: Central South University.

HE F, SHI C, HU X, et al., 2016. Calculation of chloride ion concentration in expressed pore solution of cement-based materials exposed to a chloride salt solution. Cement and Concrete Research, 89: 168-176.

HU X, 2017. Mechanism of chloride concentrate and its effects on microstructure and electrochemical properties of cement-based materials. Ghent: Ghent University.

HUSSAIN S E, AL-GAHTANI A S, 1991. Pore solution composition and reinforcement corrosion characteristics of microsilica blended cement concrete. Cement and Concrete Research, 21: 1035-1048.

IPAVEC A, VUK T, GABROVŠEK R, et al., 2013. Chloride binding into hydrated blended cements: The influence of limestone and alkalinity. Cement and Concrete Research, 48: 74-85.

JAIN J, NEITHALATH N, 2011. Electrical impedance analysis based quantification of microstructural changes in concretes due to non-steady state chloride migration. Materials Chemistry and Physics, 129: 569-579.

JAIN J, NEITHALATH N, 2010. Chloride transport in fly ash and glass powder modified concretes—influence of test methods on microstructure. Cement and Concrete Composites, 32: 148-156.

JEHNG J Y, SPRAGUE D, HALPERIN W, 1996. Pore structure of hydrating cement paste by magnetic resonance relaxation analysis and freezing. Magnetic Resonance Imaging, 14: 785-791.

JENSEN H U, PRATT P, 1989. The binding of chloride ions by pozzolanic product in fly ash cement blends. Advances in Cement Research, 2: 121-129.

JUNG M S, KIM K B, LEE S A, et al., 2018. Risk of chloride-induced corrosion of steel in SF concrete exposed to a chloride-bearing environment. Construction and Building Materials, 166: 413-422.

KAYALI O, KHAN M, AHMED M S, 2012. The role of hydrotalcite in chloride binding and corrosion protection in concretes with ground granulated blast furnace slag. Cement and Concrete Composites, 34: 936-945.

KHAN M S H, KAYALI O, Troitzsch U, 2016. Chloride binding capacity of hydrotalcite and the competition with carbonates in ground granulated blast furnace slag concrete. Materials and Structures, 49: 4609-4619.

KIM M J, KIM K B, ANN K Y, 2016. The influence of C_3A content in cement on the chloride transport. Advances in Materials Science and Engineering, (6): 1-8.

KOPECSKÓ K, BALÁZS G L, 2017. Concrete with improved chloride binding and chloride resistivity by blended cements. Advances in Materials Science and Engineering, (7): 1-13.

KOLEVA D, HU J, FRAAIJ A, et al., 2007. Microstructural analysis of plain and reinforced mortars under chloride-induced deterioration. Cement and Concrete Research, 37: 604-617.

KRISHNAKUMARK B. PARTHIBANK, 2014. Evaluation of chloride penetration in OPC concrete by silver nitrate solution spray method. International Journal of Chem Tech Research, 6: 2676-2682.

LAMBERT P, PAGE C, SHORT N, 1985. Pore solution chemistry of the hydrated system tricalcium silicate/sodium chloride/water. Cement and Concrete Research, 15: 675-680.

LARSEN C, 1988. Chloride binding in concrete, effect of surrounding environment and concrete composition. Trondheim, Norway: The Norwegian University of Science and Technology.

LARSSON J, 1995. The enrichment of chlorides in expressed concrete pore solution submerged in saline solution//Proceedings of the Nordic Seminar on Field Studies of Chloride Initiated Reinforcement Corrosion in Concrete, Lund University of Technology, Lund, Sweden. Stockholm: TVBM, 171-176.

LIU J, QIU Q, CHEN X, et al., 2016a. Degradation of fly ash concrete under the coupled effect of carbonation and chloride aerosol ingress. Corrosion Science, 112: 364-372.

LIU J, QIU Q, CHEN X, et al., 2017. Understanding the interacted mechanism between carbonation and chloride aerosol attack in ordinary Portland cement concrete. Cement and Concrete Research, 95: 217-225.

LIU W, CUI H, DONG Z, et al., 2016b. Carbonation of concrete made with dredged marine sand and its effect on chloride binding. Construction and Building Materials, 120: 1-9.

LIU Y, SHI X, 2009. Electrochemical chloride extraction and electrochemical injection of corrosion inhibitor in concrete: State of the knowledge. Corrosion Reviews, 27: 53-82.

MA B, MU S, DE SCHUTTER G, 2013. Non-steady state chloride migration and binding in cracked self-compacting concrete. Journal of Wuhan University of Technology-Mater Sci Ed, 28: 921-926.

MACHNER A, ZAJAC M, HAHA M B, et al., 2018. Chloride-binding capacity of hydrotalcite in cement pastes containing dolomite and metakaolin. Cement and Concrete Research, 107: 163-181.

MAES M, GRUYAERT E, DE BELIE N, 2013. Resistance of concrete with blast-furnace slag against chlorides, investigated by comparing chloride profiles after migration and diffusion. Materials and Structures, 46: 89-103.

MEHTA P, 1977. Effect of cement composition on corrosion of reinforcing steel in concrete. Chloride corrosion of steel in concrete: ASTM International.

MIDGLEY H, ILLSTON J, 1986. Effect of chloride penetration on the properties of hardened cement pastes: 7th International Congress on the Chemistry of Cement. Paris: 101-103.

MOHAMMED T, HAMADA H, 2003. Relationship between free chloride and total chloride contents in concrete. Cement and Concrete Research, 33: 1487-1490.

MONTEIRO P, WANG K, SPOSITO G, et al., 1997. Influence of mineral admixtures on the alkali-aggregate reaction. Cement and Concrete Research, 27: 1899-1909.

NAGATAKI S, OTSUKI N, WEE T H, et al., 1993. Condensation of chloride ion in hardened cement matrix materials and on embedded steel bars. Materials Journal, 90: 323-332.

NGUYEN P, AMIRI O, 2014. Study of electrical double layer effect on chloride transport in unsaturated concrete. Construction and Building Materials, 50: 492-498.

NILSSON L, POULSEN E, SANDBERG P, et al., 1996. Chloride penetration into concrete. State of the art, transport processes, corrosion initiation, test methods and prediction models. HETEK Report No. 53, Road Directorate, Denmark: 51.

OH B H, JANG S Y, 2007. Effects of material and environmental parameters on chloride penetration profiles in concrete structures. Cement and Concrete Research, 37: 47-53.

OLIVIER T, 2000. Prediction of chloride penetration into saturated concrete—multi-species approach. Goteborg, Sweden: Chalmers University of Technology.

OLLIVIER J, ARSENAULT J, TRUC O, et al., 1997. Determination of chloride binding isotherms from migration tests: Mario Collepardi Symposium on Advances in Concrete Science and Technology. Rome: 198-217.

PAGE C, LAMBERT P, VASSIE P, 1991. Investigations of reinforcement corrosion. 1. The pore electrolyte phase in chloride-contaminated concrete. Materials and Structures, 24: 243-52.

PAGE C, SHORT N, EL TARRAS A, 1981. Diffusion of chloride ions in hardened cement pastes. Cement and Concrete Research, 11: 395-406.

PAGE C, VENNESLAND Ø, 1983. Pore solution composition and chloride binding capacity of silica-fume cement pastes. Matériaux et Construction, 16: 19-25.

PANE I, HANSEN W, 2005. Investigation of blended cement hydration by isothermal calorimetry and thermal analysis. Cement and Concrete Research, 35: 1155-1164.

PAPADAKIS V G, 2000. Effect of supplementary cementing materials on concrete resistance against carbonation and chloride ingress. Cement and Concrete Research, 30: 291-299.

POTGIETER J H, DELPORT D, VERRYN S, et al., 2011. Chloride-binding effect of blast furnace slag in cement pastes containing added chlorides. South African Journal of Chemistry, 64: 108-114.

POWERS T C, BROWNYARD T L, 1946. Studies of the physical properties of hardened Portland cement paste. Journal Proceedings, 101-132.

QIAO C, NI W, WANG Q, et al., 2018. Chloride diffusion and wicking in concrete exposed to NaCl and MgCl2 solutions. Journal of Materials in Civil Engineering, 30 (3): 04018015.

RAMACHANDRAN V S, 1971. Possible states of chloride in the hydration of tricalcium silicate in the presence of calcium chloride. Matériaux et Construction, 4: 3-12.

RAMACHANDRAN V S, SEELEY R, POLOMARK G, 1984. Free and combined chloride in hydrating cement and cement components. Matériaux et Construction, 17: 285-289.

RAMÍREZ-ORTÍZ A E, CASTELLANOS F, CANO-BARRITA P F J, 2018. Ultrasonic detection of chloride ions and chloride binding in Portland cement pastes. International Journal of Concrete Structures and Materials, 12 (1): 20.

RASHEEDUZZAFAR, AL-SAADOUN S S, AL-GAHTANI A S, et al. 1990. Effect of tricalcium aluminate content of cement on corrosion of reinforcing steel in concrete. Cement and concrete Research, 20 (5): 723-738.

ROBERTS M, 1962. Effect of calcium chloride on the durability of pre-tensioned wire in prestressed concrete. Magazine of Concrete Research, 14: 143-154.

SÁNCHEZ I, NÓVOA X, DE VERA G, et al., 2008. Microstructural modifications in Portland cement concrete due to forced ionic migration tests. Study by impedance spectroscopy. Cement and Concrete Research, 38: 1015-1025.

SAILLIO M, BAROGHEL-BOUNY V, BARBERON F, 2014. Chloride binding in sound and carbonated cementitious materials with various types of binder. Construction and Building Materials, 68: 82-91.

SAILLIO M, BOUNY V B, PRADELLE S, 2015. Physical and chemical chloride binding in cementitious materials with various types of binder: 14th International Congress on the Chemistry of Cement. Beijing, China: ICCC, 12.

SANDBERG P, 1999. Studies of chloride binding in concrete exposed in a marine environment. Cement and Concrete Research, 29: 473-477.

SANDBERG P, LARSSON J, 1993. Chloride binding in cement pastes in equilibrium with synthetic pore solutions: Chloride Penetration into Concrete Structures. Nordic Miniseminar: 98-107.

SERGI G, YU S, PAGE C, 1192a. Diffusion of chloride and hydroxyl ions in cementitious materials exposed to a saline. Magazine of Concrete Research, 44: 63-69.

SHI C, 1992. Activation of natural pozzolans, fly ashes and blast furnace slag. Calgary, Canada: University of Calgary.

SHI C, HU X, WANG X, et al., 2016. Effects of chloride ion binding on microstructure of cement pastes. Journal of Materials in Civil Engineering, 29: 04016183.

SONG H W, LEE C H, ANN K Y, 2008a. Factors influencing chloride transport in concrete structures exposed to marine environments. Cement and Concrete Composites, 30: 113-121.

SONG H W, LEE C H, JUNG M, et al., 2008b. Development of chloride binding capacity in cement pastes and influence of the pH of hydration products. Canadian Journal of Civil Engineering, 35: 1427-1434.

SOTIRIADIS K, RAKANTA E, MITZITHRA M E, et al., 2017. Influence of sulfates on chloride diffusion and chloride-induced reinforcement corrosion in limestone cement materials at low temperature. Journal of Materials in Civil Engineering, 29 (8): 04017060.

SPIESZ P, BROUWERS H, 2012. Influence of the applied voltage on the Rapid Chloride Migration (RCM) test. Cement and Concrete Research, 42: 1072-1082.

SPIESZ P, BROUWERS H, 2013. The apparent and effective chloride migration coefficients obtained in migration tests. Cement and Concrete Research, 48: 116-127.

STANISH K D, 2002. The migration of chloride ions in concrete. Canada: University of Toronto.

SUN G W, GUAN X M, SUN W, et al., 2010. Research on the binding capacity and mechanism of chloride ion based on cement-GGBS system. Journal of Wuhan University of Technology, 7: 10.

SURYAVANSHI A, SCANTLEBURY J, LYON S, 1996. Mechanism of Friedel's salt formation in cements rich in tri-calcium aluminate. Cement and Concrete Research, 26: 717-727.

SURYAVANSHI A, SWAMY R, 1998. Influence of penetrating chlorides on the pore structure of structural concrete. Cement, Concrete and Aggregates, 20: 169-119.

SURYAVANSHI A, SWAMY R N, 1996. Stability of Friedel's salt in carbonated concrete structural elements. Cement and Concrete Research, 26: 729-741.

TANG L, 1996. Chloride transport in concrete-measurement and prediction. Gothenburg, Sweden: Chalmers University of Technology.

TANG L, NILSSON L O, 1993. Chloride binding capacity and binding isotherms of OPC pastes and mortars. Cement and Concrete Research, 23: 247-253.

THOMAS M, HOOTON R, SCOTT A, et al., 2012. The effect of supplementary cementitious materials on chloride binding in hardened cement paste. Cement and Concrete Research, 42: 1-7.

TIAN H, WEI C, 2014a. A NMR-based testing and analysis of adsorbed water content. Scientia Sinica Technologica, 44: 295-305.

TIAN H, WEI C, WEI H, et al., 2014b. Freezing and thawing characteristics of frozen soils: Bound water content and hysteresis phenomenon. Cold Regions Science and Technology, 103: 74-81.

TRAN V Q, SOIVE A, BONNET S, et al., 2018. A numerical model including thermodynamic equilibrium, kinetic control and surface complexation in order to explain cation type effect on chloride binding capability of concrete. Construction and Building Materials, 191: 608-618.

TRITTHART J, 1989. Chloride binding in cement Ⅱ. The influence of the hydroxide concentration in the pore solution of hardened cement paste on chloride binding. Cement and Concrete Research, 19: 683-691.

TUUTTI K, 1982. Analysis of pore solution squeezed out of cement paste and mortar. Nordic Concrete

Research, 25: 1-16.

VOINITCHI D A, JULIEN S, LORENTE S, 2008. The relation between electrokinetics and chloride transport through cement-based materials. Cement and Concrete Composites, 30: 157-166.

VU Q H, PHAM G, CHONIER A, et al., 2017. Impact of C_3A content on the chloride diffusivity of concrete. Construction Materials and Systems, 2017: 377.

WEISS W J, ISGOR O B, COYLE A T, et al., 2018. Prediction of chloride ingress in saturated concrete using formation factor and chloride binding isotherm. Advances in Civil Engineering Materials, 7 (1): 206-220.

WOWRA O, SETZER M, SETZER M, et al., 1997a. Sorption of chlorides on hydrated cements and C_3S pastes. Frost Resistance of Concrete: 146-153.

WU L, YAN P, 2012. Review on AC impedance techniques for chloride diffusivity determination of cement-based materials. Journal of The Chinese Ceramic Society, 40: 651-656.

XIA J, LI L Y, 2013. Numerical simulation of ionic transport in cement paste under the action of externally applied electric field. Construction and Building Materials, 39: 51-59.

XU A, 1990. The structure and some physical and properties of cement mortar with fly ash. Goteborg, Sweden: Chalmers University of Technology.

XU J, ZHANG C, JIANG L, et al., 2013. Releases of bound chlorides from chloride-admixed plain and blended cement pastes subjected to sulfate attacks. Construction and Building Materials, 45: 53-59.

XU Y, 1997. The influence of sulphates on chloride binding and pore solution chemistry. Cement and Concrete Research, 27: 1841-1850.

YE H, JIN X, FU C, et al., 2016. Chloride penetration in concrete exposed to cyclic drying-wetting and carbonation. Construction and Building Materials, 112: 457-463.

YONG R, 1962. Swelling pressures of sodium montmorillonite at depressed temperatures. Clays and Clay Minerals, 11: 268-281.

YUAN Q, 2009. Fundamental studies on test methods for the transport of chloride ions in cementitious materials. Ghent: Ghent University.

YUAN Q, SHI C, DE SCHUTTER G, et al., 2009. Chloride binding of cement-based materials subjected to external chloride environment—a review. Construction and Building Materials, 23: 1-13.

ZHANG M H, GJØRV O E, 1991. Effect of silica fume on pore structure and chloride diffusivity of low parosity cement pastes. Cement and Concrete Research, 21: 1006-14.

ZHENG L, JONES M R, SONG Z, 2016. Concrete pore structure and performance changes due to the electrical chloride penetration and extraction. Journal of Sustainable Cement-Based Materials, 5 (1/2): 76-90.

ZHU Q, JIANG L, CHEN Y, et al., 2012. Effect of chloride salt type on chloride binding behavior of concrete. Construction and Building Materials, 37: 512-517.

ZHU X, ZI G, CAO Z, et al., 2016. Combined effect of carbonation and chloride ingress in concrete. Construction and Building Materials, 2016, 110: 369-380.

ZIBARA H, HOOTON R, THOMAS M, et al., 2008. Influence of the C/S and C/A ratios of hydration products on the chloride ion binding capacity of lime-SF and lime-MK mixtures. Cement and Concrete Research, 38: 422-426.

第5章

水泥基材料中氯离子传输的试验方法

5.1 引言
5.2 有关氯离子的试验
5.3 混凝土中氯离子传输试验方法
5.4 氯离子传输试验方法标准
5.5 不同试验方法得到的试验结果之间的关系
5.6 总结

5.1 引言

氯离子在混凝土中的自然传输是一个非常缓慢的过程，而在实际工程应用中通常需要快速得到试验结果。因此，试验会采用各种各样的技术来加速氯离子在混凝土中的迁移以缩短试验时间，便于快速得到试验结果。因此各种理论基础被用于评价混凝土的抗氯离子渗透性。

在过去几十年中，基于其重要性，人们投入了大量精力来研究混凝土中氯离子的传输，并提出了许多试验测量方法，然而，却始终没有一个对现有方法进行分类的严格标准。Streicher 和 Alexander（1994）以及 Stanish 等（2001）先后对已有的试验方法进行了讨论，Shi 等（2007）也对现有试验方法进行了综合评价，详细讨论了各种试验方法的优缺点。根据 Shi 等（2007）的观点以及混凝土内部氯离子浓度是否随时间变化，试验方法可以划分为：

(1) 稳态试验方法

稳态是指在试件内部每个点的氯离子浓度都已经达到了平衡，不再随时间变化而变化。换句话说，进入混凝土的氯离子量等于离开混凝土的氯离子量。

(2) 非稳态试验方法

非稳态则是在试件内部某些点的氯离子浓度仍随时间变化而变化。根据试验条件和原理，将这些试验方法分为扩散试验、电迁移试验、电导试验和其他一些方法（Shi et al.，2007）。

实际上，测试混凝土中氯离子迁移的目的有两个：

① 评估混凝土的抗氯离子渗透性；

② 作为氯盐环境下的钢筋混凝土结构服役寿命预测模型的输入参数之一。

有些试验方法只能达到第一个目的，比如 ASTM C 1202（即混凝土抗氯离子渗透性的电通量法），该方法测量了在 6h 内通过混凝土试件的电通量，而该值不能直接用于预测混凝土结构的服役寿命，故这种试验方法更适用于评估混凝土的抗氯离子渗透性。另外一些方法可以直接测量出混凝土的氯离子扩散系数，以同时满足以上两个目的，显然这些试验方法更为实用。

在本章中，基于计算扩散系数的理论基础，对现有试验方法进行了分类。同时阐述了这些方法的优缺点和详细的测试步骤，还详细讨论了不同方法的试验结果。

除了表征氯离子在混凝土中迁移的方法外，还应首先介绍一些测定各种氯离子（如水溶性氯离子、总氯离子和自由氯离子）含量的方法及其取样方法。

5.2 有关氯离子的试验

5.2.1 氯离子分布

在许多应用中，如测定氯离子扩散系数和评估钢筋混凝土结构的锈蚀风险等，往往需要测试试样内部沿传输方向的氯离子分布。

由于氯离子的渗透深度通常很小，所以为了获得足够的分布点，取样厚度必须非常小。通过连续研磨与暴露表面平行的薄层（0.5~1.0mm）所获取的样本来测量氯离子的分布，因此需要特殊的仪器进行取样。德国公司开发了一种仪器，名为"轮廓磨床1100"。该仪器是通过转动紧靠把手盖的研磨壳体来控制增量。外壳顶部刻有四个红色斑点，间距相等，各斑点间的夹角均为90°，对应0.5mm深度增量。手柄盖上还刻有一个红点，通过定位该点相对于研磨壳体上的点的位置，可以调整深度增量。例如，如果需要1.0mm深度增量，则将研磨外壳的一个红点相对于手柄盖上的红色标记旋转180°。如图5.1所示，将试样放在底板的中央，然后用两个螺丝夹将底板牢牢固定在桌子上，接着将金刚石钻头的位置调整到试样的上表面，最后调整研磨壳体和手柄盖上的红点，即可开始研磨。研磨区域直径为73mm，精确的深度增量是可调的，范围为0.5~2.0mm，深度增量精度在2%以内，变化小于1%，最大磨削深度为40mm。研磨产生的粉末先用勺子收集，然后用真空吸尘器清洁。深度每增加0.5mm，就有约5g粉末可用于总氯离子和水溶性氯离子分析。

Shi（2010）开发了一种更先进的氯离子轮廓车床，如图5.2所示，并已在中国上市。该仪器可控制取样厚度并自动收集粉末，取样厚度最小可达0.1mm。该仪器大大节省了用于取不同深度粉末的人力，还能获得较为准确的结果。

5.2.2 氯离子分析

混凝土中的氯离子包括孔隙溶液中的氯离子和与水泥水化产物结合的氯离

图 5.1 轮廓磨床 1100 和磨后的试样（见彩图）

图 5.2 用于测量氯离子浓度分布的自动取样车床

子，其平衡受多种因素影响，如温度、酸碱值、外力等。如何定义自由氯离子是一个非常重要的问题，有以下三种描述（Nilsson，2002）：可自由移动、可自由滤出、可锈蚀钢筋。

第一种描述是指可自由移动的孔隙溶液中的氯离子。在模拟混凝土中氯离子的传输过程中，这种氯离子非常重要，因为只有这种氯离子有助于形成化学势。第二种描述是指孔隙溶液中的氯离子和溶剂释放的一些松散的结合氯离子，所有氯离子都可以被释放到溶剂中，溶剂主要是蒸馏水，Castellote 等（1999a）也将碱性溶液用作溶剂。值得关注的是第三种描述的氯离子。它指的不仅是孔隙溶液中的氯离子，还包括由于温度的变化、孔隙溶液的化学性质以及碳化作用等的影响，被释放到孔隙溶液中并参与钢筋锈蚀反应的结合氯离子。然而，根据现有的知识很难准确地区分和量化造成钢筋锈蚀的氯离子，一般认为第一种氯离子对钢筋有害。因此，许多研究将自由氯离子定义为存在于水泥基材料孔隙溶液中的氯离子。

　　一般来说，不能直接通过试验测定孔隙溶液中氯离子的浓度。孔隙溶液压滤法可能是测量孔隙溶液中氯离子浓度最常用且最准确的方法（图 5.3）。尽管 Glass 等（1996）指出，在孔隙溶液压滤试验过程中，高压可能会释放出一些松散的结合氯离子。但在测定孔隙溶液化学性质方面，孔隙溶液压滤法仍然是获取孔隙溶液并研究其自由氯离子浓度最常用、最准确的方法，因此，通常将其作为参考方法。然而，孔隙溶液压滤法存在以下缺点：需要专用设备；不易操作；很难从低水胶比的混凝土中得到孔隙溶液；几乎不可能从曲线拟合法要求使用的薄层样品中测出氯离子含量。故需要一种方法来代替孔隙溶液压滤法，液体萃取法是不错的选择，其中最常用的是水萃取法。Castellote 等

(a) 孔隙溶液表达仪

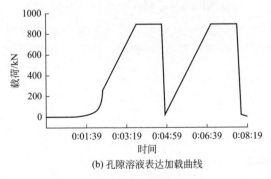

(b) 孔隙溶液表达加载曲线

图 5.3　孔隙溶液表示法

(1999a)提出用碱性溶液萃取氯离子，其中固溶比为 2∶3、样品粒径为 2.5～3.5mm、惰性接触时间为 24h。Castellote 等用孔隙溶液压滤法对碱性萃取法进行校准，结果表明，该方法能较好地预估孔隙溶液压滤法的结果。值得一提的是，在估算自由氯离子浓度方面，水溶性氯离子比孔隙溶液压滤法更常用也更实用。因此，有必要建立自由氯离子和水溶性氯离子之间的关系。

一些测定混凝土中氯离子含量的方法已被标准化：

① 中国：JGJ/T 322—2013《混凝土中氯离子含量检测技术规程》；

② 欧洲：NT Build 208—96，Concrete, hardened: chloride content by Volhard titrate；

③ 美国：ASTM C 1218/C1218M—99，Standard Test Method for Water-Soluble Chloride in Mortar and Concrete。

上述标准均采用相同的原理，但在细节上可能有所不同。下面简要阐述各试验的操作步骤。

5.2.2.1 总氯离子的测定

此方法用于分析总氯离子含量，具体操作步骤如下所述：

① 将粉末（过 0.1mm 筛）在 105℃干燥至恒重，并冷却至室温；

② 取 5g 样品，置于 150mL 烧杯中；

③ 向烧杯中加入约 20mL 的蒸馏水，摇匀使颗粒分离，加入浓硝酸约 10mL，摇匀，加入热蒸馏水约 50mL，再摇匀，让混合物冷却约 1h，直到达到环境温度；

④ 待溶液冷却后，将溶液轻轻倒在滤纸上，然后用蒸馏水清洗烧杯，并将洗涤液倒在滤纸上；

⑤ 将总溶液调至 100mL，用移液管移取 10mL 溶液，测定氯离子浓度。

可采用电位滴定法或福尔哈德法测定氯离子浓度。由于电位滴定法的精密度和准确度较高，故使用 Metrohm Met 702 自动电位滴定仪测定氯离子浓度，如图 5.4 所示。滴定溶液为 0.01mol/L 的硝酸银溶液。滴定过程中采用磁力搅拌器配液，然后滴定仪可根据 m-V 曲线自动计算氯离子浓度。氯离子含量由以下公式给出：

$$c_t = \frac{10 \times 100V \times 35.45 \times 0.01}{1000 \times 2} \tag{5.1}$$

式中，c_t 是样品中总氯离子的质量分数，％；V 是硝酸银溶液的体积，mL。

5.2.2.2 水溶性氯离子的测定

测定水溶性氯离子含量的方法如下：

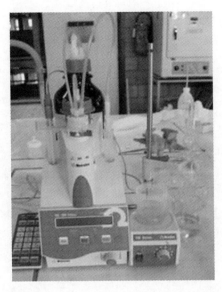

图 5.4 Metrohm Met 702 自动电位滴定仪

① 将粉末（过 0.85mm 筛）在 105℃干燥至恒重，并冷却至室温；
② 准确称取 10g 样品放入 250mL 的烧杯中，精确至 0.01g；
③ 向烧杯中加入 50mL 蒸馏水，煮沸 5min，然后静置 24h；
④ 通过重力或吸力过滤，将过滤液转移到 250mL 的烧杯中，然后向滤液中加入 3mL 体积比为 1∶1 的硝酸；
⑤ 用表面皿盖住烧杯，静置 1~2min，然后快速加热烧杯至滤液沸腾；
⑥ 用移液管移取 1mL 滤液，然后测定氯离子浓度。

水溶性氯离子含量可计算为：

$$c_1 = \frac{10 \times 100V \times 35.45 \times 0.01}{1000 \times 2.5} \tag{5.2}$$

式中，c_1 是样品中水溶性氯离子的质量分数，%；V 是硝酸银溶液的体积，mL。

测定的水溶性氯离子含量是质量分数。然而，自由氯离子含量更常以 mol/L 为单位。结合样品的连通孔隙率，氯离子含量单位可由%转化为 mol/L：

$$c_2 = \frac{1000c_1}{35.45\omega_w} \tag{5.3}$$

式中，c_1 为混凝土中氯离子的质量分数，%；ω_w 为混凝土的含水量，%；c_2 为孔隙溶液中的氯离子浓度，mol/L。

若已知以混凝土体积计的含水量，则可通过以下方程计算得到氯离子浓度，单位为 mol/L：

$$c_2 = \frac{\rho_{dry} c_1}{35.45 \varphi} \tag{5.4}$$

式中，ρ_{dry} 为混凝土的干密度，g/cm^3；φ 为混凝土的含水量（按混凝土体积计），%。

5.2.2.3 水溶性氯离子与总氯离子的关系

已知水溶性氯离子浓度高于自由氯离子浓度。Otsuki 等（1992）提出了水溶性氯离子与自由氯离子之间的线性关系：$c_w = 1.83 c_f$ 或者 $c_f = 0.546 c_w$（c_w 为水萃取法测试结果；c_f 为孔隙溶液压滤法测试结果）。Tetsuya 等（2008）使用幂函数来描述水溶性氯离子和自由氯离子之间的关系。根据 Haque 和 Kayyali（1995）的数据，绘制了自由氯离子和水溶性氯离子之间的关系，如图 5.5 所示。图 5.5 中的结果表明，线性方程和幂函数都可以近似描述这种关系。

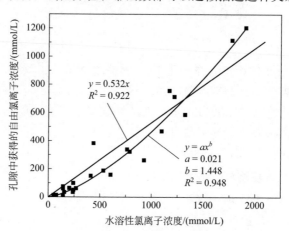

图 5.5 水溶性氯离子与自由氯离子之间的关系
Haque et al.，1995

实际上，通过水萃取法得到的氯离子含量受许多因素的影响，如水固比、温度、颗粒大小、萃取时间和萃取溶剂等（Vladimir，2000）。因此，不同学者提出的水萃取法与孔隙溶液压滤法之间的关系一般没有普适性。Castellote 等（1999a）研究了接触时间对萃取结果的影响，最终发现 24h 是颗粒粒径为 2.5～3.5mm 的孔隙溶液与接触溶液达到平衡的最佳时间。

Yuan（2009）研究了水泥浆样品中水溶性氯离子与自由氯离子的关系。如图 5.6 所示，利用幂函数和线性关系来描述水溶性氯离子和自由氯离子之间的关系。这两种关系都与试验数据十分吻合，线性拟合的相关系数高于非线性拟合。然而，由于数据量有限，所以很难说哪种关系更好。为了简化起见，一

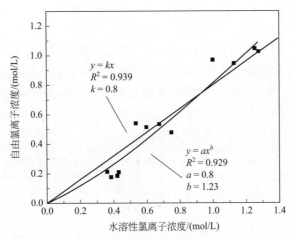

图 5.6 自由氯离子与水溶性氯离子之间的关系
Yuan，2009

般采用线性关系将水溶性氯离子转化为自由氯离子（Yuan，2009）。

$$c = 0.8 c_w \tag{5.5}$$

式中，c 为孔隙溶液中的自由氯离子浓度，mol/L；c_w 为测定出的水溶性氯离子浓度，mol/L。

式(5.5)中的系数 0.8 与 Haque 方程（1995）中的系数 0.532 截然不同，这是因为试验条件不同。此外，Haque 和 Kayyali（1995）使用的水溶性氯离子与 Yuan（2009）的研究不同。前者直接将溶剂（蒸馏水）中的氯离子浓度作为水溶性氯离子浓度。相比之下，Yuan（2009）使用的水溶性氯离子考虑了释放到水中的氯离子和混凝土的蒸发水含量，但仍然需要更多的数据来验证式(5.5)的有效性。

5.3 混凝土中氯离子传输试验方法

5.3.1 试验方法概述

如 5.1 节所述，由于扩散是一个非常缓慢的过程，因此采用了各种技术

(主要包括施加直流电、交流电和高压)来加速扩散过程,从而快速获取测试结果。在所有加速技术中,直流电是最常用的一种。

测试方法不同,其理论依据也不同。表 5.1 总结了已有试验方法,并简要介绍了这些方法的优缺点。根据理论依据的不同,试验方法可分为 6 类:菲克第一定律;菲克第二定律;能斯特-普朗克方程;能斯特-爱因斯坦方程;形成因子;其他。

从表 5.1 中可以看出,能斯特-普朗克方程是计算迁移系数最常用的理论。

表 5.1 混凝土中氯离子传输试验方法汇总

理论基础	试验方法	测量	测试持续时间	备注	参考文献/标准
菲克第一定律	稳态扩散试验	氯离子通量	几个月	持续时间长,不易执行	Page et al. (1981)
菲克第二定律	NT Build 443	氯离子分布	35 天	接近实际,应使用自由氯离子,且不易执行	NT Build 443
	短期浸泡试验	氯离子浓度降低量	2 周	易于执行,需要更多验证	Park et al. (2014)
能斯特-普朗克方程	NT Build 355	氯离子通量	几个星期	单粒子理论	NT Build 355
	特鲁法	氯离子通量	几天	单粒子理论,上游的氯离子通量可能依赖于结合	Truc et al. (2000)
	NT Build 492	穿透深度	24~72h	单粒子理论,硝酸银显色法不准确	NT Build 492
	临界时间法	临界时间	几个星期	理论不清楚,临界时间定义太多	Halamickova et al. (1995)
	安德拉德和卡斯特罗的方法	各种参数	几天	Andrade 等人提出了许多方法	Andrade et al. (2000)
	山姆法	电流	120h	可靠的理论基础,但太复杂	Samson et al. (2003)
	弗里德曼方法	电流	几个星期	精心设计的方法,仅用于稳态试验	Friedmann et al. (2004)
能斯特-爱因斯坦方程	陆法	电阻率	几分钟	f 修正系数及混凝土饱和技术是否可靠值得怀疑	Lu(1998)
形成因子	形成因子法	电阻率	几分钟	混凝土饱和技术是否可靠值得怀疑	Streicher et al. (1995)

续表

理论基础	试验方法	测量	测试持续时间	备注	参考文献/标准
其他	ASTM C1202 或 AASHTO T227	6h 电通量	6h	所有导电离子均对电流有贡献	ASTM C1202—2005
	AASHTO T259 90 天积水试验	氯离子分布	90 天	涉及两种机制,各自的作用还不清楚	AASHTO T 259
	水压法	穿透深度	几个星期	需要特殊设备	Freeze et al. (1979), Stanish et al. (2001)
	交流阻抗法	阻抗	几分钟	测量混凝土的导电性较为容易	Shi et al. (1999)

文献中出现了不同的氯离子传输系数,如扩散/迁移系数、有效扩散/迁移系数、稳态扩散/迁移系数、非稳态扩散/迁移系数和表观扩散系数等。这些术语具有一定的混淆性,需要把它们弄清楚。迁移系数实际上是由电加速试验确定的扩散系数,而不是自然扩散试验。电加速试验的目的是估算扩散系数。在一些文献中,由电加速试验确定的系数也被称为扩散系数;而在其他一些文献中,被称为迁移系数。有效扩散/迁移系数等于稳态扩散/迁移系数。它们的关系如图 5.7 所示。

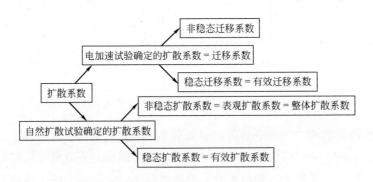

图 5.7 与扩散系数相关的术语

为了使术语更加清楚明确,将电加速试验确定的扩散系数称为非稳态迁移系数(D_{nssm})或稳态迁移系数(D_{ssm}),自然扩散试验确定的扩散系数称为非稳态扩散系数(D_{nssd})或稳态扩散系数(D_{ssd})。

以下章节详细描述了混凝土中氯离子传输的试验方法。

5.3.2　菲克第一定律

菲克第一定律和第二定律都是由傅里叶热传导方程推导而来的（Crank，1975）。因此菲克定律必须符合傅里叶热传导方程中许多内含的假设：①离子移动是相互独立的；②浓度梯度是唯一的驱动力；③离子与基体之间的相互作用很弱或者没有（Chatterji，1995）。很明显，前两个假设在混凝土材料中都不满足。混凝土孔隙溶液中通常含有各种浓度较高的离子，且各种离子之间有很强的相互作用。氯离子在浓度梯度和自生电场的共同作用下移动，其中自生电场是由离子间的相互移动所产生的。很明显第三个假设也不满足，因为水泥水化产物会吸附氯离子，而且在双电层的作用下，离子可能与水泥水化产物表面发生反应。

尽管很多假设都不满足，但菲克第一定律仍作为研究氯离子在水泥基材料中稳态扩散的理论基础（Page et al.，1981；Byfors，1987；Hansson et al.，1987；Arsenault，1995）。典型的扩散装置和氯离子浓度分布曲线如图 5.8 所示。

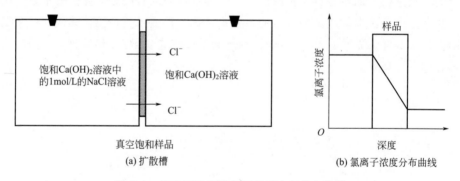

图 5.8　扩散槽示意图和氯离子浓度分布曲线

试件两旁的两个溶液槽通常分别装有不含氯离子溶液和含氯离子溶液。当上游槽的氯离子穿过试件扩散至下游槽时，需定期检测下游槽中氯离子浓度随时间的变化。当氯离子流量稳定时，便认为其达到了稳态。稳态氯离子流速可以用下游槽中氯离子浓度随时间变化的线性关系来表述，如图 5.9 所示，扩散系数 J 可通过下式计算：

$$J = D_{ssd} \frac{c_0 - c_1}{L} \tag{5.6}$$

式中，c_0 为上游槽中的氯离子浓度；c_1 为下游槽中的氯离子浓度；L 为试样厚度；D_{ssd} 为稳态扩散系数。

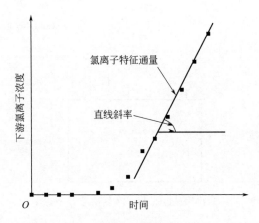

图 5.9　扩散试验中下游槽中的氯离子随时间变化的曲线

除了没有满足假设外，该方法最大的缺点是耗时很长，因为硬化水泥浆或混凝土中的氯离子扩散是一个非常缓慢的过程。

5.3.3　菲克第二定律

5.3.3.1　NT Build 443

尽管存在上述的理论缺陷，但菲克第二定律也被广泛用于测量氯离子在水泥基材料中的非稳态扩散系数。1991年，丹麦的 AEC 实验室首先提出了表观扩散试验（AEC 实验室，1991），该试验方法的理论基础是菲克第二定律。后来这种方法被标准化为 NT Build 443，测试装置如图 5.10 所示。试件需在 20℃下养护至少 28 天，浸泡试验前还需在石灰水中浸泡至饱和，除暴露于 2.8mol/L NaCl 溶液中的一个面外，试件的其他面都密封。暴露于 NaCl 溶液至少 35 天后，沿平行于暴露面的方向，以 0.5～1.0mm 厚度的增量在混凝土试件上重复取样，并将其磨成粉末，最后测定样品中酸溶性氯离子的含量。

菲克第二定律的误差函数解为：

$$c(x,t)=c_s-(c_s-c_i)\mathrm{erf}(x/\sqrt{4D_{app}t}) \tag{5.7}$$

式中，$c(x,t)$ 是在时间 t 和深度 x 处的氯离子浓度；c_s 是表面氯离子浓度；c_i 是试件内部的初始氯离子浓度；x 是离表面的距离；D_{app} 是表观氯离子扩散系数，也称非稳态扩散系数；t 是暴露时间。

采用最小二乘法对式 (5.7) 测得的氯离子分布进行非线性回归分析，从而确定 c_s 和 D_{app} 的值，如图 5.11 所示。回归分析中忽略了靠近暴露面第一个点

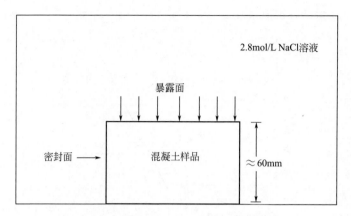

图 5.10 NT Build 443 测试装置示意图

的结果，其他点的权重相等。

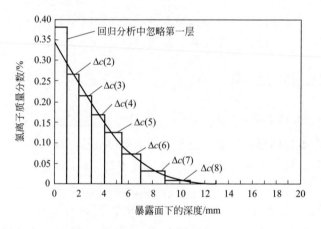

图 5.11 非稳态扩散试验数据的回归分析

该试验测量了饱和混凝土中的非稳态氯离子扩散系数，比较接近浸泡在海水中的混凝土结构的真实情况。然而，该试验也比较耗时，最少的浸泡时间为 35 天，而对于渗透性低的混凝土可能需要 90 天甚至更长的时间来获得足够的数据。而且，该试验操作烦琐，需要专门的化学分析设备。

5.3.3.2 短期浸泡试验

Park 等（2014）提出了短期内获得非稳态扩散系数的方法，如图 5.12 所示。这种试验方法需将混凝土试样放入氯离子溶液中，并在 0 天、1 天、2 天、3 天、4 天、5 天、7 天、10 天和 14 天时测量溶液中的氯离子浓度。为了使原溶液的总体积变化最小，应尽可能选择体积小的样品，一般为 0.5mL 左右。

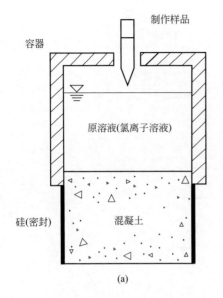

图 5.12　短期浸入试验的试验装置示意图（a）和试验装置的照片（b）
Park et al.，2014

根据菲克第二定律，Park 等（2014）得到了浸泡溶液中氯离子浓度随时间变化的解析解，如下：

$$c_{\text{source}}(t) = c_{\text{source}}(0) \cdot \exp\left(D_{\text{ST}} \frac{t}{h^2}\right) \cdot \text{erfc}\left[\left(D_{\text{ST}} \frac{t}{h^2}\right)^{\frac{1}{2}}\right] \quad (5.8)$$

式中，c_{source} 是浸泡溶液的氯离子浓度，kg/m^3；D_{ST} 是表观扩散系数，cm^2/s；h 是浸泡溶液的高度，m；t 是时间，d。

为了让测得的氯离子浓度与解析解计算得到的氯离子分布之间的差异最小，可以通过曲线拟合来确定扩散系数。如图 5.13 所示，采用最小二乘法获得扩散系数可以将测量值和计算值之差降到最低。

5.3.4　能斯特-普朗克方程

自然扩散试验需要很长的试验时间，而施加外部电场可以大大加速氯离子在试件内的移动速度。因此，研究者们提出了很多电加速试验方法，通过应用电场可以在较短的时间内得到试验结果。

如果把混凝土当作一个"固体电解液"，那么离子在这个"固体电解液"中的移动可以用能斯特-普朗克方程来描述（Bockris，1982；Andrade，1993）：

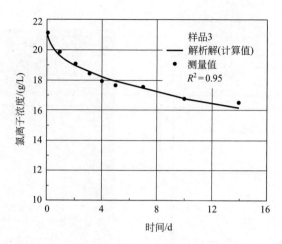

图 5.13　21g/L 砂浆原液的扩散系数计算

Park et al.，2014

$$J(x) = -\left[D\frac{\partial c(x)}{\partial x} + \frac{zF}{RT} \times Dc\frac{\partial E(x,t)}{\partial x} + cV(x)\right] \quad (5.9)$$

式中，J 是单向通量，$mol/(cm^2 \cdot s)$；D 是扩散系数，cm^2/s；∂c 是浓度变化，mol/cm^3；∂x 是距离变化，cm；z 是电荷；F 是法拉第常数，C/mol；R 是气体常数；$J/(mol \cdot K)$；T 是热力学温度，K；c 是孔隙溶液中氯离子浓度，mol/cm^3；V 是人工或强制离子迁移速度，cm/s。

式(5.9)右边的每一项都对应不同的传输机理：第一项是扩散项，描述离子在浓度梯度下的移动；第二项描述离子在电场下的移动，电场可能是外加电场和自生电场的组合；第三项是对流项，由于没有压力梯度，故这项可省略，式(5.9)变成：

$$J(x) = -\left[D\frac{\partial c(x)}{\partial x} + \frac{zF}{RT} \times Dc\frac{\partial E(x,t)}{\partial x}\right] \quad (5.10)$$

式(5.10)广泛用作计算电加速试验下的稳态和非稳态氯离子扩散系数的理论基础（Andrade et al.，1993，1994，1996；Zhang et al.，1994；Truc et al.，2000；Samson et al.，2003；Friedmann et al.，2004；Krabbenhøft et al.，2008）。典型的试验装置如图 5.14 所示，混凝土试件可以是任何尺寸，但通常是直径为 100mm，长度为 15～50mm 的圆柱。为了避免骨料界面处的影响，试件应有足够的长度。

5.3.4.1　NT Build 355

基于以下假设，Andrade（1993）求解了式(5.9)：

图 5.14 加速氯离子迁移试验池的试验装置

① 离子在溶液中移动的速率比在混凝土中移动的速率要快很多，试验中离子移动的距离等于混凝土的厚度；

② 没有压力存在，故忽略对流项；

③ 当外加电压足够大（至少 10V）时，与电迁移项相比，扩散项可以忽略不计；

④ 上游氯离子浓度恒定不变；

⑤ 电场沿混凝土试件呈线性衰减。

然后式(5.9) 变成：

$$-J(x) = \frac{zF}{RT} \times D_{\text{eff}} c \frac{\partial E(x)}{\partial x} \tag{5.11}$$

其中

$$D_{\text{eff}} = \frac{RTLV_1}{zFE\gamma c_0 A} \times \frac{\Delta c_1}{\Delta t} \tag{5.12}$$

式中，L 为混凝土试件的厚度；c_0 为上游的氯离子浓度；Δc_1 为下游氯离子浓度的变化量；V_1 为下游槽溶液体积；A 为试样暴露在氯离子溶液中的表面积；Δt 为时间增量；γ 为活度系数；z 为离子电价。

该方法于 1997 年被标准化为 NT Build 355。值得一提的是，NT Build 355 的方程式中没有给出活度系数，如下所示：

$$D_{\text{eff}} = \frac{RTLV_1}{zFEc_0 A} \times \frac{\Delta c_1}{\Delta t} \tag{5.13}$$

这是因为假设在强电场作用下，离子的活度系数等于 1。这种方法最主要的缺点是：

① 达到稳态需要很长的时间，特别是对于高性能混凝土；

② 下游槽中的氯离子可能转变成氯气，这部分很难控制并无法量化；

③ 计算时采用的是两电极间的电场，而不是通过试件的实际电场，也就是没有考虑电极和试件表面间的电压差；

④ 该方法是基于单粒子理论，即没有考虑离子间的相互作用。

为了克服第四个缺点，Zhang 等（1995）在计算混凝土氯离子迁移系数时，引入了修正系数 β_0：

$$D_{eff} = \beta_0 \frac{RT}{zFE} \times \frac{LV_1}{c_0 A} \times \frac{\Delta c_1}{\Delta t} \tag{5.14}$$

修正系数取决于溶液的浓度和温度。表 5.2 列出了在不同温度和浓度下 NaCl 溶液中离子间相互作用的修正系数（Zhang et al., 1995）。

表 5.2 不同温度和浓度下离子间相互作用的修正系数（Zhang et al., 1995）

氯化钠浓度 /(mol/L)	不同温度下的修正系数					
	20℃	21℃	22℃	23℃	24℃	25℃
0.1	1.06	1.06	1.06	1.07	1.07	1.08
0.2	1.16	1.17	1.18	1.19	1.19	1.20
0.3	1.26	1.27	1.29	1.29	1.30	1.30
0.4	1.36	1.37	1.39	1.40	1.42	1.43
0.5	1.46	1.48	1.50	1.52	1.53	1.55

5.3.4.2 上游流量法

NT Build 355 试验操作复杂，且整个试验很费时。除此之外，在阳极处还会发生一些无法控制和量化的化学反应，因此测出的迁移系数存在很大的不确定性。在稳态条件下，氯离子从上游进入试件的流量等于从试件流入下游的流量。Truc 等（2000）提出了一种通过混凝土试件上游的氯离子通量 J_1 来计算稳态条件下氯离子扩散系数的方法：

$$D_{eff} = \frac{J_1 RTL}{c_0 FE} = \frac{RTLV_0}{zFEc_0 A} \times \frac{\Delta c_0}{\Delta t} \tag{5.15}$$

式中，J_1 是上游的氯离子流量；c_0 是上游氯离子浓度；Δc_0 是上游氯离子浓度增量。

这种方法可以克服 NT Build 355 的许多缺点。因为假设了初始的上游流量是恒定的，因此与氯离子吸附无关。即使下游还未达到稳态条件，上游扩散系数 $D_{\text{eff,up}}$ 等于下游扩散系数 $D_{\text{eff,down}}$。对于普通混凝土，2~3 天就可以得出令人满意的结果（Truc et al.，2000）。这大大缩短了测试时间，简化了测试过程。同时还可以使用这种方法来测量已被氯离子污染的混凝土的扩散系数。但是，假设初始的上游流量恒定且与氯离子吸附无关是非常不切实际的。

5.3.4.3　NT Build 492

Tang 和 Nilsson（1992）通过假设半无限扩散的初始和边界条件，求解了非稳态迁移条件下的式(5.9)：

$$c=c_0, \quad x=0 \quad t>0$$
$$c=0, \quad x>0 \quad t=0$$
$$c=0, \quad x\to\infty \quad t=t_M$$

式中，t_M 是一个有限的数。

式(5.8) 的解析解如下：

$$c=\frac{c_0}{2}\left[\mathrm{e}^{ax}\operatorname{erfc}\left(\frac{x+aD_{\text{nssm}}t}{2\sqrt{D_{\text{nssm}}t}}\right)+\operatorname{erfc}\left(\frac{x-aD_{\text{nssm}}t}{2\sqrt{D_{\text{nssm}}t}}\right)\right] \tag{5.16}$$

式中，$a=zFE/(RTL)$；erfc 是误差函数 erf 的补函数；D_{nssm} 是非稳态迁移系数。当电场 E/L 足够大，渗透深度 x_d 满足 $x_d>aDt$ 时，式(5.16) 右侧的第二项接近于零，可以忽略。因此，上述方程变成：

$$c_d=\frac{c_0}{2}\operatorname{erfc}\left(\frac{x-aD_{\text{nssm}}t}{2\sqrt{D_{\text{nssm}}t}}\right) \tag{5.17}$$

经过一些数学变换，它变成：

$$D_{\text{nssm}}=\frac{RTL}{FE}\times\frac{x_d-\alpha\sqrt{x_d}}{t} \tag{5.18}$$

其中

$$\alpha=2\sqrt{\frac{RTL}{FE}}\operatorname{erf}^{-1}\left(1-\frac{2c_d}{c_0}\right) \tag{5.19}$$

式中，x_d 是用 0.1mol/L 硝酸银溶液测到的氯离子渗透的平均深度；c_d 为变色边界处的氯离子浓度（普通水泥混凝土为 0.07mol/L）；E 为外加电压；T 是阳极溶液试验前后的平均温度；L 为样品的厚度；t 为试验持续时间。

该方法已由 Nordtest 于 1999 年标准化为 NT Build 492。该试验方法建议，根据流经试验样品的初始电流来改变施加电压大小和试验持续时间，以避免试验过程中明显发热，并获得合理的氯离子渗透深度。在试验结束时，将试样轴向分为两段，然后用 0.1mol/L 硝酸银溶液喷涂在分裂面上，测定其氯离子渗透深度。

值得一提的是，由于电极与试样表面之间存在电位降，通过试样的实际电位是低于计算迁移系数所用的两个电极之间的电位。系统的研究（McGrath et al.，1996b）表明，样品的实际电位比电极电位低 1.5~2V。因此，计算中所使用的电压等于名义电压减去 2V。

NT Build 492 规定使用 10%（约 2mol/L）氯化钠溶液，因此：

$$\mathrm{erf}^{-1}\left(1-\frac{2c_d}{c_0}\right)=\mathrm{erf}^{-1}\left(1-\frac{2\times0.07}{2}\right)=1.28$$

NT Build 492 给出了一个更实用的计算 D_{nssm} 的公式，如下所示：

$$D_{nssm}=\frac{0.0239(273+T)L}{(E-2)t}\left[x_d-0.0238\sqrt{\frac{(273+T)Lx_d}{E-2}}\right] \quad (5.20)$$

该方法具有以下优点：试验周期短；测量简单；计算简单；没有严格的密封要求；理论依据明确。

在 Streicher 的综述（Streicher et al.，1994）中认为，综合考虑简单性、试验持续时间、理论依据和通用性，Tang 的方法似乎是所有氯离子快速迁移试验方法中最合适的方法。但是，这种方法有以下缺点：

① 用肉眼去判断氯离子的渗透深度对试验的精度有很大的影响；

② 变色边界处的氯离子浓度 c_d 取决于混凝土的碱度；

③ 基于简单的单粒子理论，认为氯离子是独立运动的，与混凝土孔隙溶液中存在的其他物质没有相互作用；

④ 式(5.16)给出的氯离子浓度峰值非常陡，且没有较多试验数据支持，如图 5.15 所示。

理论结果和试验数据之间的差异促使 Stanish 等（2004）提出了一种新的描述氯离子传输的模型。Voinitchi（2008）的结果表明总氯离子浓度分布曲线与 Tang 的理论模型非常相似，而 Tang 的模型研究的是自由氯离子。因为很难在很薄的试件中测量自由氯离子含量，故大多数的研究者只测量总氯离子浓度分布曲线，还不清楚自由氯离子浓度分布曲线的形状。

Gao 等（2017）证实了孔隙溶液电导率对 NT Build 492 测得的氯离子扩散系数的影响。为了消除孔隙溶液的影响，基于混凝土中电阻率与氯离子扩散系数之间的关系，提出了一种修正氯离子扩散系数的方法。结果表明，修正后的氯离子扩散系数与试件的孔结构更加一致，并且与混凝土相对吸水率密切相

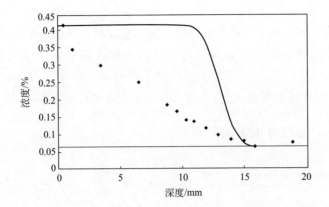

图 5.15　由式(5.16)得出的试验结果（点）和预测的浓度分布曲线（线）
Stanish et al.，2004

关。这意味着消除了孔隙溶液中离子浓度的影响。

5.3.4.4　临界时间法

Halamickova 等（1995）首次提出通过测量临界时间来确定非稳态迁移系数，临界时间是指从开始施加电压到第一次下游氯离子浓度显著增加的时间。c/c_0 比值较小，该比值用于计算氯离子迁移系数，如式(5.21) 所示。

$$\frac{c}{c_0}=\frac{1}{2}\left[\mathrm{e}^{ax}\operatorname{erfc}\left(\frac{L+aD_{\mathrm{nssm}}t_{\mathrm{b}}}{2\sqrt{D_{\mathrm{nssm}}t_{\mathrm{b}}}}\right)+\operatorname{erfc}\left(\frac{L-aD_{\mathrm{nssm}}t_{\mathrm{b}}}{2\sqrt{D_{\mathrm{nssm}}t_{\mathrm{b}}}}\right)\right] \quad (5.21)$$

式中，L 为试样的厚度；t_{b} 为临界时间；c 为首次检测到下游氯离子的浓度；c_0 为上游的氯离子浓度。通过同样的数学变换，上述方程变成：

$$D_{\mathrm{nssm}}=\frac{RT}{zFE}\times\frac{L-\alpha\sqrt{L}}{t_{\mathrm{b}}} \quad (5.22)$$

其中

$$\alpha=2\sqrt{\frac{RTL}{zFE}}\times\operatorname{erf}^{-1}\left(1-\frac{2c}{c_0}\right) \quad (5.23)$$

Halamickova 等（1995）在计算中取 $c/c_0=0.005$，同时还选取了许多其他值。Yang 等（2003）取 $c/c_0=0.001$、0.003、0.005，McGrath（1996a）和 Boddy 等（2001）取 $c/c_0=0.003$ 来计算临界时间，进而计算混凝土试件中的氯离子扩散系数。

这种方法存在以下缺点：

① c/c_0 的物理含义不清楚，理论上，式(5.21) 中的 c 是指下游试样表面的氯离子浓度，然而，实际计算是假设 c 等于下游溶液中的氯离子浓度，这一

假设是否有效还备受质疑；

② 氯离子在混凝土试件中的传输时间较长，特别是低渗透性混凝土；

③ 临界时间是指从开始施加电压到第一次下游氯离子浓度显著增加的时间。

临界时间有很多取值（$c/c_0 = 0.001$、0.003 和 0.005），如图 5.16 所示。不同的临界时间会得出不同的结果：当 $c/c_0 = 0.001$ 时，$\alpha = 2\sqrt{\dfrac{RTL}{zFE}} \times 2.185$；当 $c/c_0 = 0.003$ 时，$\alpha = 2\sqrt{\dfrac{RTL}{zFE}} \times 1.943$；当 $c/c_0 = 0.005$ 时，$\alpha = 2\sqrt{\dfrac{RTL}{zFE}} \times 1.821$。

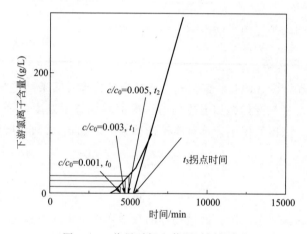

图 5.16　临界时间和截距时间的定义

5.3.4.5　Andrad 和 Castellote 方法

Andrade 和 Castellote 就氯离子的相关问题进行了大量研究，并提出了在稳态和非稳态条件下计算迁移系数的几种试验方法。

(1) 拟合法

该方法（Andrade et al.，2000）将总氯离子曲线拟合成扩散方程，进而获得迁移系数（D_{mig}）：

$$c_t = c_{ts}\,\text{erfc}\,\dfrac{x}{2\sqrt{D_{mig}t}} \tag{5.24}$$

根据 D_{mig}，氯离子扩散系数的计算公式如下：

$$D_{nssm} = \frac{RT}{zF} \times D_{mig} \frac{\ln L^2}{E} \tag{5.25}$$

式中，c_t 为一定深度处的总氯离子含量；c_{ts} 为表面总氯离子含量；L 为试样厚度；E 为施加电压。

这种方法的缺点是：

① 该方法需要测定不同深度的氯离子浓度，具有一定难度；

② 该方法的理论依据错误，误用了扩散理论。

因为上述缺点，这种方法很少被采用。在由 Castellote 和 Andrade 发起的测试混凝土中氯离子传输试验方法的循环试验中，不包括此方法（Castellote et al.，2006）。

(2) 等量时间法

根据能斯特-普朗克方程在稳态条件下的严格解（Andrade et al.，2000），如式(5.10)所示，可通过式(5.26)~式(5.28)得到 D_{nssm}：

$$\frac{t}{t_{diff}} = \frac{6}{v^2}\left(v\coth\frac{v}{2} - 2\right) \tag{5.26}$$

$$D_{nssm} = \frac{x_d^2}{6t_{diff}} \tag{5.27}$$

$$v = \frac{zeE}{kT} \tag{5.28}$$

式中，e 是单位电量；k 是玻尔兹曼常数；x_d 是氯离子渗透深度；t_{diff} 是氯离子通过自然扩散达到相同深度所需的时间。

注意，式(5.26)~式(5.28)未考虑试样的厚度。为了让此方法适用于任何厚度的试样，Castellote 和 Andrade 对不同厚度的试样进行了迁移试验，并将计算结果与通过厚 10cm 样品得到的参考值相关联。然后式(5.26)变为（Castellote et al.，2001b）：

$$t_{diff} = \frac{t(v)\sqrt{\frac{10}{l}}}{\frac{6}{v^2}\left(v\coth\frac{v}{2} - 2\right)} \tag{5.29}$$

这种方法主要的缺点是该方程是基于有限的试验结果得到的，适用范围有限。

(3) 电导法

Castellote 和 Andrade（2001a）通过监测下游溶液的电导率，提出了一种通过稳态迁移试验结果计算非稳态迁移系数和稳态迁移系数的方法。

NT Build 355 需要进行较为复杂且昂贵的化学分析。Castellote 和 Andrade 建议通过监测阳极室中溶液的导电性来测量阳极室中氯离子的浓度，而不是通过化学分析。当达到稳态时，电导率随时间呈线性变化，而氯离子浓度值又与电导率相关：

$$[Cl^-]=-1.71+11.45\sigma \tag{5.30}$$

式中，$[Cl^-]$ 为氯离子浓度，mmol/L；σ 为 25℃时的电导率，mS/cm。将数据记录器连接到阳极室的导电电极上，就可以连续监测电导率随时间的变化，并利用式(5.13)自动计算迁移系数，因此不用进行化学分析。

研究结果表明，当上游槽中的氯离子浓度较高（高于 0.5mol/L）时，试验结果与自然扩散试验结果一致，而当氯离子浓度较低（低于 0.5mol/L）时，两者间存在差异。对此，有两种解释（Castellote et al.，2001）。一方面，迁移试验和扩散试验的氯离子结合量存在差异。在较低浓度下，迁移试验中结合的氯离子量低于预期。然而，在较高浓度下，迁移试验和自然扩散试验中的氯离子结合量接近。另一方面，当氯化钠溶液浓度低于 0.5mol/L 时，氯离子的量不足以为氯离子输送电流提供最佳效率。因此建议在试验中使用浓度大于 0.5mol/L 的氯离子溶液。

如上所述，在迁移试验中 D_{nssm} 也可以通过监测下游溶液的电导率（Castellote et al.，2001a）来确定。溶液的电导率与溶液中氯离子的浓度有关。计算 D_{nssm} 的理论依据与式(5.26)~式(5.28)相同。t_{int} 是氯离子流量随时间变化的直线与 x 轴的截距，因此，这种方法被称为截距时间法。式(5.27)中分母的系数采用 3 而不是 6，所得结果与自然扩散试验结果吻合较好。

$$D_{nssm}=\frac{L^2}{3t_{int}} \tag{5.31}$$

式中，L 是试样的厚度；t_{int} 是截距时间，如图 5.16 所示。这个方法的一个优点是可以通过一个实验计算得到非稳态和稳态迁移系数。但是，这个方法仍存在一些问题：

① 下游槽溶液的电导率与氯离子浓度之间的关系可能与混凝土的类型有关，当氯离子通过混凝土到达下游溶液时，同时还有其他的离子一起跟着迁移，这些离子的种类和数量与混凝土的种类有关，并且对下游溶液的电导率有很大的影响；

② 式(5.31)中的系数 3 是根据有限的试验结果得到的，它可能不具有普适性。

5.3.4.6 Samson方法

为了简化问题，上述所有的电加速试验方法都有一些相同的假设：

① 恒定电场假设，即电场沿混凝土呈线性衰减；

② 单粒子理论，即氯离子在混凝土中的迁移不受任何其他粒子的影响。

Samson等（2003）提出了一种非常复杂的计算氯离子迁移系数的方法。该方法以能斯特-普朗克-泊松方程为理论基础，通过能斯特-普朗克-泊松方程可以模拟各种离子之间的相互作用和试件内部的电场分布。

当已知初始条件和边界条件（暴露溶液的浓度和种类、孔隙溶液的化学成分和孔隙率等），并对试件施加外部电场时，假设孔隙率的大小，就能用能斯特-普朗克-泊松方程模拟通过试件的电流。混凝土中的氯离子迁移系数等于氯离子的无限稀释扩散系数乘以孔隙率，而通过孔隙率可以计算出模拟电流与试验实测电流之间的误差，最小误差所对应的孔隙率便可用于计算混凝土的扩散系数。这种方法需要已知混凝土中孔隙溶液的化学成分，但这并不容易，特别是对于低水灰比的混凝土。另外，该方法的复杂性也使其不适用于工程实际。

Samson的结果表明，以恒定电场假设预测的电位分布与用耦合能斯特-普朗克-泊松方程预测的电位分布之间只有微小的差别。Narsili（2007）也证实了这一结论，且发现两者之间的差异取决于试验中所用溶液的种类和离子的浓度。然而，微小的电场差异会导致氯离子分布产生明显变化（Samson et al.，2003）。

5.3.4.7 Friedmann方法

基于能斯特-普朗克方程、电中性定律以及测量所得的流经试件的电流密度，Friedmann等（2004）提出了一个分析模型来计算有效氯离子迁移系数。

该试验可以在典型的迁移试验装置上进行，并分为两个阶段：第一阶段，上游槽和下游槽都充满NaOH（0.025mol/L）和KOH（0.083mol/L）的混合溶液，测量在稳态条件下且溶液中不含NaCl时流经试件的电流；第二阶段，在上游槽中加入0.5mol/L的NaCl，并测量稳态时流经试件的电流，如图5.17所示。记录两次测得的电流，并考虑溶液的电中性，试件的迁移系数可以通过下式求得：

$$D_{ssm} = \frac{(I_i - I_f)RT}{c_0 EF^2 \left(\dfrac{D_{OH}}{D_{Cl}} - 1\right)} \tag{5.32}$$

式中，I_i是没有 NaCl 时的稳态电流；I_f 为加入 NaCl 后的稳定电流；D_{OH} 和 D_{Cl} 分别是氢氧根离子和氯离子的无限稀释扩散系数；c_0 是上游氯离子的浓度。

将该方法的结果与 NT Build 355 的结果进行比较，结果发现，该方法得到的迁移系数比 NT Build 355 大一个数量级。这两个值之间的差异是由 NT Build 355 的局限性造成的，因为它明显忽略了溶液的电中性（Friedmann et al.，2004）。

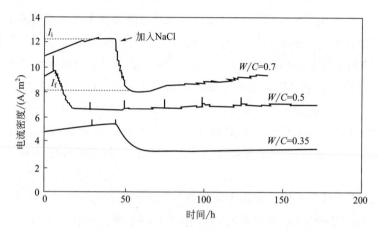

图 5.17　砂浆迁移试验中的计时安培分析法
Friedmann et al.，2004

值得一提的是，Krabbenhøft 等（2008）用能斯特-普朗克-泊松方程来模拟一些常用的迁移试验，也得到了类似的结果。Krabbenhøft 等人发现基于单粒子模型（如 NT Build 492 和 NT Build 355）所测量的氯离子迁移系数与用能斯特-普朗克-泊松方程所测量的迁移系数之间的误差可达 50%～100%。Krabbenhøft 认为调节上游槽溶液中 NaCl 和 NaOH 的比例，并利用单粒子模型便可得到合理的试验结果。

该方法存在以下问题：

①通过测量电流来判断是否达到稳态是不准确的，Krabbenhøft 等（2008）用能斯特-普朗克-泊松方程重新分析了 Friedmann 的试验结果，发现 Friedmann 的试验均未达到稳态，而 Friedmann 将其作为稳态来处理；

② 试件中假设是恒定电场；

③ 无限稀释情况下的 D_{OH}/D_{Cl} 比值不一定等于其在水泥基材料中的比值；

④ 它仅适用于稳态试验。

5.3.5 能斯特-爱因斯坦方程

能斯特-爱因斯坦方程是能斯特-普朗克方程（Bockris，1982）的一个特例。它的形式是：

$$D = \frac{RT\sigma}{zF^2} \tag{5.33}$$

式中，D 为扩散系数；σ 为电导率。对于混凝土来说，在实际应用中，这个方程是通过测量混凝土的电导率或电阻率来计算有效扩散系数。考虑到混凝土孔隙溶液中的所有离子都对混凝土的整体电导率有贡献，故氯离子所贡献的那部分可以用迁移系数表示（Andrade，1993；Lu，1997）。氯离子的有效迁移系数可以用下式计算：

$$D_{eff} = \frac{RT\sigma_{Cl}}{zF^2} = \frac{RT\sigma_b}{zF^2} t_{Cl} \tag{5.34}$$

$$t_{Cl} = \frac{\sigma_{Cl}}{\sigma_b} \tag{5.35}$$

式中，σ_{Cl} 为氯离子所贡献的电导率；σ_b 为混凝土的表观电导率；t_{Cl} 为氯离子传输比。

氯离子的传输比很难量化。Castellote 等（1999b）研究了电迁移试验中氯离子的传输比。上游槽中是 NaOH+NaCl 溶液，下游槽中是蒸馏水。因为上游槽、下游槽和试件内部的化学成分各不相同，所以这些部位的氯离子传输比也各不相同。Castellote 等提出了多种氯离子传输比的定义，比如阴极氯离子传输比和阳极氯离子传输比，由于氯离子传输比还随时间而变化，故 Castellote 还提出了瞬时传输比和累计传输比。然而，这些传输比都无法用于计算氯离子迁移系数。

从工程实际出发，Andrade 等（2000）提出了一种通过电阻率来计算氯离子迁移系数的方法：

$$D_{eff} = \frac{12 \times 10^{-5}}{\rho} \tag{5.36}$$

式中，ρ 为混凝土电阻率；D_{eff} 为有效迁移系数。虽然这种方法不是直接从能斯特-爱因斯坦方程出发，但电阻率与迁移系数的关系是从能斯特-爱因斯坦方程推导出来的。

为了避免混凝土孔隙溶液发生变化，Streicher 和 Alexander（1995）提出了一种技术，即先将混凝土干燥，然后浸泡在浓度很高（5mol/L）的 NaCl 溶液中直至饱和。在这种情况下，氯离子和钠离子在孔隙溶液中占主导地位，故可以忽略其他物质对电导率的影响。这项技术的缺点将在后面进行讨论。基于能斯特-爱因斯坦方程，Lu（1997；1998；2000）在实验中采用了 Streicher 和 Alexander 提出的技术，并用不同的修正因子 f 代替式（5.35）中不同类型混凝土的传输比。除了 Streicher 和 Alexander 提出的相关缺点之外，这种方法最大的难点在于如何得到各类型混凝土的修正因子。

5.3.6　形成因子

形成因子来源于地质学中对饱和多孔材料的研究（Snyder，2001）。在绝缘多孔材料中充满导电的孔隙溶液，形成因子就是孔隙溶液电导率和多孔材料表观电导率（固体微观结构和孔隙溶液的影响）之比：

$$\Gamma = \frac{\sigma_p}{\sigma_b} \tag{5.37}$$

式中，Γ 为形成因子；σ_p 为孔隙溶液的电导率；σ_b 为多孔材料的表观电导率。

由于电导率和扩散系数之间具有如式（5.33）所示的关系，故混凝土中的氯离子迁移系数也可用形成因子计算，它与电导率之间的关系可以用下式来表示（Buenfeld et al.，1987；Snyder，2001）：

$$\Gamma = \frac{D_p}{D} = \frac{\sigma_p}{\sigma_b} \tag{5.38}$$

式中，D 为混凝土中的氯离子扩散系数；D_p 为孔隙溶液中的氯离子扩散系数。

从理论上讲，这是一种测量混凝土中氯离子扩散系数的有效方法。但是，该方法存在一些问题：

① 混凝土的孔隙表面带有负电荷，非绝缘多孔材料；

② 混凝土的孔隙溶液不易获得；

③ 混凝土的孔隙溶液是浓度范围为 0.1～1mol/L 的浓缩液，而且由于水泥的不断水化，孔隙溶液的浓度会随时间变化，故很难确定 D_p 的精确值。

如上所述，为解决获得孔隙溶液和氯离子在孔隙溶液中的扩散系数的困难，Streicher 和 Alexander（1995）建议先干燥混凝土，然后用 5mol/L NaCl 溶液浸透混凝土直至饱和状态。他们称 σ_p/σ_b 为扩散比，实际上是形成因子，然后可用式（5.38）计算扩散系数。

这种氯盐饱和技术有一些明显的缺点（Shi et al.，2007）：

① 干燥可能导致混凝土微观结构发生变化；

② 该方法是假设经过饱和处理后，混凝土中的孔隙溶液等于 5mol/L 的 NaCl 溶液，但实际情况并非如此，孔隙溶液中有多种离子（主要是碱性离子），这些离子在干燥时会吸附在孔壁处，一旦孔隙中充满溶液，这些离子就会重新回到溶液中，而碱性离子对溶液的电导率有很大的影响；

③ 通过氯盐溶液使混凝土达到饱和可能会导致 Friedel 盐的形成，从而降低混凝土的渗透性。

5.3.7 其他方法

5.3.7.1 ASTM C1202/AASHTO T227 试验方法

该试验最初由 Whiting（1981）开发，通常称其为快速氯离子渗透试验（RCPT）。RCPT 试验是将一个厚度为 50mm、直径为 100mm 的混凝土试件浸泡在石灰水中直至饱和，然后对其施加 60V 的直流电压。阴极槽中为 3% 的 NaCl 溶液，阳极槽中为 0.3mol/L NaOH 溶液。混凝土的氯离子渗透性是根据在 6h 的试验期间通过试样的电荷量和表 5.3 中的标准来确定的。1983 年，美国国家公路与运输协会（American Association of States Highway and Transportation Officials，AASHTO）采用了这种方法并将其纳入 AASHTO T277《混凝土氯离子渗透性的快速测定》（Rapid Determination of the Chloride Permission of Concrete），并由美国材料与试验协会（American Society for Testing and Materials）于 1991 年将其编入 ASTM C1202《混凝土抗氯离子渗透能力电通量法》。ASTM C1202 要求在氯离子快速渗透试验方法与 90 天塘泡试验方法（AASHTO T259 "Resistance of Concrete to Chloride Penetration"）之间建立相关性，而 AASHTO T277 没有这个要求（Shi et al.，2007）。

表 5.3 氯离子渗透性评估标准（ASTM C1202—2005）

氯离子渗透性	电荷/C
高	>4000
适度的	2000~4000
低	1000~2000
极低	100~1000
可以忽略不计的	<100

在过去的一段时间，世界各国的研究人员都批评这种试验方法缺乏科学依据且试验条件苛刻（Feldman et al.，1994；Pfeifer et al.，1994；Cao et al.，1996；Scanlon et al.，1996；Shi et al.，1998；Shi，2004）。主要批评有：

① 孔隙溶液中不是只有氯离子这一种离子传导电流，而是氯离子和其他离子共同传导电流。孔隙溶液的化学成分对混凝土的导电性有很大的影响，而对混凝土的渗透性的影响很小。Shi 等（Shi et al.，1998；Shi，2004）通过电化学理论定量计算了矿物掺合料对硬化水泥浆孔隙溶液的电导率的影响。另外，作为阻锈剂的硝酸钙对混凝土的导电性也有很大的影响（Berke et al.，1992）。

② 过高的电压（60V）会产生大量的热量并使混凝土的温度升高，这对试验结果有很大的影响，混凝土的导电性随温度的升高而增加，同时过高的温度可能会使一些水化产物发生分解，并产生一些裂缝，进一步增加了混凝土的导电性。对于质量较差的混凝土，试验过程中产生的大量热量会使情况更为糟糕。

尽管 ASTM C1202 存在上面提到的这些缺点，但它仍然可以用来较为快速准确地检测材料水灰比及其性能的明显变化，该方法比较适用于现场的质量控制。一些研究者们尝试改进 ASTM C1202。McGrath（1996）发现：当 6h 电通量低于 1000C 时，可用 30min 电通量代替 6h 电通量作为材料氯离子渗透性的评价指标；而当 6h 电通量超过 1000C 时，用 30min 电通量作为评价指标更好，因为此时没有产生过多的热量。Feldeman 等（1999）发现 6h 电通量和初始电流之间存在线性相关性，故建议用初始电流或初始电导率来代替 6h 电通量作为评价指标，以避免产生过多的热量并缩短试验时间。Riding 等（2008）提出了一个简化的 RCPT 试验方法，在该方法中，只需测量通过试件的电压降，不需要测量电流。Riding 还发现在 RCPT 和简化的 RCPT 之间存在良好的相关性。

因为 RCPT 只与混凝土的导电性有关，而与混凝土的扩散系数无关，Berke 和 Hicks（1992）建立了扩散系数和电通量之间的经验方程，如下：

$$D = 0.0103 \times 10^{-8} Q^{0.84} \tag{5.39}$$

RCPT 对孔隙溶液的化学组成十分敏感，为了克服这一缺点，Pilvar 等（2015）提出了一种名为修正后的快速氯离子渗透试验（MRCPT）的新方法。在该方法中，试件在试验前需在 23% 的 NaCl 溶液中浸泡至饱和，使不同混凝土试件的孔隙溶液电导率达到一致。因此该方法对混凝土中孔隙溶液电导率的变化不那么敏感。一般采用试件的电导率而非电流来评价混凝土的抗氯离子渗透性。

5.3.7.2 氯盐溶液塘泡法

AASHTO T259（1980）试验（图 5.18）方法（通常指氯盐溶液塘泡法）是美国国家公路与运输协会制定的标准，它是一种测量氯离子渗透进入混凝土的长期试验方法。该方法要求有三块厚度至少为 75mm、表面积为 $300mm^2$ 的混凝土试块，这些试块先在潮湿的环境下养护 14 天，然后在相对湿度为 50% 的干燥室中养护 28 天，试块的侧面需要密封，顶面塘泡于 3% 的氯化钠溶液中，底面则暴露于相对湿度为 50% 的干燥环境中。塘泡 90 天之后，测量厚度为 12.7mm（0.5 英寸）的薄片内的氯离子浓度，通常取 2~3 个连续的薄片。塘泡 90 天后距离暴露面 41mm 内的混凝土的氯离子含量可作为评价指标。

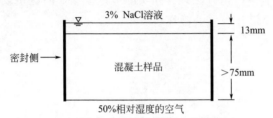

图 5.18　AASHTO T259 试验装置示意图

研究人员通常会多测量几个连续薄片内的氯离子含量，以得到较为完整的氯离子浓度分布。对该氯离子浓度分布与菲克第二定律的误差函数解进行曲线拟合，从而得到氯离子的扩散系数（Berke et al.，1992；Andrade et al.，1996；Sherman et al.，1996；McGrath et al.，1999b）。

这种方法明显存在一些问题：

① AASHTO T 259 90 天氯盐溶液塘泡法是用来检验在扩散和毛细管吸附共同作用下的氯离子迁移现象，然而两种传输机理的耦合可能过高或过低地强调某一种机理的重要性；

② 测量厚度为 12.7mm（0.5 英寸）的薄片内的氯离子含量不能准确地反映氯离子浓度分布，用这种粗略的氯离子浓度分布去拟合菲克第二定律的误差函数解会导致很大的误差。

5.3.7.3 水压法

除了施加电场之外，还有一种方法可以用来加速氯离子在混凝土中的传输，即对与混凝土接触的氯盐溶液施加压力，让氯离子在扩散和对流的共同作用下迁移，该方法可以用以下方程来描述（Freeze et al.，1979）：

$$\frac{\partial c}{\partial t} = D \frac{\partial^2 c}{\partial x^2} - \bar{v} \frac{\partial c}{\partial x} \tag{5.40}$$

式中，$\bar{v}$ 为平均线性流速，即：

$$\bar{v} = -\frac{\phi}{\omega} \times \frac{\partial H}{\partial x} \tag{5.41}$$

式中，ϕ 为透水率；ω 为孔隙率；H 为水头压力。这个微分方程的解与 Tang 的式(5.16)非常相似：

$$\frac{c}{c_s} = \frac{1}{2}\left[\mathrm{erfc}\left(\frac{x-\bar{v}t}{2\sqrt{Dt}}\right) + \exp\left(\frac{\bar{v}x}{D}\right)\mathrm{erfc}\left(\frac{x+\bar{v}t}{2\sqrt{Dt}}\right)\right] \tag{5.42}$$

如果已知某一时间的氯离子分布，则可以确定氯离子扩散系数。

水压法测试装置与透水性装置非常相似，如图 5.19 所示。装置侧面必须密封良好，以免泄漏。该方法具有扎实的理论依据，但应用较少。因为它需要特殊的设备，并且高压可能会破坏混凝土的微观结构。

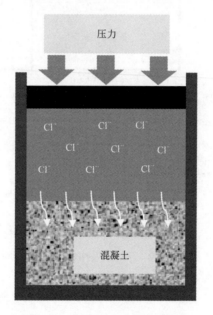

图 5.19 水压法试验装置示意图

5.3.7.4 交流阻抗法

交流阻抗法一直被用于研究电化学反应，通过测量阻抗的频谱响应可以获得电化学反应的反应机理和传质信息，同时它也用于测量混凝土的氯离子扩散系数（Díaz et al.，2006）。与直流电法相比，交流阻抗法有一些优点，比如在双探针测量的情况下，阻抗谱可以将试件间和电极间的电压降分开。假设混凝土与电极是一个理想的串联电路，而混凝土和电极有各自的阻抗，则总的阻抗为：

$$Z_T = \frac{R_b}{1+i\omega R_b C_b} + \frac{R_e}{1+i\omega R_e C_e} \tag{5.43}$$

式中，R_b 和 C_b 分别为表观电阻和电容；R_e 和 C_e 分别为电极电阻和电容；ω 为角频率。图 5.20 显示了上述电路中实阻抗和虚阻抗的关系。小半圆直径对应的是表观电阻，比电极电阻低得多。这种方法可以降低电极的影响，从而更准确地确定混凝土的电导率。

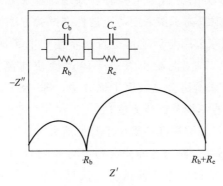

图 5.20 交流阻抗谱

有了溶质扩散率和电导率的知识，利用能斯特-爱因斯坦方程可以确定水泥基材料中的离子扩散速率。

Shi 等（1999）用交流阻抗法来测量混凝土的氯离子扩散系数：

$$D = 3.54 \times 10^{-14} (A\sigma c)^{-2} \tag{5.44}$$

式中，A 为电极表面积；c 为氯离子浓度；σ 为阻抗系数。

Díaz 等（2006）提出了另外一种用交流阻抗来测量氯离子迁移系数的方法。交流阻抗法具有快速简单的特点，但可能由于它只在测量混凝土电阻时更具优势，故在研究混凝土中的氯离子扩散性时，研究人员更喜欢采用直流电法。因为直流电的整个迁移过程比交流电更易于进行数值模拟，并且直流电更加直接，也更好理解。

5.4
氯离子传输试验方法标准

虽然已经开发和提出了许多关于氯离子传输的测试方法，但仅有部分方法被标准化。本节介绍了不同国家的标准或规范中采用的试验方法，主要是美国、欧洲和中国的标准试验方法。

(1) 美国

美国国家公路与运输协会可能是第一个将氯离子迁移试验方法标准化的组织，制定的标准为 AASHTO T259（1980）《混凝土抗氯离子渗透试验的标准方法》。该方法后来被美国材料与试验协会采用，如 2002 年的 ASTM C1543（2002）《通过塘泡测定氯离子渗入混凝土的标准试验方法》。

1983 年，美国国家公路与运输协会首次将使用电场加速的快速试验方法标准化：AASHTO T277《混凝土氯离子渗透性快速测定标准试验方法》，1994 年，美国材料与试验协会也采用了该方法，即 ASTM C1202《混凝土抗氯离子渗透性能的电通量指示试验方法》。

根据欧洲的经验，美国标准还采用了其他两种方法：

① 2003 年美国国家公路与运输协会制定的 AASHTO 第 64 号标准《预测水泥混凝土氯离子渗透的快速迁移试验方法标准》，该方法与 NT Build 492 相似；

② 2004 年美国材料与试验协会制定的 ASTM C1556—2004《用体积扩散法测定水泥基混合物表观氯离子扩散系数的标准试验方法》。这种方法类似于 NT Build 443，且在 2016 年升级为 ASTM C1556-2011a。

(2) 欧洲

北欧国家对氯离子的相关课题进行了广泛的研究，是规范氯离子迁移试验方法的先驱，并制定了以下几种方法：

① NT Build 355（1989） 混凝土、砂浆和水泥基修补材料：通过基于稳态迁移原理的迁移实验得到氯离子扩散系数；

② NT Build 443（1995） 混凝土，硬化：基于高氯离子浓度下非稳态扩散原理加速氯离子渗透；

③ NT Build 492（1999） 混凝土、砂浆和水泥基修补材料：基于非稳态迁移原理的非稳态迁移实验中的氯离子迁移系数。

然而，这些方法还不是欧洲标准。只有一种方法被标准化为欧洲标准：EN 13396（自 2004 年起）保护和维修混凝土结构的产品和系统-试验方法-测量氯离子渗透。该方法类似于 AASHTO T259 或 ASTM C1543。

(3) 中国

中国标准 GB/T 50082—2009《普通混凝土长期性能和耐久性能试验方法

标准》采用了两种方法，即 NT Build 492 和 ASTM C1202。

5.5 不同试验方法得到的试验结果之间的关系

5.5.1 非稳态迁移扩散系数

本章讨论了五种计算非稳态迁移系数的方法，分别是 NT Build 492、临界时间法、等量时间法（AC1）、拟合法（AC2）和截距时间法（AC3）。电迁移试验方法的目的是估算混凝土的氯离子扩散系数，所以有必要将电迁移系数与自然扩散系数进行比较。由于广泛使用的方法是 NT Build 492 和 NT Build 443 法，所以将这两种方法按照规范中所指定的条件进行比较，表 5.4 给出了从 NT Build 492、NT Build 443、AC1 和 AC2 法中得出的氯离子迁移扩散系数，从中可以看出 NT Build 492 和 AC1 的试验结果普遍高于自然扩散得到的试验结果，这与其他研究结果（Castellote et al.，2006）相符。

表 5.4 20℃时 NT Build 492、NT Build 443、AC1、AC2
方法得到的氯离子迁移扩散系数

单位：$\times 10^{-12} \text{m}^2/\text{s}$

混合物	迁移试验			NT Build 443
	NT Build 492	AC1	AC2	
	10%(2mol/L)	10%(2mol/L)	10%(2mol/L)	165g/L(2.8mol/L)
B6	18.15	21.89	9.03	13.24
B48	9.55	8.64	3	5.97
B35	5.65	3.57	1.08	6.35
FA6	20.64	21.88	—	15.3
FA48	8.99	9.57	—	9.34
FA35	3.39	1.63	1.45	2.55
SL6	6.92	4.83	2.12	4.81
SL48	8.29	7.83	1.45	6.5

续表

混合物	迁移试验			NT Build 443
	NT Build 492	AC1	AC2	
	10%(2mol/L)	10%(2mol/L)	10%(2mol/L)	165g/L(2.8mol/L)
SL35	1.62	0.59	0.61	2.46
SF6	5.21	3.23	2.46	5.62
SF48	4.63	3.77	1.4	5.12
SF35	0.91	0.36	—	2.42

AC1法的结果与 NT Build 443 的结果有很好的线性关系，如图 5.21 所示。然而，AC1 法是以能斯特-普朗克方程在稳态条件下的解为基础的，而将稳态条件下的解用于非稳态在理论上并不合理。此外，AC1 法没有考虑试样的厚度，这意味着该方法只能在与扩散试验建立关系的浓度下使用，在其他浓度下可能得到不同的关系，因此其应用具有局限性。此外，AC1 法虽然需要计算试件中的电位分布，但不需要考虑试件的厚度。这表明氯离子迁移系数只与流经试件的电压有关，而与试件内部的电压分布无关。为了弥补这一缺陷，Castellote 等（2001b）提出了一个参考厚度，以解决基于一系列试验得出的不同厚度试样的电位分布问题。他们还强调"本文所给出的标准方程是直接通过试验得到的，在进一步确认其通用性之前还不能广泛应用"。

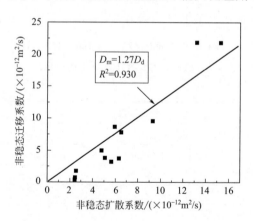

图 5.21 AC1 法得到的电迁移系数和 NT Build 443 得到的扩散系数之间的关系
Yuan，2009

Tang 在 1992 年首次提出了快速氯离子迁移测试方法，在经过多次修正和改进后，这个方法在 1999 年被标准化为 NT Build 492。NT Build 492 的结果大约是 NT Build 443 的结果的 1.24 倍,如图 5.22 所示。

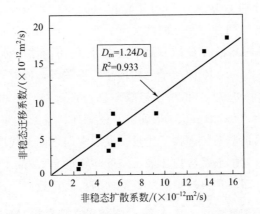

图 5.22　NT Build 492 获得的迁移系数与 NT Build 443 获得的扩散系数之间的关系
Yuan,2009

由表 5.4 可以看出,AC2 法的结果一般低于 NT Build 443,且与扩散试验的线性关系较差,见图 5.23。根据计算公式背后的理论基础,很容易就发现 AC2 结果与 NT Build 443 结果之间的差异。AC2 法的优点是能够很好地拟合试件的曲线,然而,该方法误用了基本理论。能斯特-普朗克方程是描述离子在电场下以一定速率运动的理论,这个速率是由电迁移系数所决定的。在扩散的情况下,浓度梯度是离子产生移动的驱动力,而电迁移系数不能取代扩散方程中的扩散系数,因为电迁移是受电场的作用,而扩散是由于浓度梯度的作用。

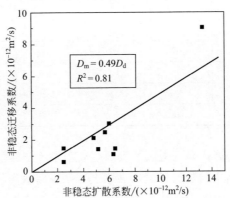

图 5.23　AC2 拟合得到的迁移系数与 NT Build 443 得到的扩散系数之间的关系
Yuan,2009

氯离子迁移系数与浓度有关。但是，NT Build 492 和 NT Build 443 中规定的氯离子浓度分别为 10%（2mol/L）和 165g/L（2.8mol/L）。这个浓度差异可能会让人误解这两种方法之间的关系。表 5.5 给出了不同方法在相同浓度（1mol/L）下获得的非稳态扩散和迁移系数。在相同浓度水平下，NT Build 492 的结果与 NT Build 443 的结果之间仍呈线性关系，同时可以看出临界时间法（$c/c_0=0.003$ 和 0.005）低估了扩散系数。Yang 等（2003）通过取临界时间 $c/c_0=0.001$、0.003 和 0.005 来确定非稳态迁移系数，并将迁移系数与 90 天塘泡试验确定的扩散系数进行了比较，发现它们之间是线性相关的，迁移系数比塘泡试验确定的扩散系数高 2 倍。需要注意的是 Yang 比较的是塘泡试验得到的扩散系数，而不是自然扩散试验得到的扩散系数。

表 5.5 在相同浓度下（1mol/L）不同方法得到的非稳态扩散系数和迁移系数

单位：$\times 10^{-12} \mathrm{m^2/s}$

混合物	非稳态迁移试验					NT Build 443
	显色法		临界时间法		AC3	
	NT Build 492	AC1	$c/c_0=0.003$	$c/c_0=0.005$		
B6	15.38	9.04	—	—	—	11.38
B48	10.66	9.7	5.76	5.46	11.77	8.31
B35	4.60	2.02	—	—	—	3.33
FA6	17.36	22.63	—	—	—	24.45
FA48	7.95	7.03	5.5	5.06	10.58	6.77
FA35	3	1.25	—	—	—	2.97
SL6	7.67	5.92	—	—	—	6.11
SL48	6.08	3.75	2.6	2.49	5.66	5.39
SL35	2.86	1.57	—	—	—	2.56
SF6	5.05	3.09	—	—	—	6.35
SF48	4.30	3.21	2.32	2.23	5	5.97
SF35	0.68	0.23	—	—	—	2.81

理论上，c/c_0 是试件靠近上游的表面氯离子浓度与靠近下游的表面氯离子浓度之比。临界时间法默认假设试件靠近上游的表面氯离子浓度等于上游槽中溶液的氯离子浓度，靠近下游的表面氯离子浓度等于下游槽中溶液的氯离子浓度。然而，实际的氯离子渗透曲线是一条不规则的曲线。当下游氯离子浓度达到 $c/c_0=0.001$、0.003 或 0.005 时，穿过试件的氯离子数量取决于下游槽的

体积和上游氯离子浓度，这就是为什么不同的研究者会得出不同的研究结果，而且目前还没有证实当下游槽中氯离子浓度 $c/c_0=0.001$、0.003 或 0.005 时，下游槽中的氯离子浓度是否等于下游槽中试件表面的氯离子浓度。

为了确定非稳态迁移系数（D_{nssm}）与扩散系数（D_{nssd}）之间的关系，Tang 和 Nilsson（1996）提出了一个方程：

$$D_{nssd}=D_{nssm}\frac{1+K_b\frac{W_{gel}}{\omega}}{1+\frac{\partial c_b}{\partial c}} \qquad (5.45)$$

式中，K_b 为结合常数，m^3/kg；W_{gel} 为凝胶含量，kg/m^3；ω 为毛细孔隙率。K_b 取值如下：对于 100% 硅酸盐水泥，$K_b=0.28\times10^{-3}\,m^3/kg$；对于 30% 矿渣和 70% 硅酸盐水泥，$K_b=0.29\times10^{-3}\,m^3/kg$；对于 30% 粉煤灰和 70% 硅酸盐水泥，$K_b=0.32\times10^{-3}\,m^3/kg$。$\frac{\partial c_b}{\partial c}$ 为浸泡试验中涉及的一个结合变量，具体值未知。基于式(5.45)，Tang（1999）提出了一个更为复杂的理论方程来说明非稳态扩散系数和非稳态迁移系数之间的关系，但这个方程中的很多参数很难通过试验测得。

由于 NT Build 443 和 NT Build 492 的广泛应用，Yuan（2009）在对不同水胶比和不同胶凝材料的混凝土进行试验研究的基础上，提出了由 NT Build 492 确定的非稳态迁移系数与由 NT Build 443 确定的非稳态扩散系数之间简单的线性关系。

$$D_{nssm}=1.2D_{nssd} \qquad (5.46)$$

5.5.2 稳态和非稳态迁移系数

Yuan（2009）比较了上游法和下游法（NT Build 355）两种方法对稳态迁移系数（D_{ssm}）的影响。下游氯离子浓度和上游氯离子浓度随时间的演变如图 5.24 所示。在稳态迁移试验中，上下游溶液每 4~5 天更换一次，以保持上游氯离子浓度相对恒定（不低于 90% 原始浓度），同时避免下游溶液发生中和。对于上游法，普通混凝土只需要 2~3 天的试验时间就可以得到令人满意的结果（Truc et al.，2000）。因此，采用上游法仅需 4 天的测量值便可进行线性拟合。Truc 等（2000）认为，从试验开始，渗入混凝土的氯离子量是恒定的，与氯离子结合无关。然而，当氯离子渗入混凝土时，部分氯离子在孔隙溶液中参与渗透，部分氯离子与水泥水化产物结合。从图 5.24 可以看出，上

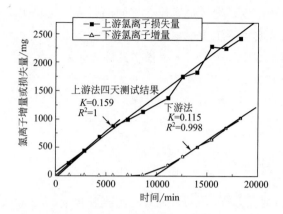

图 5.24　上下游中氯离子浓度随时间的变化
Yuan，2009

游法的斜率大于下游法的斜率，这是因为使用上游法时，结合氯离子也被计为自由氯离子。由此看来，假设渗入混凝土的氯离子量与氯离子结合无关是不成立的。如表 5.6 所示，两种方法所得的迁移系数进一步证实了这一点。从表中可以看出，上游法得到的 D_{ssm} 一般大于下游法得到的 D_{ssm}。

表 5.6　稳态迁移系数和初始电流

混合物	稳态迁移系数/($\times 10^{-12} m^2/s$)				初始电流/mA	
	上游法		下游法(NT Build 355)			
B48	0.641	0.67	0.464	0.50	37.6	39.4
	0.689		0.524		40.9	
	0.32*		0.517		39.6	
FA48	0.684	0.76	0.431	0.45	31.2	31.6
	0.811		0.464		31.8	
	0.778		0.460		31.8	
SL48	0.525	0.46	0.189	0.21	23.0	22.9
	0.387		0.225		22.9	
SF48	0.410	0.29	0.282	0.25	12.2	11.2
	0.161		0.220		10.1	

注：* 此值未采用。

在试验初期（例如混合物 B48），上游氯离子浓度变化的数据具有良好的线性相关性，而在后期（例如混合物 SL48），数据变化非常显著。产生这种现象的原因暂时还未完全弄清。上游氯离子浓度（1mol/L）明显高于滴定液浓度（0.01mol/L）。因此，必须对从上游试管中提取的用于测定溶液浓度的溶液进行稀释。但这会影响上游法的精确性。相比之下，下游氯离子浓度变化的数据始终呈现良好的线性关系。

与非稳态迁移系数相比，稳态迁移系数降低了一个数量级，如表5.7所示。Tang等（2001）也观察到了类似的现象。Tang和Nilsson（1996）提出了一个方程来解释这一点：

$$D_{ssm} = D_{nssm}(\omega + K_b W_{gel}) \tag{5.47}$$

W_{gel}可通过以下方程式（Audenalert et al.，2007）计算：

$$W_{gel} = 1.25hC \tag{5.48}$$

式中，h 为水化程度；C 为水泥含量，kg/m^3。试件需在温度为20℃±2℃，相对湿度为90%的养护室中养护至少28天，这意味着此时水泥的水化程度与最终水化程度差别不会太大，最终水化程度（$V_{h\,ultim}$）可以通过下式计算（Audenalert et al.，2007）：

$$V_{h\,ultim} = \frac{1.031 W/C}{0.194 + W/C} \tag{5.49}$$

式中，W/C 为水灰比。

表5.7 稳态迁移系数和非稳态迁移/扩散系数

单位：$\times 10^{-12}\,m^2/s$

混合物	稳态迁移系数		非稳态迁移系数	非稳态扩散系数
	上游法	NT Build 355		
B48	0.65	0.50	10.66	8.31
FA48	0.74	0.41	7.95	6.77
SL48	0.46	0.21	6.08	5.39
SF48	0.29	0.22	4.30	5.97

以B48混合物为例，将所有值代入式(5.47)，其中 $K_b = 0.28 \times 10^{-3}\,m^3/kg$，$\omega = 14.1\%$，由此计算出的稳态迁移系数为 $2.54 \times 10^{-12}\,m^2/s$，而实测值为 $0.5 \times 10^{-12}\,m^2/s$，故理论值为实验值的5倍。

Tang和Nilsson（1992，1996）提出了一个更复杂的模型来描述 D_{ssm} 和 D_{nssm} 之间的关系：

$$D_{nssm} = \frac{D_{ssm} + \left(\frac{1}{a} \times \frac{\partial c}{\partial x} + c\right)\frac{\partial D_{ssm}}{\partial c}}{\omega\left[1 + \left(\frac{\partial c_b}{\partial c}\right)_m\right]} \tag{5.50}$$

式中，$\frac{1}{a} \times \frac{\partial c}{\partial x} = -0.06 \text{mol/L}$；$c = 0.1 \text{mol/L}$；$\left(\frac{\partial c_b}{\partial c}\right)_m = K_{bm} \frac{W_{gel}}{\omega}$，$K_{bm} = 0.59 \times 10^{-3}$，$W_{gel}$ 为凝胶的含量，kg/m^3；ω 为以体积计的孔隙率；$\frac{\partial D_{ssm}}{\partial c} = -D_{ssm} \frac{B_m}{B_m + 55.46}$，$B_m = f(1 + |\beta_v|) - 1$，$|\beta_v| = 0.244$。

根据 Tang 和 Nilsson（1992，1996），f 是反映混凝土传输性能的核心参数，混凝土不同，f 也不同。假设 $f = 11000$，$W_{gel} = 350 \text{kg/m}^3$，$\omega = 0.141$，将这些值代入式（5.50），可以得到 $D_{ssm} = 0.34 D_{nssm}$。但是，如表 5.8 所示，它与试验结果不符。这可能是因为假设的核心参数 f 不正确。根据 Tang 的观点，通过测量不同浓度下的迁移系数，可以得到 f 的值。

表 5.8 D_{nssm} 与 D_{ssm} 的比较（Tang，1999）

W/C	0.35	0.40	0.50	0.75
$D_{nssm}/(\times 10^{-12} \text{m}^2/\text{s})$	1.1	1.6	2.1	3.2
$D_{ssm}/(\times 10^{-12} \text{m}^2/\text{s})$	2.8	5.4	13.6	39.7

Spiesz 等（2013）发现 D_{nssm} 等于孔隙溶液的初始氯离子迁移系数（D_0），也等于有效氯离子迁移系数除以孔隙率（D_{ssm}/ω）。

5.5.3 ASTM C1201（或初始电流）和迁移系数

NT Build 492 需要测量每个样品在 30V 预置电压下的初始电流，然后根据测量的电流，选择测试电压。初始电流也是评价混凝土抗氯离子渗透性的指标（Feldman et al.，1999）。Yuan（2009）对不同条件下的龄期为 56 天的混凝土进行了 NT Build 492 试验，也对一些龄期为 180 天的混合物进行了测试。由于初始电流与测试温度和上游溶液浓度有关，因此只能在温度和上游溶液浓度相同的条件下对初始电流进行比较。此外，他还研究了在上游溶液为 10% NaCl 溶液且温度为 20℃ 条件下，混凝土初始电流与迁移系数的关系。

图 5.25 给出了 30V 预置电压下的初始电流和迁移系数之间的关系，并给出了一些龄期为 180 天的混合物的试验结果。如图 5.25 所示，可以发现二者之间存在较好的线性关系。

众所周知，混凝土在给定电压下的初始电流与混凝土的电阻率或电导率有关。Berke 和 Hicks（1992）给出了混凝土电阻率与扩散系数的经验关系：

$$D = 54.6 \times 10^{-8} \rho^{-1.01} \tag{5.51}$$

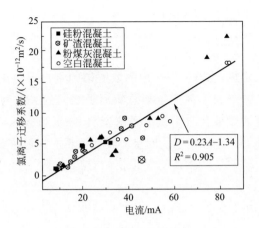

图 5.25　初始电流与 D_{nssm} 的关系

Yuan, 2009

式中，ρ 为混凝土的电阻率。从式中可以看出，扩散系数和电阻率也可以近似地用线性关系来表示。

Andrade 和 Whiting（1996）通过能斯特-爱因斯坦方程计算扩散系数时使用了初始电阻率，发现用这种方法得出的混凝土的氯离子渗透性与通过 90 天氯盐塘泡法得出的结果相似。

尽管 ASTM C1202 受到了许多研究人员的批评，但它仍被广泛应用于实践。初始电流也与样品的 6h 电通量呈线性关系（Feldman et al.，1999），而 6h 电通量是 ASTM C1202 的主要参数。

尽管初始电流与迁移系数之间存在良好的线性关系，但根据 Shi（2004）的研究，混凝土的导电性或电阻率不能作为评价氯离子渗透性的指标。因为混凝土的初始电流（或电阻）取决于混凝土的孔隙溶液化学组成和孔结构这两个参数，而混凝土的渗透性主要取决于孔结构，因此孔隙溶液的化学组成对混凝土的氯离子渗透性影响很小，但对混凝土的电导率有很大影响。因此，当用初始电流来评价混凝土的氯离子渗透性时，需特别注意孔隙溶液化学性质完全不同的混凝土，尤其是低水胶比的混凝土。

5.5.4　NT Build 443 得出的自由氯离子和总氯离子的结果

NT Build 443 以及菲克第二定律的误差函数解广泛用于工程应用中，同时可将误差函数改写为：

$$\frac{c_s - c}{c_s - c_i} = \text{erf}(x / \sqrt{4 D_{\text{app}} t}) \tag{5.52}$$

当 $c_i=0$ 时，式(5.52)变成：

$$\frac{c}{c_s}=1-\mathrm{erf}(x/\sqrt{4D_{app}t})\tag{5.53}$$

根据菲克第二定律，式(5.53)中的浓度指的是自由氯离子的浓度。只有当不存在吸附现象或者自由氯离子与总氯离子之间的关系为通过原点的直线时，总氯离子浓度才能取代自由氯离子浓度（Tang和Nilsson，1996）。如上所述，自由氯离子和结合氯离子之间呈非线性关系。这意味着：

$$\frac{c_t}{c_{st}}=\frac{c_f+\alpha c^\beta}{c_{sf}+\alpha c_s^\beta}\neq\frac{c_f}{c_{sf}}\tag{5.54}$$

式中，下标 f 和 t 对应于自由氯离子和总氯离子；下标 st 和 sf 代表表面总氯离子和表面自由氯离子。因此，不能用总氯离子代替自由氯离子。然而，在 NT Build 443 和工程实践中，较常使用总氯离子浓度进行测试计算。因此，NT Build 443 存在理论错误。为了评估因总氯离子取代自由氯离子所引起的误差，故将自由氯离子和总氯离子浓度分布曲线分别与菲克第二定律的误差函数解拟合。表5.9给出了在不同条件下通过拟合总氯离子和自由氯离子浓度分布曲线得到的氯离子扩散系数，两者之间存在良好的线性关系，其斜率为0.76，如图5.26所示。

表 5.9 拟合总氯离子和自由氯离子浓度分布曲线得到的扩散系数

单位：$\times10^{-12}\,\mathrm{m^2/s}$

混合物	165g/L NaCl,5℃		165g/L NaCl,20℃		165g/L NaCl,40℃		1mol/L NaCl,20℃	
	总氯离子	自由氯离子	总氯离子	自由氯离子	总氯离子	自由氯离子	总氯离子	自由氯离子
B6	8.12	6.49	13.24	10.52	55.30	40.62	11.38	12.86
B48	5.38	4.40	5.97	4.95	12.80	10.34	8.31	7.95
B35	2.31	2.74	6.35	5.07	7.22	4.12	3.33	2.97
FA6	25.20	17.25	15.30	9.49	10.60	7.66	24.45	17.60
FA48	4.80	4.36	9.34	6.54	7.93	5.71	6.77	6.43
FA35	2.47	1.86	2.55	2.25	3.73	2.91	2.97	2.75
SL6	4.16	4.06	4.81	4.68	10.40	8.29	6.11	5.05
SL48	6.56	6.61	6.50	5.77	5.44	4.32	5.39	3.38
SL35	3.30	2.70	2.46	2.32	4.76	4.08	2.56	2.14
SF6	6.22	4.93	5.62	4.91	8.55	7.77	6.35	6.58
SF48	3.77	2.71	5.12	3.84	1.66	1.98	5.97	5.10
SF35	1.60	1.34	2.42	2.33	4.27	4.35	2.81	3.38

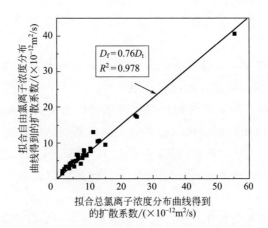

图 5.26　拟合总氯离子和自由氯离子浓度分布曲线得到的扩散系数之间的关系

Yuan，2009

5.6 总结

现已提出了许多混凝土中氯离子传输特性的测试方法。然而，每种方法都有其各自的优点和缺点。一个好的试验方法应满足以下要求：正确的理论基础；简单的操作；与现场实际情况相符；测试快速；可重复性。

至今为止，似乎没有一种方法完全符合以上的要求。NT Build 492 似乎是非稳态迁移试验中最佳的试验方法。对于现有的大多数电迁移方法，它们最大的理论缺陷是没有考虑其他离子对迁移过程的影响，即单粒子理论。能斯特-普朗克-泊松方程的应用使快速电迁移试验的理论基础更加科学和合理。然而它太过于复杂以至于很难在工程实践中得到应用。Friedmann 结合电中性理论提出的能斯特-普朗克方程的解析解似乎很有应用潜力，但仍需提高该方法的实际可操作性。

将总氯离子浓度分布曲线拟合于菲克第二定律的误差函数解在理论上过于简单，应该使用自由氯离子浓度分布曲线。通过总氯离子浓度分布曲线拟合得到的非稳态扩散系数与通过自由氯离子浓度分布曲线得到的非稳态扩散系数呈线性关系。

在两种稳态迁移试验方法中，下游法的结果通常低于上游法。这是因为使用上游法时，结合氯离子也被算为自由氯离子。因此上游法的精度比下游法低一些。

在五种非稳态迁移试验方法中，NT Build 492 和 AC1 方法的结果与 NT Build 443 方法的结果呈良好的线性关系：$D_{nssm} = \lambda D_{nssd}$，系数 λ 取决于水胶比和补充胶凝材料；AC2 方法得出的扩散系数误差最大；AC3 方法的结果略高于 NT Build 443 方法的结果，临界时间法得到的结果普遍低于扩散试验的结果。NT Build 492（10%）和 NT Build 443（165g/L）规定的氯离子浓度不同，但当在相同氯离子浓度（1mol/L）下进行两个试验时，其线性关系仍然成立。

与非稳态迁移系数相比，稳态迁移系数总是小一个数量级左右。

参 考 文 献

路新瀛，2000-04-05. 混凝土渗透性快速评价方法：CN1249427A.

史才军，元强，邓德华，等，2007. 混凝土中氯离子迁移特征的表征. 硅酸盐学报，35（4）：522-530.

史才军，何富强，2010. 一种混凝土切削取样机：CN10629874.

American Association of States Highway and Transportation Officials，1990. Rapid determination of the chloride permeability of concrete：AASHTO T 277-86.

AEC Laboratory，1991. Concrete testing，hardened concrete. Chloride penetration：APM 302. 2nd ed. Vedbek，Denmark：AEC Laboratory.

ANDRADE C，WHITING D，1996. A comparison of chloride ion diffusion coefficients derived from concentration gradients and non-steady state accelerated ionic migration. Materials and Structures，29：476-484.

American Society of Testing Materials，2000. Electrical indication of concrete ability to resist chloride ion penetration：ASTM C1202 // Annual Book of American Society for Testing Materials Standards，04：02.

ANDRADE C，1993. Calculation of chloride diffusion coefficients in concrete from ionic migration measurements. Cement and Concrete Research，23：724-742.

ANDRADE C，SANJUAN M A，1994. Experimental procedure for the calculation of chloride diffusion coefficients in concrete from migration tests. Advances in Cement Research，6：127-134.

ANDRADE C，CASTELLOTE M，ALONSO C，et al.，2000. Non-steady-state chloride diffusion coefficients obtained from migration and natural diffusion tests. Part 1：comparison between several methods of calculation. Materials and Structures，33：21-28.

ARSENAULT J，GIGAS J P，OLLIVIER J P，1995. Determination of chloride diffusion coefficient using two different steady-state methods：influence of concentration gradient // Nilsson L O，Ollivier J P. Proceedings of the International RILEM Workshop. Saint Remy，France：[s. n.]，150-160.

AUDENALERT K，BOEL V，DESCHUTTE G，2007. Chloride migration in self compacting concrete：

Proceedings of the Fifth International Conference on Concrete under Severe Conditions, June 4-6. Tours, France: CONSEC, 291-298.

BERKE N S, HICKS M C, 1992. Estimating the life cycle of reinforced concrete decks and marine piles using laboratory diffusion and corrosion data in corrosion forms and control for infrastructure. ASTM STP 1137. 1992: 207-231.

BOCKRIS J M, CONWAY B E, WHITE R E, 1982. Modern aspects of electrochemistry: Vol.14. New York: Plenum Press.

BODDY A, HOOTON R D, GRUBER K A, 2001. Long-term testing of the chloride-penetration resistance of concrete containing metakaolin. Cement and Concrete Research, 31: 759-765.

BUENFELD N R, NEWMAN J B, 1987. Examination of three methods for studying ion diffusion in cement pastes, mortars and concrete. Materials and Structure, 20: 3-10.

BYFORS K, 1987. Influence of silica fume and flyash on chloride diffusion and pH values in cement pastes. Cement and Concrete Research, 17: 115-130.

CAO H T, MECK E, 1996. A Review of the ASTM C1202 standard test. Concrete In Australia, 1996: 23-26.

CASTELLOTE M, ANDRADE C, ALONSO C, 1999a. Chloride binding isotherms in concrete submitted to non-steady-state migration experiments. Cement and Concrete Research, 29: 1799-1806.

CASTELLOTE M, ANDRADE C, ALONSO C, 1999b. Modelling of the processes during steady-state migration tests: quantification if transference numbers. Materials and Structures, 32: 180-186.

CASTELLOTE M, ANDRADE C, ALONSO C, 2001a. Measurement of the steady and non-steady-state chloride diffusion coefficients in a migration test by means of monitoring the conductivity in the anolyte chamber comparison with natural diffusion tests. Cement and Concrete Research, 31: 1411-1420.

CASTELLOTE M, ANDRADE C, ALONSO C, 2001b. Non-steady-state chloride diffusion coefficients obtained from migration and natural diffusion tests. Part II: different experimental conditions joint relations. Materials and Structures, 34: 323-331.

CASTELLOTE M, ANDRADE C, 2006. Round-Robin test on methods for determining chloride transport parameters in concrete. Materials and Structures, 39: 955-990.

CRANK J, 1975. The Mathematics of Diffusion. 2nd ed. London: Oxford University Press.

CHATTERJI S, 1995. On the non-applicability of unmodified Fick's laws to ion transport through cement based materials// Nilsson L O, Ollivier J P. Proceedings of the International RILEM Workshop—Chloride Penetration Into Concrete. Paris: [s. n.], 64-73.

DÍAZ B, NÓVOA X R. PÉREZ M C, 2006. Study of the chloride diffusion in mortar: a new method of determining diffusion coefficients based on impedance measurements. Cement and Concrete Composites, 28: 237-245.

FELDMAN R F, CHAN G W, BROUSSEAU R J, et al., 1994. Investigation of the rapid chloride permeability test. ACI Materials Journal, 91: 246-255.

FELDMAN R F, LUIZ R, PRUDENCIO J U, et al., 1999. Rapid chloride permeability test on blended cement and other concretes: correlations between charge, initial current and conductivity. Construction Building Materials, 13: 149-154.

FRIEDMANN H, AMIRI O, AÏT-MOKHTAR A, et al., 2004. A direct method for determining chloride diffusion coefficient by using migration test. Cement and Concrete Research, 34: 1967-1973.

FREEZE, R A, CHERRY, J A, 1979. Groundwater. New Jersey: Prentice-Hall, Inc.

GAO P H, WEI J X, ZHANG T S, et al, 2017. Modification of chloride diffusion voefficient of concrete based on the electrical conductivity of pore solution. Construction and Building Materials, 145: 361-366.

GLASS G K, WANG Y, BUENFELD N R, 1996. An investigation of experimental methods used to determine free and total chloride contents. Cement and Concrete Research, 26 (9): 1443-1449.

HALAMICKOVA P, DETWILER R J, BENTZ D P, et al., 1995. Water permeability and chloride ion diffusion in Portland cement mortars: relationship to sand content and critical pore diameter. Cement and Concrete Research, 25: 790-802.

HANSSON C M, SØRENSEN B, 1987. The influence of cement fineness on chloride diffusion and chloride binding in hardened cement paste. Nordic Concrete Research, 1987: 57-72.

HAQUE M N, KAYYALI O A, 1995. Free and water soluble chloride in concrete. Cement and Concrete Research, 25: 531-542.

KRABBENHØFT K, KRABBENHØFT J, 2008. Application of the Poisson-Nernst-Planck equations to the migration test. Cement and Concrete Research, 38: 77-88.

LU X, 1997. Application of the Nernst-Einstein equation to concrete. Cement and Concrcte Research, 27 (2): 293-302.

LU X, 1998. Rapid determination of the chloride diffusivity in concrete// Proceedings of the Second International Conference on Concrete under Severe Conditions, June 21-24. Tromso, Norway: CONSEC, 1998: 1963-1969.

MCGRATH P, 1996a. Development of test methods for predicting chloride penetration into high performance concrete. Toronto: University of Toronto.

MCGRATH P, HOOTON R D, 1996b. Influence of voltage on chloride diffusion coefficients from chloride migration tests. Cement and Concrete Research, 26: 1239-1244.

MCGRATH P, HOOTON R D, 1999. Re-evaluation of the AASHTO T259 90-day salt ponding test. Cement and Concrete Research, 29: 1239-1248.

NARSILI G A, LI R, PIVONKA P, et al., 2007. Comparative study of methods used to estimate ionic diffusion coefficients using migration tests. Cement and Concrete Research, 37: 1152-1163.

NILSSON L O, 2002. Concepts in chloride ingress modelling// Third RILEM workshop on testing and modelling the chloride ingress into concrete, September 9-10. Madrid, Spain, 29-48.

OTSUKI N, NAGATAKI S, NAKASHITA K, 1992. Evaluation of $AgNO_3$ solution spray method for measurement of chloride penetration into hardened cementitious matrix materials. ACI Materials Journal, 89 (6): 587-592.

PAGE C L, SHORT N R, EL-TARRAS A, 1981. Diffusion of chloride ions in hardened cement pastes. Cement and Concrete Research, 11: 395-406.

PARK B, JANG S Y, CHO J Y, et al., 2014. A novel short-term immersion test to determine the chloride ion diffusion coefficient of cementitious materials. Construction and Building Materials, 57:

169-178.

PFEIFER D, MCDONALD D, KRAUSS P, 1994. The rapid chloride test and its correlation to the 90-day chloride ponding test. PCI Journal, 1994: 38-47.

PILVAR A, RAMEZANIANPOUR A A, RAJAIE H, 2015. New method development for evaluation concrete chloride ion permenbility. Construction and Building Materials, 93: 790-797.

RIDING K A, POOLE J L, SCHINDLER A K, et al., 2008. Simplified concrete resistivity and rapid chloride permeability test method. ACI Materials Journal, 105 (4): 390-394.

SAMSON E, MARCHAND J, SNYDER K A, 2003. Calculation of ionic diffusion coefficients on the basis of migration test results. Materials and Structures, 36: 156-165.

SCANLON J M, SHERMAN M R, 1996. Fly ash concrete: an evaluation of chloride penetration test methods. Concrete International, 18: 57-62.

SHERMAN M R, MCDONALD D, PFEIFER D, 1996. Durability aspect of precast prestressed concrete part 2: chloride permeability study. PCI Journal, 1996: 76-95.

SHI C, 2004. Effect of mixing proportions of concrete on its electrical conductivity and the rapid chloride permeability test (ASTM C1202 or ASSHTO T277) results. Cement and Concrete Research, 34: 537-545.

SHI C, STEGEMANN J A, CALDWELL R, 1998. Effect of supplementary cementing materials on the rapid chloride permeability test (AASHTO T 277 and ASTM C1202) results. ACI Materials, 95: 389-394.

SHI M, CHEN Z, SUN J, 1999. Determination of chloride diffusivity in concrete by AC impedance spectroscopy. Cement and Concrete Research, 29: 1111-1115.

SNYDER K A, 2001. The relationship between the formation factor and the diffusion coefficient of porous materials saturated with concentrated electrolytes: theoretical and experimental considerations. Concrete Science and Engineering, 3: 216-224.

SPIESZ P, BROUWERS H J H, 2013. The apparent and effective chloride migration coefficients obtained in migration tests. Cement and Concrete Research, 48: 116-127.

STANISH K, HOOTONB R D, THOMAS M D A, 2001. Testing the chloride penetration resistance of concrete: A Literature Review, No. FHWA Contract DTFH61-97-R-00022, United States. Federal Highway Administration.

STANISH K, HOOTONB R D, THOMAS M D A, 2004. A novel method for describing chloride ion transport due to an electrical gradient in concrete: Part 1. Theoretical description. Cement and Concrete Research, 34: 43-49.

STREICHER P E, ALEXANDER M G, 1994. A critical evaluation of chloride diffusion test methods for concrete // 3rd CANMET/ACI International Conference on Durability of Concrete. Nice, France, 1994: 517-530.

STREICHER P E, ALEXANDER M G, 1995. A chloride conduction test for concrete. Cement and Concrete Research, 25: 1284-1294.

TANG L, NILSSON L O, 1992. Chloride diffusivity in high strength concrete. Nordic Concrete Research, 11: 162-170.

TANG L, NILSSON L O, 1996. Service life prediction for concrete structures under sea water by a numerical approach// Proceedings of the 7th International Conference on Durability of Building Materials and Components, May 19-23. Stochholm, Sweden, 1: 97-106.

TANG L, 1999. Concentration dependence of diffusion and migration of chloride ions Part 1. Theoretical considerations. Cement and Concrete Research, 29: 1463-1468.

TANG L, SØRENSEN H E, 2001. Precision of the Nodic test methods for measuring the chloride diffuisn/migration coefficients of concrete. Materials and Structures, 34: 479-485.

TETSUYA I, SHIGEYOSHI M, TSUYOSHI M, 2008. Chloride binding capacity of mortars made with various Portland cements and mineral admixtures. Journal of Advanced Concrete Technology, 6 (2): 287-301.

TRUC O, OLLIVIER J P, CARCASSÈS M, 2000. A new way for determining the chloride diffusion coefficient in concrete from steady state migration test. Cement and Concrete Research, 30: 217-226.

VLADIMIR P, 2000. Water extraction of chloride, hydroxide and other ions from hardened cement pastes. Cement and Concrete Research, 30: 895-906.

VOINITCHI D, JULIEN S, LORENTE S, 2008. The relation between electrokinetics and chloride transport through cement-based materials. Cement and Concrete Composites, 30: 157-166.

WHITING D, 1981. Rapid Determination of the Chloride Permeability of Concrete: FHWA/RD-81/119, Washington D. C.: FHWA, U. S. Department of Transportation.

YANG C C, CHO S W, 2003. An electrochemical method for accelerated chloride migration test of diffusion coefficient in cement-based materials. Materials Chemistry and Physics, 81: 116-125.

YUAN Q, 2009. Fundamental studies on test methods for the transport of chloride ions in cementitious materials. Belgium: Ghent University.

ZHANG T, GJORV O E, 1994. An electrochemical method for accelerated testing of chloride diffusion. Cement and Concrete Research, 24: 1534-1548.

ZHANG T, GJRØV O E, 1995. Effect of ionic interaction in migration testing of chloride diffusivity in concrete. Cement and Concrete Research, 25 (7): 1535-1542.

第6章

硝酸银显色法测试水泥基材料的氯离子渗透

6.1 引言
6.2 确定氯离子侵蚀深度
6.3 变色边界氯离子浓度
6.4 硝酸银显色法测量氯离子扩散和迁移系数
6.5 关于氯离子类型和变色边界无法显现的讨论
6.6 硝酸银显色法中氯离子扩散系数与渗透深度的关系
6.7 总结

6.1 引言

氯离子引起的钢筋锈蚀是导致海洋和除冰盐环境中钢筋混凝土结构劣化的主要原因。当钢筋表面的氯离子浓度达到临界值时,在混凝土高碱性的孔隙溶液环境下钢筋表面形成的钝化膜被局部破坏,从而引发钢筋的锈蚀。钢筋混凝土结构的氯离子侵蚀主要分为两个阶段:第一阶段指的是钢筋表面的氯离子达到临界侵蚀浓度所用的时间(初始阶段);第二阶段指的是从侵蚀开始直至混凝土结构被破坏的过程(传播阶段)。考虑到侵蚀传播阶段的快速发展,同时为了安全起见,一般将侵蚀初始阶段所需的时间,即钢筋表面的氯离子达到临界氯离子侵蚀浓度所用的时间,用于设计和预测钢筋混凝土结构的服役寿命。在特定氯盐环境下,可用氯离子渗透深度随暴露时间的变化来监测氯离子进入混凝土的过程并预测混凝土的服役寿命(Stanish,2003)。氯离子浓度分布,即氯离子含量与侵蚀深度的关系,能够准确表征氯离子的渗透。然而,因为需要对不同深度的样品进行研磨和化学分析,所以这种表征方法非常耗时。硝酸银显色法是一种简单且经济的可以测试氯离子渗透深度的方法,其原理是在混凝土断面上直接喷洒硝酸银溶液,通过颜色变化来表征氯离子渗透深度。该方法能够快速测量氯盐环境中混凝土的氯离子渗透深度。本章介绍和讨论了三种不同硝酸银显色法的原理及其适用性。

6.2 确定氯离子侵蚀深度

自 20 世纪 70 年代以来,为了测量水泥基材料中的氯离子渗透深度,先后发展了三种基于硝酸银溶液的硝酸银显色法,分别是 $AgNO_3$ + 荧光素溶液显色法、$AgNO_3$ + K_2CrO_4 溶液显色法及 $AgNO_3$ 溶液显色法。$AgNO_3$ + 荧光素溶液显色法及 $AgNO_3$ + K_2CrO_4 溶液显色法都来源于银量法,而银量法是分析水溶液中游离氯离子含量的方法，如表 6.1 所示。

表 6.1　$AgNO_3+K_2CrO_4$ 溶液显色法和 $AgNO_3$＋荧光素溶液显色法在银量法中的应用（李克安，2005）

项目	$AgNO_3+K_2CrO_4$ 溶液显色法	$AgNO_3$＋荧光素溶液显色法
指示剂	K_2CrO_4	荧光素
滴定溶液	$AgNO_3$ 溶液	$AgNO_3$ 溶液
溶液的 pH 值	6.5～10.5	7～8
滴定终点颜色变化	白色→砖红色	黄绿色→粉红色
参考文献	Mohr(1856)	Fajans(1924)

6.2.1　$AgNO_3$＋荧光素溶液显色法

自 20 世纪 70 年代以来，Collepardi 等（1972）提出了一种用来测量水泥基材料中氯离子迁移的硝酸银显色法，即 $AgNO_3$＋荧光素溶液显色法，其中 $AgNO_3$ 溶液的浓度为 0.1mol/L，荧光素溶液是一种有机弱酸性溶液，需要将 1g/L 的荧光素溶解在 70% 的无水乙醇溶液中。该方法是在氯离子渗透的断面上先喷洒荧光素溶液，然后再喷洒 $AgNO_3$ 溶液。喷洒 $AgNO_3$ 溶液后，断面上立即形成 AgCl（Ag^+ 与 Cl^- 反应）及 Ag_2O（Ag^+ 与 OH^- 反应）。荧光素（HFI）是弱酸，在溶液中会解离生成黄绿色的 FI^-。当 Cl^- 过量时，AgCl 吸附 Cl^- 后带负电荷，因而排斥溶液中的 FI^-，这种情况下溶液呈黄绿色。当喷洒过量的 $AgNO_3$ 溶液时，Ag^+ 过量，AgCl 吸附过量的 Ag^+ 后呈正电性，从而吸附溶液中的 FI^-，溶液变为粉红色。当使用该方法测量水泥基材料中的氯离子迁移时，会发生如表 6.2 所示的化学反应。这种方法被意大利制定为标准方法，即意大利标准 79-28 1978。通常当采用该方法测量混凝土中的氯离子渗透时，混凝土断面上会喷洒过量的 $AgNO_3$ 溶液。含氯离子区域因灰色混凝

表 6.2　$AgNO_3$＋荧光素溶液显色法测试中的化学反应

存在氯离子时的化学反应	不存在氯离子时的化学反应
$Ag^++Cl^-\longrightarrow AgCl\downarrow$（白色） $2Ag^++2OH^-\longrightarrow 2AgOH\longrightarrow Ag_2O\downarrow$（棕色）$+H_2O$ Cl^- 过量：$(AgCl)\cdot Cl^-+FI^-$（黄绿色） Ag^+ 过量：$AgCl\cdot Ag^++FI^-\xrightarrow{吸附} AgCl\cdot AgFI$（粉色）	$2Ag^++2OH^-\longrightarrow 2AgOH\longrightarrow$ $Ag_2O\downarrow$（棕色）$+H_2O$

土表面上生成了粉色的 AgCl·AgFI 而呈现暗粉色，而无氯离子区域因灰色混凝土表面上生成了棕色的 Ag_2O 而呈现暗棕色。

6.2.2 $AgNO_3$ + K_2CrO_4 溶液显色法

自 20 世纪 80 年代起，一些研究者使用 $AgNO_3$ + K_2CrO_4 溶液显色法来测量水泥基材料中的氯离子渗透深度（Maultzsch，1983；1984；Frederiksen，2000；Baroghel-Bouny et al.，2007a；2007b）。这种硝酸银显色法需在氯离子渗透的断面上先喷洒 pH 值为 3~5、浓度为 0.1mol/L 的 $AgNO_3$ 溶液，大约自然干燥 1h 后再喷洒质量分数为 5% 的 K_2CrO_4 溶液。

喷洒 K_2CrO_4 溶液后，由于形成了白色的 AgCl 和反应剩余的浅黄色 K_2CrO_4 溶液，含氯离子区域保持黄色。同时形成了少量砖红色的 Ag_2CrO_4 及宝石红色的 $Ag_2Cr_2O_7$，当 $AgNO_3$ 及 K_2CrO_4 溶液喷洒适量时，生成的 Ag_2CrO_4 及 $Ag_2Cr_2O_7$ 的量是比较少的，因而对含氯离子区域的颜色不会产生显著影响。因此，在绝大多数情况下，含氯离子区域将保持黄绿色。然而，由于生成了棕色 Ag_2O、砖红色 Ag_2CrO_4 或生成了棕色 Ag_2O 和宝石红色的 $Ag_2Cr_2O_7$，无氯离子区域呈现红棕色。在此过程中含氯离子区域和无氯离子区域发生的化学反应如图 6.1 及图 6.2 所示。

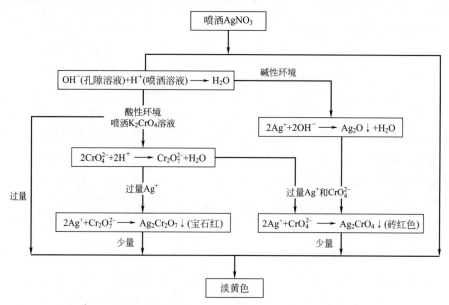

图 6.1 $AgNO_3$ + K_2CrO_4 溶液显色法在含氯离子区域发生的化学反应

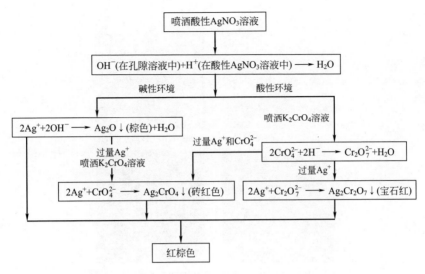

图 6.2 $AgNO_3 + K_2CrO_4$ 溶液显色法在无氯离子区域发生的化学反应

6.2.3 $AgNO_3$ 溶液显色法

$AgNO_3$ 溶液显色法仅需要在氯离子渗透的水泥基材料试件的断面上喷洒 0.1mol/L 的 $AgNO_3$ 溶液。喷洒 $AgNO_3$ 溶液后,在含氯离子区域生成了白色的 AgCl,在无氯离子区域生成了棕色的 Ag_2O 沉淀,故水泥基材料断面上会形成一条清晰的白色和棕色区域的分界线,因此可用白色区域的深度来表征氯离子的渗透深度。在 $AgNO_3$ 溶液显色法测量中发生的主要化学反应如表 6.3 所示。

表 6.3 $AgNO_3$ 溶液显色法测量中发生的化学反应

含氯离子区域的化学反应	无氯离子区域的化学反应
$Ag^+ + Cl^- \longrightarrow AgCl \downarrow$(白色)	$2Ag^+ + 2OH^- \longrightarrow 2AgOH \longrightarrow$
$2Ag^+ + 2OH^- \longrightarrow 2AgOH \longrightarrow Ag_2O \downarrow$(棕色)$+ H_2O$	$Ag_2O \downarrow$(棕色)$+ H_2O$

在 $AgNO_3$ 溶液显色法中,颜色变化边界处形成的 AgCl 和 Ag_2O 的量取决于混凝土孔隙溶液中 Cl^- 与 OH^- 的比值。Yuan 等(2008)研究了 AgCl、Ag_2O 及其混合物的颜色,如图 6.3 所示,发现纯 AgCl 是银色的,纯 Ag_2O 是深棕色的,若 AgCl 中存在少量的 Ag_2O,则混合物的颜色从银色逐渐变为棕色,从而产生颜色变化的边界。

图 6.3 AgCl、Ag_2O 及其混合物的颜色变化（见彩图）

Yuan et al.，2008

6.2.4 三种显色法的对比

对于如上所述的三种基于 $AgNO_3$ 溶液的显色方法，均是通过形成具有白色 AgCl 和棕色 Ag_2O 的产物来确定颜色变化的边界，其显示颜色取决于两种化合物的相对量。其中，$AgNO_3$＋荧光素溶液显色法和 $AgNO_3$＋K_2CrO_4 溶液显色法都需要较长的时间才能在边界处获得较为明显的颜色变化，而 $AgNO_3$ 溶液显色法比其他两种方法更简单且更容易操作。实际上，$AgNO_3$＋K_2CrO_4 溶液显色法的颜色变化边界比 $AgNO_3$ 溶液显色法更明显，但 Baroghel-Bouny 等（2007）认为在大多数情况下，$AgNO_3$ 溶液显色法已经满足了氯离子渗透深度的测量要求。因此，它是测量混凝土中氯离子渗透最实用的方法。

三种显色法典型的显色图片如图 6.4 所示（Yuan et al.，2008），从图中可以清楚看到含氯离子区域和无氯离子区域的颜色变化边界线，但是 $AgNO_3$＋荧光素溶液显色法得到的颜色边界线并不明显。在三种显色法中，$AgNO_3$＋荧光素溶液显色法和 $AgNO_3$ 溶液显色法得到的颜色变化深度基本一致，而 $AgNO_3$＋K_2CrO_4 溶液显色法得到的颜色边界线最为明显（Baroghel-Bouny et al.，2007），这是因为溶液被酸化了，从而避免了氢氧根离子的影响。三种显色法的对比如表 6.4 所示。

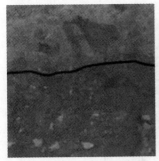 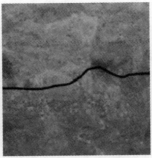 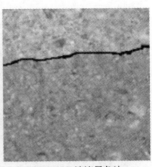

(a) AgNO₃+荧光素溶液显色法　　　(b) AgNO₃+K₂CrO₄溶液显色法　　　(c) AgNO₃溶液显色法

图 6.4　三种显色法典型的显色图片（见彩图）

(a) 和 (b) 来源于文献（Yuan et al.，2008），(c) 为作者拍摄

表 6.4　三种显色法中颜色边界线的比较

参数	AgNO₃+荧光素溶液显色法		AgNO₃+K₂CrO₄ 溶液显色法		AgNO₃ 溶液显色法
两种颜色	Ag⁺过量时呈粉红色和深棕色	Cl⁻过量时呈黄绿色和深棕色	K₂CrO₄过量时呈浅黄色和砖红色	AgNO₃过量时呈浅红色和砖红色	白色和棕色
变色边界颜色可见度	低	高	高	低	相对较高
变色边界颜色的影响因素	①喷洒两种溶液的间隔影响变色边界颜色的可见性，温度和环境湿度影响最佳喷洒间隔；②喷洒过多的 K₂CrO₄ 溶液能够冲走 Ag₂CrO₄ 沉淀，导致无氯离子区域呈暗黄色（黄色和轻微砖红色），影响边界处的可见度				①碱性低的混凝土边界颜色可见度差；②深灰色混凝土变色边界不明显

值得注意的是，上述三种显色法中的无氯离子区域并不是严格的没有氯离子。这些区域可能含有微量的氯离子，但不足以引起明显的化学反应，但由于 Ag_2O 的沉淀，故与氯离子浓度较高的区域相比，该区域会产生不同的颜色。因此，基于硝酸银溶液显色法得到的氯离子渗透深度 x_d 并不代表氯离子浓度为零的渗透前沿线，只是代表该前沿线的一条渐近线（Chen et al.，1996；Baroghel-Bouny et al.，2007a；2007b）。

6.2.5　氯离子渗透深度的测量

NT Build 492（1999）推荐使用游标卡尺和直尺来测量电迁移后水泥基材料的氯离子变色深度，每隔 10mm 读取一个变色深度值，然后取 7 个变色深度值的平均值作为该水泥基材料的氯离子变色深度，如图 6.5 所示。值得注意的是：①假如读取点变色边界线被粗骨料阻断，则在离该点最近处读取一个数

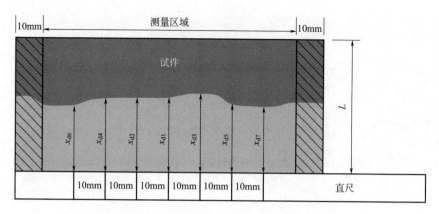

图 6.5 氯离子变色深度测试示意图
NT Build 492, 1999

值作为该处的变色深度值，或者忽略该点的读数，但是最少要保证 5 个以上的有效读数；②假如由于水泥基材料试件自身的缺陷导致某点的氯离子变色深度比平均值偏离很多，则略去该点读数；③为了消除因饱和度不均匀或泄漏产生的边缘效应的影响，离边缘 10mm 的范围内不允许读数。对于混凝土试件，可能由于骨料对变色边界线的阻断，实际上无法读取 5 个以上有效变色深度值。RILEM 178 标准草案要求至少有 4 个测量值。

在测量变色深度值时也应用了图像分析原理（Baroghel-Bouny et al.，2007a；2007b），平均深度值（x_d）可以依据下式计算：

$$x_d = \frac{S_{Cl^-}}{S} \times L \tag{6.1}$$

式中，S_{Cl^-} 为氯离子渗透区的面积；S 与 L 分别为试件的截面面积和厚度。

采用图像分析来测定氯离子变色深度值可以大大降低人为因素对测试结果的影响（Baroghel-Bouny et al.，2007），然而图像分析也存在以下四个缺点：①图像分析测量的是变色边界所有点到渗透面距离的平均值，因此图像分析不能消除由边缘效应和骨料的阻断造成的影响；②图像分析是通过软件来计算氯离子渗透区颜色的面积，而这取决于变色边界线两侧颜色的对比度，不同的软件也许会在计算上产生一定的误差；③因为图像分析受断面粗糙程度影响较大，故为了更好地采用图像分析来测量氯离子变色深度，水泥基材料断面必须干切（Baroghel-Bouny et al.，2007）；④图像分析可能会受混凝土颜色变化和混凝土表面沉淀反应产物的影响。

虽然尺规法不能避免 0.5mm 的视力误差，但根据误差评定（Tang，1996；何富强，2010）可知，0.5mm 的深度变化仅能引起非稳态迁移系数的微小变化，因此可以采用尺规法来测量氯离子的渗透深度。

6.3 变色边界氯离子浓度

尽管许多研究已经测量了变色边界处的氯离子浓度，但是得到的结果经常存在争议。表 6.5 总结了这些研究得到的结果。从表 6.5 中可以看出通过 $AgNO_3$＋荧光素溶液显色法、$AgNO_3$＋K_2CrO_4 溶液显色法和 $AgNO_3$ 溶液显色法得到的变色边界处的氯离子浓度分别是 0.01%（Collepardi et al.，1972）、0.1%～0.4%（Baroghel-Bouny et al.，2007a；2007b）和 0.28%～1.69% 或 0.071～0.714mol/L（Otsuki et al.，1992；Sirivivatnanon et al.，1998；Andrade et al.，1999；Meck et al.，2003；Mcpolin et al.，2005；Yuan，2009）。

6.3.1 显色反应的参数

何富强等（2010；2011）根据 Ag^+-Cl^--OH^--H_2O 系统计算了硝酸银显色法中变色边界处的氯离子浓度 $c_{\text{crit-Cl}^-}$，如式（6.2）所示：

$$c_{\text{crit-Cl}^-}=\begin{cases} 1.6c_{\text{OH}^-}, V_{\text{Ag}^+}/V_{\text{OH}^-+\text{Cl}^-}>2.57c_{\text{OH}^-}/c_{\text{Ag}^+} \\ 0.00695c_{\text{OH}^-}+0.608c_{\text{Ag}^+}V_{\text{Ag}^+}/V_{\text{OH}^-+\text{Cl}^-}, \\ V_{\text{Ag}^+}/V_{\text{OH}^-+\text{Cl}^-}<2.57c_{\text{OH}^-}/c_{\text{Ag}^+} \end{cases} \quad (6.2)$$

式中，c_{Ag^+} 和 c_{OH^-} 为 Ag^+ 和 OH^- 的物质的量浓度；V_{Ag^+} 为加入 NaOH＋NaCl 溶液中 $AgNO_3$ 溶液的体积；$V_{\text{OH}^-+\text{Cl}^-}$ 为 NaOH＋NaCl 溶液的体积。

计算得到的孔隙溶液中变色边界处的氯离子浓度 $c_{\text{crit-Cl}^-}$ 为 0.01～0.96mol/L 或占胶凝材料质量（c_{bd}）的 0.011%～2.27%，这与文献中的结果相符（表 6.5）。

从式(6.2)可以看出，混凝土的碱度、喷洒的 $AgNO_3$ 溶液的量和浓度以及混凝土孔隙溶液的体积均可以影响变色边界处的氯离子浓度。喷洒的 $AgNO_3$

表6.5 变色边界的氯离子浓度

编号	氯离子引入方法	指示剂	制样方法	自由氯离子测试方法	总氯离子测试方法	自由氯离子含量	总氯离子含量	参考文献
1	扩散和迁移	0.1mol/L AgNO$_3$溶液和0.1mol/L AgNO$_3$ + K$_2$CrO$_4$溶液	逐层粉磨	水萃取	酸提取方法	水泥质量的0.1%~0.4%	水泥质量的0.2%~1%	Baroghel-Bouny et al. (2007a, 2007b)
2	浸入NaCl溶液	0.1mol/L AgNO$_3$溶液	逐层拆开	水萃取	荧光X射线	水泥质量的0.15%	水泥质量的0.4%~0.5%	Otsuki et al. (1992)
3	水和NaCl混合	0.1mol/L AgNO$_3$溶液和荧光素	—	—	—	水泥质量的0.01%	—	Collepardi et al. (1972)
4	ASTM C1202	0.1mol/L AgNO$_3$溶液和荧光素	以2mm的步长钻孔	离子色谱技术	酸提取方法	胶材质量的0.84%~1.69%	水泥质量的1.13%~1.4%	Andrade et al. (1999)
5	浸入NaCl溶液	0.1mol/L AgNO$_3$溶液	以2mm的步长钻孔	离子色谱技术	—	胶材质量的0.28%~1.41%	—	Sirivivatnanon et al. (1998)
6	浸入NaCl溶液	0.1mol/L AgNO$_3$溶液	以2mm的步长钻孔	—	—	—	—	Meck et al. (2003)
7	干湿循环	0.05mol/L AgNO$_3$溶液	以2mm的步长钻孔	—	紫外分光光度计法	—	水泥质量的0.5%~1.5%	Mcpolin et al. (2005)
8	电迁移和自然扩散	0.1mol/L AgNO$_3$溶液	逐层粉磨	水萃取	酸提取方法	0.071~0.714mol/L	混凝土质量的0.019%	Yuan(2009)
9	电迁移	0.1mol/L 和 0.035mol/L AgNO$_3$溶液	逐层粉磨	水萃取	—	0.072~0.142mol/L	0.173%	He(2008)

溶液的体积越小，变色边界处的氯离子浓度越低。因此为了获得较低的变色边界处氯离子浓度，应在保证水泥基材料的表面被 $AgNO_3$ 溶液润湿的前提下尽可能少地喷洒 $AgNO_3$ 溶液。实验结果表明，当 $AgNO_3$ 溶液浓度为 $0.1mol/L$ 时，可以观察到最清晰的边界颜色变化，故推荐使用此溶液作为指示剂。因此，应确定适量的 $0.1mol/L\ AgNO_3$ 溶液的喷洒量。然而，当采用硝酸银溶液显色法时没有考虑到这一点。

如上所述，混凝土碱度、$AgNO_3$ 溶液的浓度以及喷洒量、混凝土中孔隙溶液的体积都会影响变色边界处的氯离子浓度，使得变色边界处的氯离子浓度在大范围内变化。有必要再次指出：使用适当浓度和适当喷洒量的 $AgNO_3$ 溶液可缩小变色边界处的氯离子浓度的范围，而变色边界处的氯离子浓度的范围越小，测量结果越准确。

6.3.2 制样方法

制样方法和样品厚度的不同会导致变色边界处氯离子浓度的不同。从操作性角度来看，由于钻孔是在试样的中心区域进行，不需要考虑边缘效应的影响，因此钻孔取样比切割或磨削的效果更好。当考虑试样的均匀性时，特别是颜色变化边界处的均匀性，切割或磨削比钻孔的效果更好，这是因为钻孔取样只是来自一个或多个位置，并不具有代表性，而切割或研磨是来自中心区域内的整个表面，更具代表性，这可以从图 6.6 中看出。如表 6.5 所示，通过切割或研磨测得的氯离子浓度范围要比通过钻孔取样测得的范围小，故采用切割或研磨取样方法更为合适。

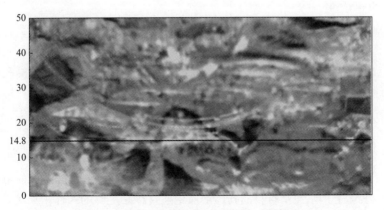

图 6.6 混凝土变色边界处示意图（见彩图）

何富强，2010

6.3.3　自由氯离子浓度测量方法

测量水泥基材料中自由氯离子浓度的方法通常有三种，分别是孔隙溶液压滤法、水萃取法及原位测量法。其中离子色谱和核磁共振技术都需要特殊且昂贵的实验设备。在这些方法中，通过孔隙溶液压滤法测得的自由氯离子浓度最接近真实自由氯离子浓度（Arya et al.，1990a；Barneyback et al.，1981；1986）。但该方法需要特殊的实验设备，且很难从低水胶比的混凝土中提取足够量的孔隙溶液，导致最终测得的实验结果偏大（He et al.，2016）。由于操作简单，故经常采用水萃取法来测量硬化混凝土中的氯离子含量（Arya et al.，1990a；1987；Glass et al.，1996；Haque et al.，1995）。何富强（2010）认为水萃取法也可以作为一种分析变色边界处氯离子浓度的有效方法，但因为提取参数的不同会导致结果产生较大差异，故需要严格控制实验参数。研究者们（Baroghel-Bouny et al.，2007a；2007b；Otsuki et al.，1992；Yuan，2009；He et al.，2008）采用了不同的水萃取参数来测量变色边界处的自由氯离子浓度，这也使得变色边界处的自由氯离子浓度的值域变大。

6.3.3.1　孔隙溶液压滤法

孔隙溶液压滤法广泛用于分析水泥基材料中孔隙溶液的离子浓度（Page et al.，1983；Yonezawa et al.，1988；Arya et al.，1990b；Page et al.，1991），而大部分研究主要关注其可行性（Barneyback Jr et al.，1981；Mohammed et al.，2003；Buckley et al.，2007），很少有研究关注其结果的可靠性，研究人员普遍认为通过孔隙溶液压滤法得到的结果非常接近于孔隙溶液中的真实离子浓度。

在通过孔隙溶液压滤法研究水泥基材料的孔隙溶液时，已有学者提出了"氯离子浓聚"和"氯离子浓聚系数"的概念（Someya et al.，1989；Nagataki et al.，1993；Ishida et al.，2008）。如第 3 章所述，水泥水化产物的孔隙结构和表面性质（如 Zeta 电位）会影响压滤液中氯离子浓度的大小。利用孔隙溶液压滤过程中水泥浆体中孔结构和氯离子分布的变化可以计算孔隙溶液中的氯离子浓度，如 3.5.4 所述。

根据 Larsen 等（Larsen，1998；Viallis-Terrisse et al.，2001）的实验结果可知，当孔隙溶液中的碱性阳离子浓度足够大时，水泥水化产物的表面电位总是大于 0。实际上，水泥基材料的孔隙溶液中通常存在足够的碱性阳离子，也就是说大多数情况下表面电位大于 0，这也解释了为什么在大多数文献中氯离子浓度指数大于 1（Someya et al.，1989；Nagataki et al.，1993；Sugiyama et al.，2003；

Ishida et al.，2008；Yuan，2009；何富强，2010）。此外，浸泡液浓度、浸泡时间、浸泡温度、压力等都会影响压滤法的测试结果（何富强 2010；李庆龄等，2013；He et al.，2016）。因此，孔隙溶液压滤法测得的结果总是存在变化。

6.3.3.2 水萃取法

当水泥基材料暴露在水中时，化学结合和物理吸附的氯离子可能会被释放，因此通过水萃取法测量的氯离子浓度可能会高于孔隙溶液的实际氯离子浓度（Chaussadent et al.，1999；Tang et al.，2001；Shi et al.，2017）。Chaussadent 等（1999）发现，将水泥基材料放入水中超过 3min，化学结合的氯离子就已部分溶解。因此，他们建议水萃取法的提取时间为 3min。其他研究人员（Suryavanshi et al.，1996；Birnin-Yauri et al.，1998）也指出，周围溶液的 pH 值降至 12 以下导致 Friedel 盐失去稳定性并在溶液中释放出氯离子。这些现象解释了为什么大多数研究人员通过水萃取法得到的氯离子浓度远大于通过孔隙溶液压滤法或平衡方法测定的自由氯离子浓度（Haque et al.，1995；He et al.，2016），特别是在自由氯离子浓度低的情况下，通过水萃取法得到的氯离子浓度可以高出 7 倍以上（Arya et al.，1987）。

水溶性氯离子的测量结果受很多因素的影响，如粉末细度、提取温度、搅拌时间、水固比等实验参数，氯离子引入方式、氯盐阳离子种类、胶凝材料类型及自由氯离子浓度等测量对象的特性，这些都会影响测量结果（Arya et al.，1987；Pavlik，2000；Muralidharan et al.，2005；何富强，2010）。为了理解并准确测量自由氯离子的浓度，何富强等（2018）计算了水萃取溶液中的氯离子浓度，结果发现，随着粉末细度的增加，萃取溶液中的氯离子浓度也逐渐增加，直到水固比从 0.4 变为 100（近似于当粉末细度大于 1μm 时），浓度达到固定值，同时萃取溶液中的氯离子浓度还随水固比的增加而增加。Pavlik 等（2000）也得出了类似的结论，即通过水萃取法得到的氯离子浓度随水固比的增加而增加，而水固比的增加是化学结合氯离子的解吸附作用所导致的。同时，当提取温度升高时，化学结合氯离子会发生解吸附。

基于以上讨论可以发现，通过孔隙溶液压滤法得到的氯离子包括游离氯离子和部分物理吸附的氯离子，而通过水萃取法得到的氯离子包括游离氯离子、物理吸附的氯离子（总的或大部分的）和部分化学结合的氯离子。根据实验参数的不同，通过孔隙溶液压滤法和水萃取法得到的氯离子浓度变化范围较大。因此，当使用这两种方法来测试变色边界处的氯离子浓度时，实验结果可能都不太可靠。

6.3.4 喷洒 $AgNO_3$ 溶液和变色边界氯离子浓度

6.3.4.1 喷洒方法和 $AgNO_3$ 溶液的用量

从式(6.2)可以看出喷洒少量的 $AgNO_3$ 溶液可以得到较低的变色边界处氯离子浓度,但 $AgNO_3$ 溶液的喷洒量不应该无限小,因为需要一定量的 $AgNO_3$ 溶液来完全润湿整个混凝土。当水泥基材料试样水平放置和垂直放置时,$AgNO_3$ 溶液的移动是不同的。当试样水平放置时,过量的 $AgNO_3$ 溶液将保留在截面中,而当试样垂直放置时,过量的 $AgNO_3$ 溶液在重力的作用下向下流动。因此,试样截面放置方法不同将导致水泥基材料截面吸收 $AgNO_3$ 溶液的量不同,也就导致参与化学反应的 $AgNO_3$ 溶液的量不同。

何富强(2010)发现当断面垂直放置时,在大多数情况下喷洒 1.5mL 0.1mol/L 的 $AgNO_3$ 溶液测得的变色深度要比喷洒 3mL 及 4.5mL 溶液测得的变色深度大,其特征图片见图 6.7。当断面水平放置时,分别喷洒 1.5mL、3mL 及 4.5mL 0.1mol/L $AgNO_3$ 溶液,测得的 3 个变色深度之间差异很小。因此,他建议当采用硝酸银显色法时,水泥基材料的断面应水平放置,且为了保证 $AgNO_3$ 溶液能将整个断面均匀润湿,应喷涂 $(0.3\pm0.06)L/m^2$ 的 0.1mol/L $AgNO_3$ 溶液。

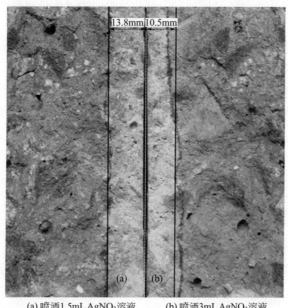

(a) 喷洒1.5mL $AgNO_3$溶液　　(b) 喷洒3mL $AgNO_3$溶液

图 6.7　50cm² 试样喷洒不同量 0.1mol/L $AgNO_3$ 溶液的显色特征照(见彩图)

6.3.4.2 变色边界氯离子浓度代表值

考虑到不同的混凝土表面吸收 $AgNO_3$ 的能力也不同,故即使喷洒恒定量的 $0.1mol/L$ $AgNO_3$ 溶液,测量得到的变色边界处的氯离子浓度也可能不同,而且很难控制喷洒相同量的 $AgNO_3$ 溶液。基于 6.3.4.1 提出的喷洒方法和喷洒 $AgNO_3$ 溶液的量,何富强(2010)测量了混凝土变色边界处的氯离子浓度,如表 6.6 所示。从表中可以看出,即使使用相同的喷洒量和喷洒方法,矿物掺合料类型和水胶比也会对变色边界处的氯离子浓度有影响。从图 6.8 可以看出,随着水胶比的增加,变色边界处的氯离子浓度逐渐降低且降低的幅度也逐渐减小。根据表 6.6 和图 6.8,在表 6.7 中列出了变色边界处的氯离子浓度的代表值,而这些代表值与 6.4.2 中的非稳态迁移系数仅存在 $<5\%$ 的误差。

表 6.6 变色边界处测量的所有氯离子浓度的统计结果(何富强,2010)

样品	范围/(mol/L)	平均 c_{pd}/(mol/L)	误差/%	数据数量
SF	0.075~0.204	0.132	27.4	24
SF+(W/B=0.35)	0.075~0.204	0.142	27.8	16
SF+(W/B=0.5 或 0.45)	0.08~0.141	0.111	23.1	8
FA	0.055~0.331	0.178	42.9	52
FA+(W/B=0.35)	0.072~0.331	0.227	28.0	28
FA+(W/B=0.5 或 0.45)	0.055~0.195	0.120	33.1	24
SL	0.061~0.345	0.184	42.1	52
SL+(W/B=0.35)	0.084~0.345	0.235	28.4	28
SL+(W/B=0.5 或 0.45)	0.061~0.192	0.124	25.7	24
OPC	0.085~0.265	0.183	35.2	14
OPC+(W/B=0.35)	0.150~0.265	0.226	16.9	8
OPC+(W/B=0.5 或 0.45)	0.085~0.181	0.125	32.9	6
所有配比	0.055~0.345	0.173	41.8	142
W/B=0.35	0.072~0.345	0.213	31.8	80
W/B=0.5 或 0.45	0.055~0.195	0.121	28.8	62

注:SF 是硅灰;FA 是粉煤灰;SL 是矿渣粉;OPC 是普通硅酸盐水泥。

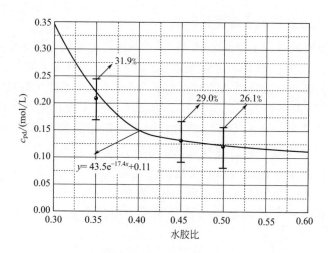

图 6.8　水胶比与变色边界处氯离子浓度的关系

何富强，2010

表 6.7　在饱和水泥基材料中测定变色边界处的氯离子浓度范围

类型	水胶比		
	0.5	0.45	0.35
不掺加硅灰时的氯离子浓度	0.1mol/L	0.15mol/L	0.2mol/L
掺加硅灰时的氯离子浓度	0.1mol/L		

6.4 硝酸银显色法测量氯离子扩散和迁移系数

6.4.1　非稳态氯离子扩散的测量

非稳态氯离子扩散系数可以通过菲克第二定律计算得到，其分析解如式（6.3）所示：

$$c(x,t)=c_s\left[1-\mathrm{erf}\left(\frac{x_d}{2\sqrt{D_{app}t}}\right)\right] \tag{6.3}$$

式中，$c(x,t)$ 为在特定扩散时间 t 下某一深度 x_d 处的氯离子浓度；c_s 为表面氯离子浓度；erf 为误差函数；x_d 为氯离子渗透深度；t 为扩散时间；D_{app} 为氯离子的表观扩散系数。

菲克第二定律是 NT Build 443 试验标准的理论基础。NT Build 443 标准通过最小二乘法进行非线性回归分析，将试验得到的氯离子浓度分布拟合到式 (6.3) 中，从而计算得 c_s 和 D_{app}。

6.4.1.1 氯离子渗透动力学测量

式 (6.3) 可以变化为：

$$x_d = 2\mathrm{erf}^{-1}\left(1 - \frac{c_d}{c_s}\right)\sqrt{D_{app} t} \tag{6.4}$$

式中，erf^{-1} 为逆误差函数；c_d 为深度 x_d 处的氯离子浓度。假设表面氯离子浓度 c_s、变色边界处的氯离子浓度 c_d 和氯离子扩散系数 D_{app} 在小范围内变化，则有：

$$2\mathrm{erf}^{-1}\left(1 - \frac{c_d}{c_s}\right)\sqrt{D_{app}} = B \tag{6.5}$$

式 (6.4) 可以变为：

$$x_d = B\sqrt{t} \tag{6.6}$$

式 (6.6) 可用于描述氯离子渗透动力学。Baroghel-Bouny 等（2007a；2007b）发现氯离子变色深度 x_d 与 $\sqrt{t}$ 存在良好的线性关系（图 6.9），也就是说对于特定的混凝土，式 (6.6) 中的渗透动力学系数 B 是一个常数。基于式 (6.6) 可以轻易算出 x_d。获得的动力学模型也可用于预测现有混凝土结构的剩余寿命。

6.4.1.2 表观氯离子扩散系数的测定

不考虑氯离子的结合作用，式 (6.3) 中的氯离子表观扩散系数 D_{app} 可根据总氯离子的浓度分布计算得到，其中表面自由氯离子浓度 c_s 和变色边界处的氯离子浓度 c_d 由式 (6.3) 拟合得出。

由于研磨样品剖面耗时费力，故基于硝酸银显色法提出了一种计算 c_d 和 x_d 的方法，如式 (6.7) 所示：

$$D_{app} = \left(\frac{x_d}{2\mathrm{erf}^{-1}\left(1 - \frac{c_d}{c_s}\right)\sqrt{t}}\right)^2 \tag{6.7}$$

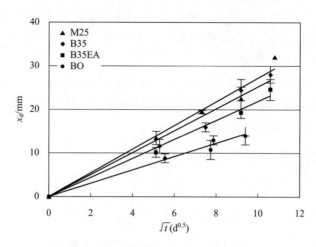

图 6.9 变色深度与扩散时间的关系
Baroghel-Bouny et al.，2007

Baroghel-Bouny 等（2007）将由剖面法（NT Build 443 标准）获得的表观扩散系数（D_N）与由式(6.7)获得的表观扩散系数（D_A）进行了比较，其中渗透深度由硝酸银显色法确定，且定义 $c_d/c_s=0.14$（Tang，1996b），结果并未观察到 D_A 与 D_N 之间存在一致性。Chiang 和 Yang（2007）将溶液中的氯离子浓度取为 $c_s=0.53\text{mol/L}$，对应地取 $c_d=0.07\text{mol/L}$（Tang，1996），然后发现 D_A 和 D_N 之间存在良好的线性关系，如图 6.10 所示。基于适当的 $AgNO_3$ 喷涂量和由此测得的较小的 c_d，何富强（2010）研究了 D_N 和 D_A 之

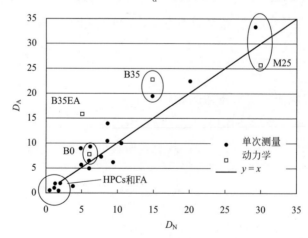

图 6.10 剖面法（D_N）与硝酸银显色法（D_A）测量的表观扩散系数的关系
Chiang et al.，2007

间的关系，如图 6.11 所示。从图中可以看出，当将浸泡液的氯离子浓度作为表面氯离子浓度 c_s 时，试件浸泡 90 天后的 D_A 和 D_N 只有部分值接近，而浸泡 300 天后的 D_A 和 D_N 基本达到一致；当将表层（2mm）的氯离子浓度作为表面氯离子浓度 c_s 时，不管是浸泡 90 天还是浸泡 300 天，D_A 和 D_N 都基本一致。也就是说，只要通过硝酸银显色法得出氯离子渗透深度，就可以快速计算出 D_A，而当测量出表层氯离子浓度时，也可以用剖面法快速、相对准确地估算出 D_N。因此，根据 c_s 的取值，硝酸银显色法可以快速、相对准确地测出氯离子的表观扩散系数。

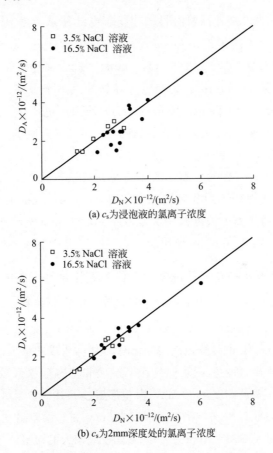

图 6.11　剖面法和硝酸银显色法得到的氯离子扩散系数的关系

6.4.2　测量非稳态电迁移系数

研究者们提出了许多试验方法来测量并计算在稳态和非稳态下混凝土的氯

离子迁移系数。对比这些试验方法，NT Build 492 标准是在非稳态条件下氯离子加速迁移试验的最佳方法。该试验方法采用 0.1mol/L 硝酸银溶液来测量非稳态迁移试验后的氯离子渗透深度，非稳态氯离子迁移系数可根据式(6.8)和式(6.9) 计算。

$$D_{\text{nssm}} = \frac{RT}{zFE} \times \frac{x_d - \alpha \sqrt{x_d}}{t} \quad (6.8)$$

$$\alpha = 2\sqrt{\frac{RT}{zFE}} \times \text{erf}^{-1}\left(1 - 2\frac{c_d}{c_s}\right) \quad (6.9)$$

式中，D_{nssm} 为电加速试验测得的非稳态电迁移系数，m^2/s；z 为离子价数的绝对值，对于氯离子，$z=1$；F 为法拉第常数，$F=9.648\times10^4 J/(V\cdot mol)$；$R$ 为气体常数，$R=8.314 J/(K\cdot mol)$；x_d 为通过硝酸银显色法测得的氯离子平均渗透深度，mm；c_d 为变色边界处的氯离子浓度，mol/L［普通水泥混凝土为 0.07mol/L(Tang, 1996)］；E 为外加的电压，V；T 为试验前后阳极溶液的平均温度，K；t 为试验的时间，s；erf^{-1} 为逆误差函数。

基于 Otsuki 等（1992）的试验结果（Otsuki N et al., 1992, Tang et al., 1992），Tang(1996) 提出的非稳态迁移试验或 NT Build 492 都假设普通硅酸盐水泥试件变色边界处的氯离子浓度为 0.07mol/L。但根据上述可知，变色边界处的氯离子浓度范围为 0.071～0.714mol/L，这与 Tang(1996) 假设的浓度以及 NT Build 492 使用的 0.07mol/L 相差很大。

6.4.2.1 变色边界处的氯离子浓度对非稳态迁移系数误差的影响

何富强等（2012）采用了 Tang(1996) 提出的变异系数公式来评估由 c_d 造成非稳态电迁移系数的系统误差，如式(6.10) 所示。当变色边界处的氯离子浓度在 0.03～1.02mol/L 的计算范围内变化时，由 c_d 造成的系统误差如图 6.12 所示。从图中可以看出，变色深度 x_d 越小，造成非稳态迁移系数 D_{nssm} 的误差越大，但即使氯离子变色深度达 30mm，误差都超过了 10%，当氯离子变色深度小于 10mm 时，误差超过 20%，当变色深度为 5mm 时，误差超过了 30%。对于高性能混凝土来说，x_d 为 5～10mm，因此可能造成较大的误差。

$$\text{COV}(\Delta\alpha) = \frac{\Delta D_{\text{nssm}}(\Delta\alpha)}{D_{\text{nssm}}} \times 100\% = \left|\frac{\alpha}{\alpha - \sqrt{x_d}}\right| \times \left|\frac{\Delta\alpha}{\alpha}\right| \quad (6.10)$$

6.4.2.2 $AgNO_3$ 喷洒量对非稳态迁移系数误差的影响

何富强等（2012）还计算了基于硝酸银显色法得出的 c_d 造成非稳态迁移

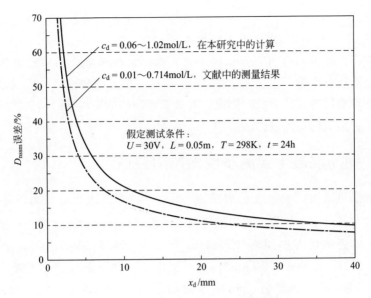

图 6.12 氯离子浓度引起的系统误差

何富强等，2012

系数 D_{nssm} 的系统误差，结果如图 6.13 所示。从图中可以看出，当取 $c_d = 0.07\text{mol/L}$ 计算非稳态迁移系数 D_{nssm} 时，即使 c_d 的变化范围相对较小，但当

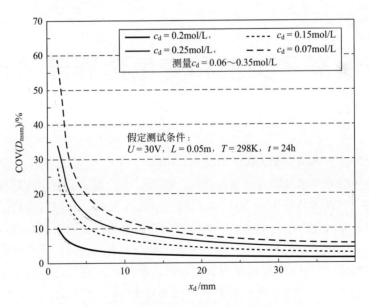

图 6.13 $AgNO_3$ 喷洒量对非稳态迁移系数误差的影响

何富强等，2012

$x_d=5mm$ 时误差仍为 15%，而对于高性能混凝土，误差可能会更大。当取 $c_d=0.2mol/L$ 计算非稳态迁移系数时，即使 $x_d<5mm$，误差也可控制在 10% 以下。由此可见，当 $c_d=0.07mol/L$ 时，可能不适合用硝酸银显色法来计算非稳态迁移系数，但当 $c_d=0.2mol/L$ 时，采用硝酸银显色法可以合理地测量和计算非稳态迁移系数。因此，有必要控制硝酸银溶液的喷洒量，以减小非稳态迁移系数的系统误差。

6.4.3 钢筋混凝土氯离子侵蚀风险评估

基于钢筋锈蚀的氯离子临界浓度（c_{crit}）和变色边界处氯离子浓度的比较，对钢筋混凝土中的氯离子侵蚀进行了风险评估。目前已报道的有侵蚀风险的氯离子临界浓度各不相同（Thomas et al., 2004; Alonso et al., 2000）。建筑研究机构（Everett 和 Treadaway）提出了一种根据酸溶性氯离子（或总氯离子）的质量分数来评估锈蚀风险的分类方法：小于 0.4% 为低风险，0.4%~1% 为中等风险，而大于 1% 则为高风险。基于 c_d 的测量范围和 c_d 通常小于 c_{crit} 的事实，Meck 等（Baroghel-Bouny et al., 2007; Meck et al., 2003）建议使用硝酸银显色法来评估钢筋混凝土的氯离子侵蚀风险。

6.5
关于氯离子类型和变色边界无法显现的讨论

如上所述，当喷洒 $AgNO_3$ 溶液时，OH^- 和 Cl^- 都可以与 Ag^+ 反应。当孔隙溶液中的 Cl^- 浓度因反应而降低时，扩散层中的氯离子被释放并与过量的 Ag^+ 反应。当孔隙溶液中的 OH^- 浓度因反应而降低时，孔隙溶液的 pH 逐渐降低，因此导致化学结合的氯离子被释放到孔隙溶液中并与过量的 Ag^+ 反应。因此，游离氯离子、物理和化学结合氯离子都会影响变色边界处的氯离子浓度 c_d。也就是说，当 $AgNO_3$ 溶液用量增加时，测得的 c_d 更容易受物理吸附和化学结合的氯离子的影响，从而导致孔隙溶液中的 c_d 发生变化。因此为了获得小范围的变色边界处的氯离子浓度 c_d，控制 $AgNO_3$ 的喷洒量非常重要。

受 $AgNO_3$ 溶液喷洒量和混凝土碱度的影响，通过硝酸银显色法测得的变色边界处的氯离子浓度可在很大的范围内变化。当水泥基材料碱度较高、表面氯离子浓度较低时，变色边界无法显现，在这种情况下，可使用较低浓度（0.035mol/L）的 $AgNO_3$ 溶液使其显现（何富强，2010）。此外，由于碳化的混凝土孔隙溶液碱度较低，故喷洒 $AgNO_3$ 溶液后，在氯离子浓度较低的区域生成了少量棕色的 Ag_2O，使得变色边界无法显现。因此，当 $AgNO_3$ 溶液的浓度和喷洒量较高、氯离子渗透量较小或混凝土截面颜色较深时，变色边界可能无法显现。故对于碱度较低的混凝土和氯离子渗透量较低的高性能混凝土来说，不宜使用硝酸银显色法。

6.6 硝酸银显色法中氯离子扩散系数与渗透深度的关系

实际上硝酸银显色法只用于测量渗透深度和该渗透深度处的氯离子浓度，由此提出了一个问题：根据渗透深度和相对应的氯离子浓度得到的氯离子扩散系数与通过 NT Build 443 中的剖面法得到的扩散系数是否一致？Tang 等（1996）指出非稳态迁移系数 D_{nssm} 依赖于渗透深度，即随着氯离子渗透深度的增加，D_{nssm} 也逐渐增加。何富强（2010）研究了氯离子扩散系数与渗透深度之间的关系，结果表明，根据表面氯离子浓度的不同，氯离子扩散系数明显依赖于氯离子渗透深度，而且混凝土表面附近的氯离子扩散系数与混凝土内部的扩散系数截然不同。因此，当使用硝酸银显色法测量氯离子迁移系数时，氯离子迁移系数和渗透深度之间的依赖关系是值得考虑和进一步研究的问题。鉴于 c_d、c_s、渗透深度对氯离子扩散系数的显著影响，在使用硝酸银显色法时，考虑其综合效应更为合理。

6.7 总结

本章介绍了三种基于硝酸银溶液的显色法及其应用，讨论了影响变色的因素和变色边界处的氯离子浓度，总结如下：

① 硝酸银显色法快速简便且易于操作，已广泛用于在现场和实验室中测量水泥基材料的氯离子渗透深度。相比于 $AgNO_3+K_2CrO_4$ 溶液显色法和 $AgNO_3$＋荧光素溶液显色法，$AgNO_3$ 溶液显色法更快、更简单且更易操作，但这三种方法测量的结果基本一致。

② 硝酸银显色法的变色边界并不是无氯离子区域和氯离子渗透区域之间的真实边界。由于混凝土孔隙溶液中的 OH^- 离子，变色边界处具有一定的氯离子浓度。通过尺规法或分析样品的数字化图像可测得样品的氯离子渗透深度，但尺规法是测量渗透深度的最佳方法。

③ 分析结果表明，通过 $AgNO_3$＋荧光素溶液显色法、$AgNO_3+K_2CrO_4$ 溶液显色法和 $AgNO_3$ 溶液显色法测得的变色边界处的氯离子质量分数分别是 0.01%、$0.1\%\sim0.4\%$、$0.28\%\sim1.69\%$ 或 $0.072\sim0.714\mathrm{mol/L}$。测试结果受多种因素影响，如混凝土碱度、$AgNO_3$ 溶液的喷洒量及浓度、混凝土孔隙溶液的体积、采样方法和测量混凝土中游离氯离子的方法等，在所有影响因素中，最主要的影响因素是 $AgNO_3$ 溶液的喷洒量及其浓度。

④ 当 $AgNO_3$ 溶液浓度一定时，喷洒量越小，测得的 c_d 越低。当采用 $0.1\mathrm{mol/L}$ $AgNO_3$ 溶液时，变色边界处的颜色最清晰。为了获得较低的 c_d，应确定 $0.1\mathrm{mol/L}$ $AgNO_3$ 溶液的最佳喷洒量。基于小范围的 c_d，该方法可用于评估在氯离子环境中钢筋混凝土结构中的氯离子渗透。

⑤ 若不控制 $AgNO_3$ 溶液的喷洒量，当 x_d 约为 5mm 时，由 c_d 导致的氯离子扩散系数 D_{nssm} 的系统误差可达 30%，对于高性能混凝土误差会更大。当控制 $AgNO_3$ 溶液的喷洒量时，取 $c_d=0.2\mathrm{mol/L}$ 计算氯离子扩散系数，即使 x_d 小于 5mm，由 c_d 引起的 D_{nssm} 的误差也小于 10%。若通过硝酸银显色法计算 D_{nssm}，则不宜取 $c_d=0.07\mathrm{mol/L}$。采用何富强提出的 $AgNO_3$ 溶液喷洒方法和 $c_d=0.2\mathrm{mol/L}$ 可以更合理地测量并计算氯离子扩散系数 D_{nssm}。

⑥ 根据 c_s 的不同取值，通过硝酸银显色法可以快速、准确地测出氯离子的表观扩散系数。也就是说只要通过硝酸银显色法测得氯离子变色深度，就可以快速计算出 D_A，还可以快速、相对准确地估算出 D_N。

⑦ 当 $AgNO_3$ 溶液的浓度和喷洒量较高且渗透氯离子的量较低时，可能观察不到变色边界。也就是说，当混凝土发生碳化且渗透氯离子的量较低时，可能看不见其变色边界。因此该方法不适用于低碱度的混凝土和氯离子渗透性很低的高性能混凝土，例如硅灰混凝土。

⑧ 由于氯离子迁移系数依赖于渗透深度，故当使用硝酸银显色法测量氯

离子迁移系数时，氯离子迁移系数与渗透深度之间的依赖关系是值得考虑和进一步研究的问题。与其单独考虑 c_s 的显著影响，倒不如考虑 c_d、c_s 以及渗透深度的组合效应，这样可能更合理。

参 考 文 献

何富强，2010. 硝酸银显色法测量水泥基材料中氯离子迁移. 长沙：中南大学．

李克安，2005. 分析化学教程. 北京：北京大学出版社．

ALONSO C, ANDRADE C. CASTELLOTE M, CASTRO P, 2000. Chloride threshold values to depassivate reinforcing bars embedded in a standardized OPC mortar. Cement and Concrete Research, 30: 1047-1055.

ANDRADE C, CASTELLOTE M, 1999. Relation between colourimetric chloride penetration depth and charge passed in migration tests of the type of standard ASTM C1202-91. Cement and Concrete Research, 29 (3): 417-421.

ARYA C, BUENFELD N R, NEWMAN J B, 1987. Assessment of simple methods of determining the free chloride ion content of cement paste. Cement and Concrete Research, 17 (6): 907-918.

ARYA C, BUENFELD N R, NEWMAN J B, 1990a. Factors influencing chloride-binding in concrete. Cement and Concrete Research, 20 (2): 291-300.

ARYA C, NEWMAN J B, 1990b. An assessment of four methods of determining the free chloride content of concrete. Materials and Structures, 23 (5): 319-330.

BARNEYBACK JR RS, DIAMONDS, 1981. Expression and analysis of pore fluids from hardened cement pastes and mortars. Cement and Concrete Research, 11 (2): 279-285.

BARNEYBACK R S, DIAMOND S, 1986. Expression and analysis of pore fluids from hardened cement pastes and mortars. Cement and Concrete, 16 (5): 760-770.

BAROGHEL-BOUNY V, BELIN P, MAULTZSCH M, et al., 2007a. AgNO$_3$ spray tests: Advantages, weaknesses, and various applications to quantify chloride ingress into concrete. Part 1: Non-steady-state diffusion tests and exposure to natural conditions. Materials and Structures, 40 (8): 759.

BAROGHEL-BOUNY V, BELIN P, MAULTZSCH M, et al., 2007b. AgNO$_3$ spray tests: Advantages, weaknesses, and various applications to quantify chloride ingress into concrete. Part 2: Non-steady-state migration tests and chloride diffusion coefficients. Materials and Structures, 40 (8): 783.

BIRNIN-YAURI U, GLASSER F, 1998. Friedel's salt, $Ca_2Al(OH)_6(Cl,OH) \cdot 2H_2O$: its solid solutions and their role in chloride binding. Cement and Concrete Research, 28 (12): 1713-1723.

BUCKLEY L J, CARTER M A, WILSON MA, et al., 2007. Methods of obtaining pore solution from cement pastes and mortars for chloride analysis. Cement and Concrete Research, 37 (11): 1544-1550.

BUILD N, 1995. 443 Nordtest Method, Accelerated chloride penetration into hardened concrete, Espoo, Finland, Proj: 1154-1194.

CHAUSSADENT T, ARLIGUIE G, 1999. AFREM test procedures concerning chlorides in concrete: Extraction and titration methods. Materials and Structures, 32 (3): 230-234.

CHEN G X, LI W W, WANG P M, 1996. Penetration depth and concentration distraction of chloride ions into cement mortar. Journal of Tongji University, 24 (3): 19-24.

CHIANG C, YANG C, 2007. Relation between the diffusion characteristic of concrete from salt ponding test and accelerated chloride migration test. Materials Chemistry and Physics, 106 (2/3): 240-246.

COLLEPARDI M, MARCIALIS A, TURRIZIANI, 1972. Penetration of chloride ions into cement pastes and concretes. Journal of the American Ceramic Society, 55 (10): 534-535.

FREDERIKSEN J, 2000. Testing chloride in structures—An essential part of investigating the performance of reinforced concrete structures: Proceedings of COST 521 Workshop. Belfast, UK.

GLASS G K, WANG Y, BUENFELD N R, 1996. An investigation of experimental methods used to determine free and total chloride contents. Cement alId Concrete Research, 26 (9): 1443-1449.

HAQUE MN, KAYYALI OA, 1995. Free and water soluble chloride in concrete. Cement and Concrete Research, 25 (3): 531-542.

HE F, et al, 2008. Factors influencing chloride concentration at the color change boundary using $AgNo_3$ coloriimetric method. Journal of the Chinese Ceramic Society, 36 (7): 890-895.

HE F Q, SHI C J, CHEN C P, et al., 2012. Error analysis for measurement of non-steady state chloride migration coefficient in concrete using $AgNO_3$ colorimetric method. Journal of the Chinese Ceramic Society, 40 (1): 20-26.

HE F Q, SHI C J, HU X, 2016. Calculation of chloride ion concentration in expressed pore solution of cement-based materials exposed to a chloride salt solution. Cement and Concrete Research, 89: 168-176.

HE F Q, SHI C J, YUAN Q, et al., 2011. Calculation of chloride concentration at color change boundary of $AgNO_3$ colorimetric measurement. Cement and Concrete Research, 41 (11): 1095-1103.

HE F Q, WANG R P, SHI C J, et al., 2018. Effect of bound chloride on extraction of water soluble chloride in cement-based materials exposed to a chloride salt solution. Construction and Building Materials, 160: 223-232.

ISHIDA T, MIYAHARA S, MARUYA T, 2008. Chloride binding capacity of mortars made with various Portland cements and mineral admixtures. Journal of Advanced Concrete Technology, 6 (2): 287-301.

Italian Standard 79-28, 1978. Determination of the Chloride, Rome.

LARSEN C, 1998. Chloride binding in concrete, Effect of surrounding environment and concrete composition. Trondheim: Norwegian University of Science and Technology.

LI Q, et al., 2013. Factors influencing free chloride ion condensation in cement-based materials. Journal of the Chinese Ceramic Society 41 (3): 320-327.

MAULTZSCH M, 1983. Concrete related effects on chloride diffusion. Contribution to Int Coll Chloride Corrosion, 13: 387-389.

MAULTZSCH M, 1984. Effects on cement pastes and concrete of chloride solution impact. Material und Technik, (3): 83-90.

MCPOLIN D, BASHEER P A M, LONG A E, 2005. Obtaining progressive chloride profiles in cementitious materials. Construction and Building Materials, 19 (9): 666-673.

MECK E, SIRIVIVATNANON V, 2003. Field indicator of chloride penetration depth. Cement and Concrete Research, 33 (8): 1113-1117.

MOHAMMED T, HAMADA H, 2003. Relationship between free chloride and total chloride contents in concrete. Cement and Concrete Research, 33 (9): 1487-1490.

MURALIDHARAN S, VEDALAKSHMI R, SARASWATHI V, et al. , 2005. Studies on the aspects of chloride ion determination in different types of concrete under macro-cell corrosion conditions. Building and Environment, 40 (9): 1275-1281.

NAGATAKI S, OTSUKI N, WEE T, et al. , 1993. Condensation of chloride ion in hardened cement matrix materials and on embedded steel bars. Aci Materials Journal, 90 (4): 323-332.

NT BUILD 492, 1999. Concrete, mortar and cement-based repair materials: Chloride migration coefficient from non-steady-state migration experiments. Nordtest Method, 492.

OTSUKI N, NAGATAKI S, NAKASHITA K, 1992. Evaluation of $AgNO_3$ solution spray method for measurement of chloride penetration into hardened cementitious matrix materials. Aci Materials Journal, 89 (6): 587-592.

PAGE CL, LAMBERT P, VASSIE P R W, 1991. Investigations of reinforcement corrosion. 1. The pore electrolyte phase in chloride-contaminated concrete. Materials and Structures, 24 (4): 243-252.

PAGE C, VENNESLAND Ø, 1983. Pore solution composition and chloride binding capacity of silica-fume cement pastes. Matériaux et Construction, 16 (1): 19-25.

PAVLÍK V, 2000. Water extraction of chloride, hydroxide and other ions from hardened cement pastes. Cement and Concrete Research, 30 (6): 895-906.

SHI Z, GEIKER M R, LOTHENBACH B, et al. , 2017. Friedel's salt profiles from thermogravimetric analysis and thermodynamic modelling of Portland cement-based mortars exposed to sodium chloride solution. Cement and Concrete Composites, 78: 73-83.

SIRIVIVATNANON V, KHATRI R, 1998. Chloride penetration resistance of concrete: Concrete Institute of Australia Conference. Brisbane, Australia.

SOMEYA K, et al. , 1989. Characteristics of binding of chloride ions in hardened cement pastes. Proceedings of the Japan Concrete Institute, 11 (1): 603-608.

STANDARD I, 1978. 79-28. Determination of the chloride, Rome.

STANISH K D, 2003. The migration of chloride ions in concrete. Toronto: University of Toronto.

SUGIYAMA T, RITTHICHAUY W, TSUJI Y, 2003. Simultaneous transport of chloride and calcium ions in hydrated cement systems. Journal of Advanced Concrete Technology, 1 (2): 127-138.

SURYAVANSHI A, SWAMY R N, 1996. Stability of Friedel's salt in carbonated concrete structural elements. Cement and Concrete Research, 26 (5): 729-741.

TANG L, 1996a. Chloride transport in concrete-measurement and prediction. Gothenburg: Chalmers University of Technology.

TANG L, 1996b. Electrically accelerated methods for determining chloride diffusivity in concrete—current development. Magazine of Concrete Research, 48 (176): 173-179.

TANG L, NILSSON L, 2001. Discussion of the paper 'AFREM test procedures concerning chlorides in concrete: Extraction and titration methods', by T. Chaussadent and G. Arliguie. Materials and Structures, 34 (2): 128.

THOMAS M D A, MATTHEWS J D, 2004. Performance of PFA concrete in a marine environment -10-year results. Cem Con Composites, 26 (1): 5-20.

VIALLIS-TERRISSE H, NONAT A, PETIT J C, 2001. Zeta-potential study of calcium silicate hydrates interacting with alkaline cations. Journal of Colloid and Interface Science, 244 (1): 58-65.

YONEZAWA T, ASHWORTH V, PROCTER P M, 1988. Pore solution composition and chloride effects on the corrosion of steel in concrete. Corrosion, 44 (7): 489-499.

YUAN Q, 2009. Fundamental studies on test methods for the transport of chloride ions in cementitious materials. Gent: University of Gent.

YUAN Q, SHI C J, HE F Q, et al., 2008. Effect of hydroxyl ions on chloride penetration depth measurement using the colorimetric method. Cement and Concrete Research, 38 (10): 1177-1180.

第7章

水泥基材料中氯离子传输的影响因素

7.1 引言
7.2 离子间相互作用对氯离子迁移的影响
7.3 微观结构对氯离子迁移的影响
7.4 氯离子结合对氯离子迁移的影响
7.5 裂缝对氯离子迁移的影响
7.6 总结

7.1 引言

在水泥基材料中,氯离子的迁移既会受到内部环境,如孔隙结构、孔隙溶液的组成和饱和度的影响,也会受到外部环境,如电场和压力梯度的影响。在内外环境的共同作用下,氯离子迁移主要由以下五个因素控制:①扩散,此时离子梯度取决于单个离子的对流;②对流,即溶解离子的对流,是由压力梯度引起的毛细管吸附或孔隙溶液迁移的结果;③离子结合及孔壁吸附作用;④外加电场引起的离子迁移及钢筋锈蚀;⑤孔隙溶液中其他离子的运动引起的氯离子运动。

如果考虑所有的这些因素,那么评价氯离子在水泥基材料中的迁移会非常复杂。在大多数情况下,研究饱和混凝土中的氯离子迁移会忽略对流的影响。而离子种类、离子浓度、孔结构、界面过渡区和氯离子结合是分析时需要考虑的因素。与此同时,开裂也是影响氯离子迁移的重要因素,而在机械荷载、干燥及其他物理和化学作用下,混凝土开裂是不可避免的。此外,根据现行标准,钢筋混凝土结构中可以存在一定宽度范围内的裂缝。但是混凝土中存在裂缝会加剧氯离子的侵入并加速钢筋混凝土结构的劣化。因此,本章将讨论离子间相互作用、孔结构、界面过渡区、氯离子结合以及裂缝对水泥基材料中氯离子迁移的影响。

7.2 离子间相互作用对氯离子迁移的影响

当只考虑氯离子迁移时,可以用基于质量守恒的菲克定律来描述饱和混凝土中的氯离子扩散。但是,通过这种方法得到的结果是一种理想化的结果。实际上,即使溶液中的离子浓度很低,也存在离子间的相互作用,而该作用会导致化学势能降低,进而导致离子的扩散能力降低(Zhang et al.,1995)。

混凝土的孔隙溶液中存在各种各样的离子,如 OH^-、SO_4^{2-}、Na^+、K^+、Ca^{2+} 等,将孔隙溶液中主要离子 OH^-、Na^+ 和 K^+ 按照离子浓度从高到低排列,顺序为 OH^-、K^+ 和 Na^+。根据 Debye-Hückel 理论,由于电解质的结构特性和性能,水溶液中始终存在离子间的相互作用(Debye et al.,1921;Atkins 1994)。离子浓度越高,离子间的相互作用越强。当离子浓度超过某一特定值时,离子间强烈的相互作用会显著影响离子的化学势能。因此,当混凝土暴露在高氯离子浓度的溶液中时,离子间的相互作用会降低氯离子在混凝土中的扩散速率。

7.2.1 多离子迁移模型

Tang 和 Nilsson(1992)认为氯离子扩散符合能斯特-普朗克方程。这个模型假定了一个不受其他离子影响的恒定电场并忽略了化学活性对氯离子迁移的影响。因此,也称该模型为单粒子模型(Spiesz et al.,2012)。

由于存在多种离子,因而迁移实验中的离子体系变得复杂。而将传统模型应用于所有离子,将会造成非电中性体系(Samson et al.,2003)。因此,传统模型只适用于一些特定的情况。相反,在考虑质量守恒和电荷守恒的情况下,泊松-能斯特-普朗克模型(PNP)适用于多离子迁移。Samson 等(2003)对 PNP 模型的描述如下:

$$j_i^\pm = -D_i^\pm \left[\frac{\partial c_i^\pm}{\partial x} \pm z_i^\pm \frac{F}{RT} \times c_i^\pm \frac{\partial \varphi}{\partial x} + c_i^\pm \frac{\partial (\ln \gamma_i)}{\partial x} \right] \tag{7.1}$$

$$\frac{\partial c_i^\pm}{\partial t} = \frac{\partial j_i^\pm}{\partial x} \tag{7.2}$$

$$\varepsilon \frac{d^2 \varphi}{dx^2} + F \left[\sum_{i=1}^{n} (|z_i^+| c_i^+ - |z_i^-| c_i^-) + \rho \right] = 0 \tag{7.3}$$

式中,c_i^+ 和 c_i^- 分别为阳离子浓度和阴离子浓度;$D_i^\pm$ 为离子扩散系数;ε 为介电常数;ρ 为固定电荷密度;φ 为电场电势。当施加外部电场时,通常会忽略 $\partial \ln \gamma / \partial \ln c$ 和 $\partial \varphi / \partial \ln x$,式(7.1)可以简化为:

$$j_i^\pm = -D_i^\pm \left(\frac{\partial c_i^\pm}{\partial x} \pm z_i^\pm \frac{F}{RT} \times c_i^\pm \frac{\partial \varphi}{\partial x} \right) \tag{7.4}$$

电场电势 φ 是外部电场电势和离子间内部电势的叠加。当施加的外部电场电势足够大时,可以忽略离子之间的内部电势。因为离子的迁移速率与离子浓度无关,故通常也用其他方程式如电荷守恒方程来解决多离子迁移问题(Lorente et al.,2003)。若要计算迁移速率,只需用线性微分方程就可以轻易解决。但是，假设电荷守恒即认为不同类型的离子的迁移是相互独立的，但实际上这是不正确的（Johannesson et al.，2007）。因此，相比于电荷守恒方程，泊松方程更为适用（Johannesson et al.，2007；Xia et al.，2013；Liu et al.，2012），因为泊松方程不仅考虑了非线性离子迁移，还考虑了离子间的相互作用。因此，单个离子的迁移速率与时间和位置都无关。

当不考虑离子电荷守恒，即 $\partial^2 \varphi = 0$，仅由外部电场确定式（7.1）中的电场电势 φ 时，此时可以根据式（7.5）来计算每种离子的浓度。否则，必须根据泊松方程式来确定电场电势（Xia et al.，2013）。

$$\partial^2 \varphi = -\frac{F}{\varepsilon_0 \varepsilon_r} \sum_{i=1}^{n} z_i c_i \quad (7.5)$$

式中，ε_0 为真空介电常数；ε_r 为特定温度下的相对介电常数；n 为溶液中所有物质的总和。根据电荷守恒，式（7.5）可近似替换为 $\sum_{i=1}^{n} z_i c_i \approx 0$（Snyder et al.，2001；Lorente et al.，2003；Khitab et al.，2005；Elakneswaran et al.，2010；Yu et al.，1996；Li et al.，1998；2000；Truc et al.，2000a；2000b；Wang et al.，2001；Frizon et al.，2003；Toumi et al.，2007；Kubo et al.，2007；Narsillo et al.，2007；Krabbenhoft et al.，2008；Friedmann et al.，2008）。该近似过程是基于式（7.4）右侧基数 10^{14}（mV·mol^{-1}）很大的情况。$\sum_{i=1}^{n} z_i c_i \approx 0$ 需要非常小，因为只有少数情况满足 $\partial^2 \varphi = 0$。但是 $\sum_{i=1}^{n} z_i c_i \approx 0$ 不一定意味着 $\partial^2 \varphi = 0$，这推翻了基于电荷守恒做出的 $\partial^2 \varphi = 0$ 的假设（Xia et al.，2013）。

7.2.2　离子相互作用理论

式（7.1）表明扩散系数也由扩散介质的活度系数决定。相比于传统的单离子迁移模型，PNP 模型和实际情况有很大的不同，但它更具可行性。根据 Debye-Huckel-Onsager 电解质理论可知（Jiang et al.，2013），电导率或迁移率也受化学活性、电泳、弛豫等因素的影响（Zhang et al.，1995）。

混凝土中氯离子的扩散受各种因素的影响，其中包括混凝土的特性、外部盐溶液的组成等。相关实验表明，离子间的相互作用会导致化学势降低，进而导致氯离子的扩散能力降低（Zhang et al.，1996）。此外，扩散体系中的其他因素，如与阴离子相比，阳离子较慢的迁移速率、孔表面的双电层以及材料的孔隙体积和孔径等，都会较大程度地影响氯离子扩散（Zhang et al.，1996）。

7.2.2.1 离子间的化学势

在过去几十年里，提出了许多半经验公式来计算电解质溶液中离子的化学活度系数 γ。在这些理论中，Pitzer 提出的模型被认为是计算溶液的 γ 值最可行的方法（Marchand et al.，1995；Hidalgo et al.，1997）。但是，正如 Marchand 等以及 Hidalgo 等所说，这个模型不仅复杂，而且需要一些复杂的实验结果来进行计算。而从复杂的模型中求解 $\partial\ln\gamma/\partial\ln c$ 是非常困难的，其中最广为人知的是 Debye-Hückel 模型（Justnes et al.，1997；Bockris et al.，1970；Pankow，1994）。而这个模型的主要特征是认为离子是无限小的（假设为点电荷）（Tang，1999a；1999b）。优化后的 Debye-Hückel 模型是通过考虑不同离子的半径来校准先前的模型（Tang，1999b）。$\partial\ln\gamma/\partial\ln c$ 值可由式（7.6）和式（7.7）计算：

$$\lg\gamma = -A\,|z_+z_-|\,\frac{\sqrt{I}}{1+Ba^2\sqrt{I}} + B^* I \qquad (7.6)$$

$$I = \frac{1}{2}\sum_i z_i^2 c_i = \frac{n_+ z_+^2 + n_- z_-^2}{2}\times c \qquad (7.7)$$

式中，A 和 B^* 为与温度有关的系数，A 为离子的半径，B^* 为表征溶液类型的经验系数；I 为离子的总电荷量。

如图 7.1 所示，在低浓度范围（0～1mol/L）内，活度系数随着氯离子浓

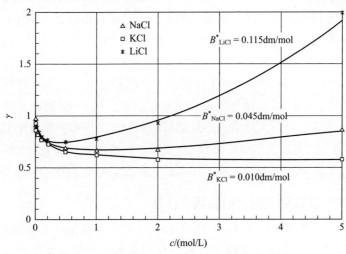

图 7.1 活度系数与氯离子浓度之间的关系
Tang，1996

度的增加而减小，而在高浓度范围（>1mol/L）内，活度系数随着氯离子浓度的增加而增大。因此，在特定氯离子浓度下，微分项$\partial \ln\gamma/\partial \ln c$会上下波动，也就是说在低氯离子浓度范围内，活度系数会使有效扩散系数减小，在高氯离子浓度范围内，活度系数会使有效扩散系数增大（Tang，1999b）。

7.2.2.2 阳离子迁移的迟滞效应

在离子迁移过程中，阳离子和阴离子迁移速率的差异决定了电解质溶液中离子的不同迁移速率。因此，在阳离子和阴离子的影响下，以单一离子的扩散系数作为综合扩散系数是不客观的，因为阳离子和阴离子之间存在静电作用。氯离子扩散伴随着溶液中阳离子扩散，而阳离子的迁移速率通常比氯离子的迁移速率慢。因此，在实验中可以明显地观察到，阳离子迁移的迟滞效应为氯离子提供了反向牵引力。这解释了为什么二元电解质溶液中盐的扩散系数是阳离子和阴离子扩散系数的函数。在混凝土氯离子扩散系数的实验中，通常可以观察到盐的种类和阳离子类型对氯离子扩散的影响（Gjørv et al.，1987；Ushiyama et al.，1974；1976；Goto et al.，1979）。例如，在相同氯离子浓度下，当外部盐溶液中的阳离子从Na^+变为Ca^{2+}时，氯离子的扩散系数增大为初始值的2～3倍，这是因为Na^+提供的反向牵引力大于Ca^{2+}。

离子的运动遵循化学势梯度，这与Ushiyama和Goto（1974）以及Roy等（1986）发现的现象一致，即阳离子（如Na^+、K^+、Li^+、Cs^+等）的扩散速率低于氯离子的扩散速率。溶液的电中性决定了氯离子总是被阳离子包围。一旦氯离子向前移动，在氯离子和滞后的阳离子之间将形成反向电场，而反向电场将导致离子再分布（Tang，1996）。化学势和反向电场的共同作用被称为电化学势，这解释了在电化学势梯度作用下离子的移动。

Tang（1999a）认为，氯离子在混凝土中的扩散会产生类似于离子选择性半透膜的效果，从而引入额外的反向电场。因此，溶液-混凝土系统中的反向电场由两部分组成：一部分来自于外部溶液K_{to}，另一部分来自于混凝土K_{tm}（Zhang et al.，1997）。Zhang和Gjørv（1995）指出在外部电场的作用下，离子间的相互作用会产生两种效应，即电泳和弛豫，这也是产生牵引力的原因。

7.2.2.3 双电层和带电离子团的相互作用

在固体电解质溶液体系中，固体表面形成双电层也是一个重要的现象。第3章的图3.12展示了双电层模型。根据模型可知，毛细管孔表面的双电层会干扰溶液中的带电离子团，进而影响离子的运动。因此，离子在多孔水泥基材料中的扩散也会受到双电层的影响。相对于德拜长度，毛细管孔越细，双电层的影响越大，迁移速率越慢。此外，对于同一毛细管孔，德拜长度增加将导致离子迁移速率降低（Zhang et al.，1996）。

由于双电层的作用，毛细管孔表面的流体是静态的。同时，因带电固体表面的双电层，体系形成了排斥势垒。对于给定的固体，由于范德瓦耳斯力是恒定的，排斥势垒主要取决于电解质溶液的性质和双电层的厚度（Zhang et al.，1996）。当带电离子团和毛细管孔表面的双电层电荷相同时，排斥势垒将阻止氯离子进入毛细管孔。因此，对于一定尺寸的毛细管孔，可能存在离子扩散最小浓度（Zhang et al.，1996）。而当离子浓度一定时，氯离子只能渗透到孔径大于特定值的毛细孔中。如果毛细孔的尺寸变得足够小，由于双电层和离子团的不可压缩性，氯离子扩散到混凝土中的可能性就变得很小。

硅灰和矿渣能有效地减小混凝土的孔径，从而提高混凝土的抗氯离子渗透性（Gjørv et al.，1979；Frey et al.，1994），这可能是通过菲克定律预测的高性能混凝土中氯离子扩散与实验观测结果显著不同的原因之一（Genin，1986）。然而，当绝大多数孔隙的尺寸大于离子半径时，单位时间内通过单位面积的离子数量与孔隙体积大致呈正相关，而与离子团厚度的平方呈负相关（Zhang et al.，1996）。

7.2.3　氯离子迁移的浓度依赖性

许多研究人员（MacDonald et al.，1995；Bigas，1994；Arsenault et al.，1995；Achari et al.，1995；Zhang，1997；Zhang et al.，1996）利用不同氯离子浓度的溶液，证明了混凝土中氯离子的扩散对氯离子浓度的依赖性。Chatterji（1994）提出了一个"平方根"规则来描述这种对氯离子浓度的依赖，如式（7.8）所示：

$$D = D_0(1 - K\sqrt{c}) \qquad (7.8)$$

然而，"平方根"规则并不总是适用于预测混凝土中的氯离子扩散。如图7.2所示，曲线斜率（K）随外部溶液氯离子浓度的变化而变化，这意味着K不是常数，而是与离子浓度有关。因此，可以得出结论，式（7.8）适用的氯离子浓度范围非常窄。一些研究人员（Andrade，1993；Marchand et al.，1995）尝试通过活度系数来解释扩散速率对离子浓度的依赖性。然而，当NaCl浓度从极低变化到1mol/L时，活度系数也仅在1~0.68的范围内变化（Andrade，1993）。故仅通过活度系数很难解释图7.2中氯离子扩散系数的差异。但是，Jiang等（2013）发现溶液浓度对非稳态离子扩散的影响不大。

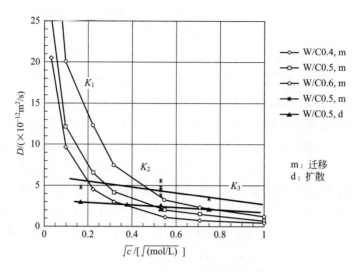

图 7.2 氯离子扩散系数与氯离子浓度平方根之间的非线性关系
Tang，1999b

7.2.4 孔隙溶液组成对氯离子迁移的影响

Ushiyama 和 Goto（1974）研究了孔隙溶液组成对水泥浆体的影响，但没有直接比较离子浓度对水泥浆体的影响。直接比较浓度的困难之处在于胶凝体系的复杂性和不稳定性，以及孔隙中溶液类型的不可控性。只有在确定了每种物质活性的基础上，才能准确估计反应程度（Reardon，1990；Duchesne et al.，1995）。此外，精确的组合和化学反应模型不仅需要测定离子的活性，还需要考虑迁移、吸附和化学反应的时间依赖性（Barbarulo et al.，2000）。如果无法获得详细的扩散数据，那么只能准确估计物质的活性，而模型的准确性将降低。

Snyder 和 Marchand（2001）采用电扩散方程作为计算离子迁移的模型。他们发现，与浓度相比，孔隙溶液组成对非活性多孔材料中离子的表观扩散系数有较大的影响。具体来说，在 Snydera 和 Marchand 研究的体系中，浓度对表观扩散系数的影响在±20%以内。相比之下，溶液中的物质组成可在较短的时间内使非活性体系的表观扩散系数提高至初始值的两倍，有些物质甚至能够使表观扩散系数在很长时间内表现出时间依赖性。这些系统不适合基于菲克定律和恒定表观扩散系数的建模。对于所研究的系统，由于扩散电位的存在，表观扩散系数发散至无穷大并最终变为负值。

根据化学势降低、迁移延迟和双电层的影响等机理，Zhang 和 Gjørv（1996）提出了一种可以估算不同类型盐溶液中的氯离子相对扩散速率的方法。式（7.9）对四种常见盐溶液的扩散速率进行了排序：

$$D_{LiCl} < D_{NaCl} < D_{KCl} < D_{CaCl_2} \tag{7.9}$$

式（7.9）中的排序符合大多数文献的实验结果（Gjørv et al.，1987；Ushiyama et al.，1974；1976）。但该排序是基于溶液浓度很低的情况估计的，而不是通常用于检测混凝土中氯离子扩散系数的溶液浓度。溶液中的离子团在高浓度时会失去稳定性，这就削弱了 Debye-Hückel 理论的适用性。基于这种情况，人们引入了一种"准晶体"理论（Bockris et al.，1977），但到目前为止，其适用范围有限。

7.3 微观结构对氯离子迁移的影响

7.3.1 孔结构对氯离子迁移的影响

混凝土和水泥浆体中的氯离子扩散系数变化范围很广，主要取决于水泥基材料的水灰比（Pivonka et al.，2004）。不同水灰比的水泥基材料具有不同的孔结构，而孔结构会显著影响多孔水泥基材料的氯离子扩散系数（Mohammed et al.，2014）。一些研究者（Yang，2006a；Yang et al.，2006b；Sun et al.，2011；Baroghel-Bouny et al.，2013）研究了孔结构对氯离子迁移的影响，结果表明平均孔径、临界孔径、连通孔径、毛细孔体积、毛细管孔隙率、体积孔隙率、弯曲度、堵塞率等孔结构参数都会影响水泥基材料中的氯离子迁移。Maekawa 等（2003）认为层间孔隙的尺寸是分子级别的，比离子直径还要小。因此，他认为水泥浆体的层间孔隙中没有离子传输。

7.3.1.1 孔隙率与氯离子迁移的关系

图 7.3 显示了氯离子扩散系数与孔隙率之间的关系。结果表明，当孔隙率大于 0.18 时，氯离子扩散系数显著增大。这种现象可能是由混凝土中孔径分布不同、孔隙率不同以及不同组分的比表面积不同所致。孔隙率和孔径的进一

步减小将导致氯离子扩散系数不断降低,甚至降低到一个显著的低值。如图7.3(b)所示,根据式(7.10)可将孔结构分为三个区域(Li et al., 2018)。区域Ⅰ为亚临界状态:$\varepsilon \leqslant \varepsilon_{cr}$,即孔隙率低于临界孔隙率,即渗透阈值。在这种情况下,孔隙不能形成连通网络,通常被看作是孤立孔隙或闭塞孔隙网络。区域Ⅱ在区域Ⅰ的旁边,为临界状态区域:$\varepsilon_{cr} \leqslant \varepsilon \leqslant 1.5\varepsilon_{cr}$。区域Ⅲ为常规迁移区:$\varepsilon \geqslant 1.5\varepsilon_{cr}$,即混凝土的孔隙率远远大于临界孔隙率,其中所有的孔隙都参与了迁移过程。

$$D_f = D_0(\varepsilon - \varepsilon_{cr})^n \quad n > 1 \tag{7.10}$$

式中,D_f 为特征扩散系数,m^2/s;ε 和 ε_{cr} 分别为孔隙率和临界孔隙率,%;n 为指数值。

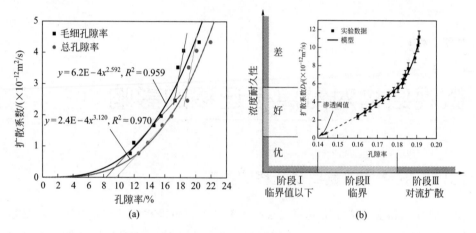

图 7.3 混凝土孔隙率对氯离子扩散系数的影响
(a) 图引自(Yang, 2006a);(b) 图引自(Li et al., 2018)

然而,从图7.4可以看出,区域Ⅰ似乎不存在。这说明,当毛细孔隙率无限小时,氯离子扩散系数都不会降至0,这可能是由于氯离子在比毛细孔还细的孔隙中的迁移速率较低。因此,如果能够设计出孔隙率低于临界值的混凝土,就有可能在很大程度(即减少两个数量级)上抑制氯离子侵蚀。然而,这种亚临界状态很难实现,因为过量的水需要从混凝土中释放出来,所以不可避免地会产生孔隙。此外,随着孔隙率的增加,孔曲率显著降低(Sun et al., 2011),这就解释了为什么较低的孔隙率会导致氯离子扩散系数显著减小。

7.3.1.2 孔径与氯离子迁移的关系

如图7.5所示,孔径与氯离子扩散系数的关系和孔隙率与扩散系数的关系

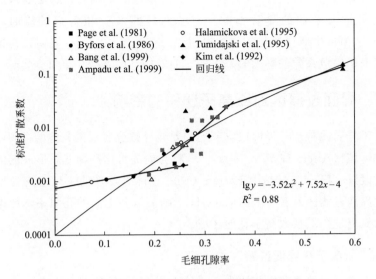

图 7.4 水泥净浆毛细孔隙率和标准迁移系数之间的关系

Choi et al.，2017（粗线为作者所加）

较为相似。Li 等（2018）还将扩散系数随孔径增大而变化的区域分为三部分，这与按孔隙率分的三个区域一致。从图 7.5 中可以看出，当孔径超过 100nm 时，氯离子扩散系数迅速增大，这可能是由于阻塞比迅速增长超过了特定孔径（Sun et al.，2011）。硬化水泥浆体的主要传输途径是毛细孔，凝胶孔只起次要作用，除非毛细孔体积极小时凝胶孔才会是主要途径（Garboczi et al.，

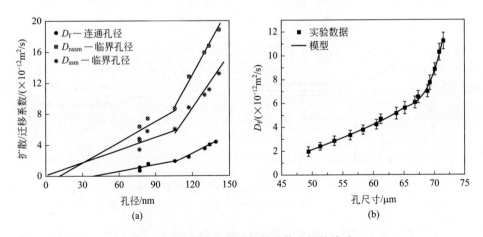

图 7.5 孔径与氯离子扩散系数之间的关系

(a) 图引自（Yang，2006a）；(b) 图引自（Li et al.，2018）

1992)。因此，在研究孔结构对氯离子扩散系数的影响时，有必要考虑阻塞比对氯离子扩散系数的显著影响。当考虑扭曲效应和阻塞效应时，Sun 等（2011）从模型中获得了与实验数据相似的扩散系数。结果表明，在评价孔结构对氯离子扩散系数的影响时，考虑弯曲效应与阻塞效应更符合实际。

7.3.2 界面过渡区对氯离子迁移的影响

对于普通混凝土，界面层水灰比的差异导致骨料周围浆体的微观结构不同于其他区域（Aitcin et al.，1990）。骨料与周围水化产物基质形成的区域称为界面过渡区（ITZ），这是由 Farran（1956）首次发现的。与远离骨料的区域相比，界面过渡区具有更多的 $Ca(OH)_2$ 结晶以及更高的孔隙率，使得界面过渡区的氯离子扩散系数高于其他区域。

7.3.2.1 氯离子在界面过渡区的迁移

图 7.6 表示的是在水灰比为 0.4 且水化 28 天后的混凝土中未水化水泥颗粒、毛细孔、凝胶孔和水化产物的模拟分布。从图 7.6 中可以看出，当与骨料距离 $x<20\mu m$ 时，孔隙率和毛细孔隙率均随 x 的减小而增大。基于 7.3.1.1 中的讨论，孔隙率和毛细孔隙率增加会导致氯离子扩散系数增大，也就是说随 x 的增大，氯离子扩散系数减小，如图 7.7 所示。

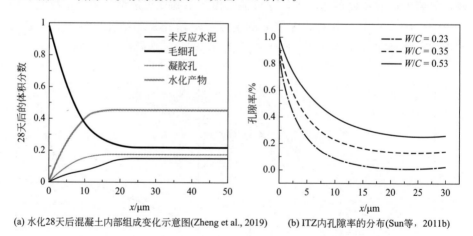

(a) 水化28天后混凝土内部组成变化示意图(Zheng et al., 2019)　　(b) ITZ内孔隙率的分布(Sun等，2011b)

图 7.6　水化 28 天后混凝土内部组成模拟分布

$W/C=0.40$；ASTM Ⅰ 水泥；骨料尺寸：$0.15\sim16mm$；$h=25\mu m$

Tian 等（2018）通过电子显微探针测试技术研究了水泥浆与圆柱形骨料之间的界面过渡区，发现界面过渡区的厚度约为 $40.5\mu m$，且沿两侧逐渐减

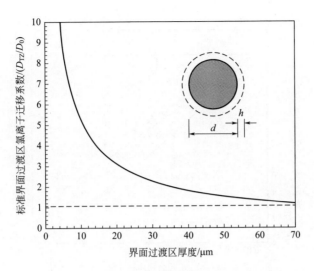

图 7.7 ITZ 厚度与氯离子扩散系数之间的关系
Yang et al.，2002

小。统计分析表明，界面过渡区的厚度遵循正态分布，其平均厚度为 $40.7\mu m$。同时，研究发现当圆柱形骨料的直径为 5mm、7mm 和 10mm 时，其界面过渡区厚度分别为 $40.9\mu m$、$40.6\mu m$ 和 $41.1\mu m$。可以看出，对于不同粒径的骨料，界面过渡区的厚度没有明显差异，这与 Scrivener 等（2004）的研究结果是一致的。这可能是因为界面过渡区的厚度主要是由水泥颗粒的中值尺寸确定的，而不是由骨料的尺寸确定的（Scrivener et al.，2004）。

实际上，不同研究人员测得的界面过渡区厚度不同，这取决于采用什么样的实验技术和分析模型。Basheer 和 Kropp（2001）将界面过渡区的厚度范围初步定至 $0\sim100\mu m$。Bentz 等（1992）通过 SEM 分析将厚度范围缩小至 $40\sim50\mu m$。此后，显微探针的测试结果进一步确认了 SEM 得出的厚度范围（Bentz et al.，1992）。不过大多数研究仍然采用 $10\sim50\mu m$ 作为界面过渡区的代表厚度范围。该厚度范围的选择可能导致界面过渡区对氯离子迁移影响的显著差异，如图 7.7 所示。

7.3.2.2 骨料体积对氯离子迁移的影响

理论上，界面过渡区的体积对氯离子的迁移有显著影响，许多研究者也通过改变骨料体积证明了这一点。随着骨料体积的增加，氯离子扩散系数不断减小（Yang et al.，2002；Delagrave et al.，1997；Zheng et al.，2012；2013；2018；Wang et al.，2018）。而骨料体积的增加意味着界面过渡区体积的增

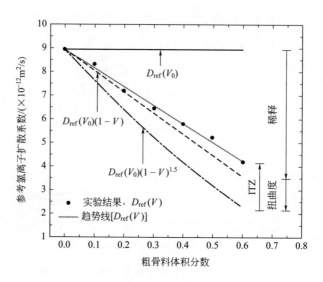

图 7.8 氯离子扩散系数与粗骨料体积分数的关系
Wang et al.，2018

加。因此，界面过渡区体积对氯离子的迁移有明显影响。换句话说，除了界面过渡区的厚度，界面过渡区的表面积也对氯离子的迁移有明显影响。

如上所述，界面过渡区的厚度主要在 $10\sim 50\mu m$ 范围内变化，且界面过渡区的氯离子扩散系数与相邻水泥基体的不同。此外，由于骨料致密的结构，氯离子在骨料中的扩散可以忽略不计。如图 7.8 所示，虽然加入骨料产生了更多的界面过渡区，增大了氯离子的扩散系数，但加入集料后产生的稀释和变形效应将减小界面过渡区对氯离子扩散的负面影响，最终使得混凝土的氯离子扩散系数减小（Wang et al.，2018）。

7.3.2.3 骨料形状对氯离子迁移的影响

如图 7.9 所示，骨料的形状也会影响界面过渡区的性质，从而影响氯离子的扩散系数。从图中可以看出，对于长径比（μ）一定的椭圆形骨料，D_{con}/D_{cp} 随 D_{itz}/D_{cp} 的增大而增大。对于 D_{itz}/D_{cp} 一定的骨料，D_{con}/D_{cp} 随 μ 的增大而减小，这主要是因为界面过渡区的表面积分数是 μ 的单调递减函数（Zheng et al.，2012）。此外，用粒径相同的骨料配制的混凝土，其氯离子扩散系数最大。这意味着改变骨料的形状可以改变界面过渡区的表面积，从而改变混凝土的氯离子扩散系数。所以，在评价骨料对氯离子扩散系数的影响时，需要考虑骨料级配、骨料的体积分数以及形状。

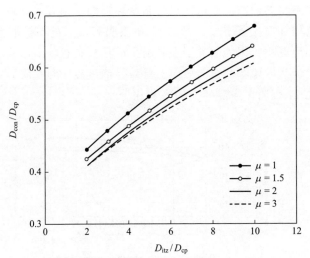

图 7.9 骨料形状对氯离子扩散系数的影响

D_{con}—混凝土的扩散系数;D_{cp}—水泥净浆的扩散系数;
D_{itz}—界面过渡区的扩散系数

Zheng et al.,2012

7.3.3 孔结构和界面过渡区对氯离子迁移的耦合效应

如图 7.10 所示,对于骨料体积分数 V_a 一定的混凝土,其有效氯离子扩散

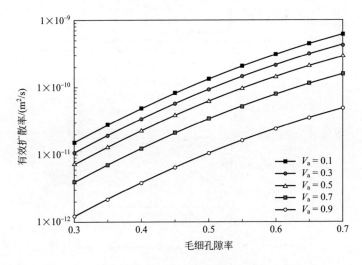

图 7.10 氯离子扩散系数与混凝土毛细孔隙率的关系

Choi et al.,2017

系数是毛细孔隙率的函数。如果假设骨料是球形的，则有效氯离子扩散系数随毛细孔隙率的增加而显著增大。图 7.10 还表明有效氯离子扩散系数随骨料体积分数的增加而减小。因为氯离子在骨料中的迁移是忽略不计的，所以向混凝土中加入骨料产生的稀释和扭曲效应会导致界面过渡区和基质的氯离子扩散系数变小。图 7.11 表明，当混凝土的水灰比分别为 0.38、0.40 和 0.45 时，其

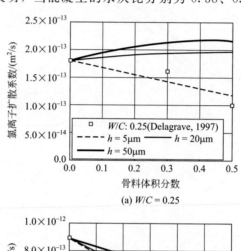

(a) $W/C = 0.25$

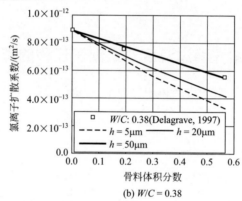

(b) $W/C = 0.38$

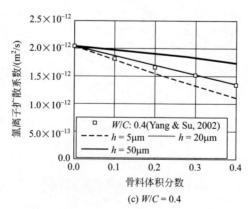

(c) $W/C = 0.4$

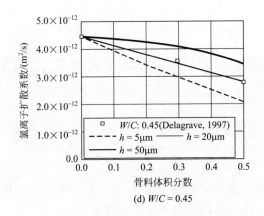

图 7.11 模拟结果与实验数据的比较

数据来自 Delagrave 等（1997）、Yang 和 Su（2002）的研究结果

氯离子扩散系数随骨料体积分数的增加而减小，而当混凝土的水灰比为 0.25 时，其氯离子扩散系数随骨料体积分数的增加而增大。这一结果表明，对于孔隙率低的混凝土，骨料的稀释和扭曲效应不会导致其氯离子扩散系数显著减小。虽然没有数据表明界面过渡区和孔结构存在耦合作用，但值得注意的是，掺入骨料会在界面过渡区和水泥浆中的孔隙之间引入新的连接路径。因此，在设计混凝土的氯离子扩散电阻时，不应忽略界面过渡区和水泥浆中孔结构的耦合效应。

7.4
氯离子结合对氯离子迁移的影响

实际上，氯离子可通过水平对流、毛细效应、扩散和热传递的组合机理渗入混凝土，对于饱和混凝土（如浸泡在海水中的混凝土），扩散是主要机理。在过去几十年里，开发了许多基于扩散机理的模型来预测饱和混凝土中的氯离子渗透（Olivier, 2000; Tang, 1996; Xi et al., 1999）。同时也开发了许多基于组合机理的模型来预测不饱和混凝土中的氯离子渗透（Ababneh et al., 2003; Marchand, 2001; Saetta et al., 1993）。本节将重点介绍饱和混凝土中的氯离子扩散。正如引言中所讨论的，氯离子结合对氯离子迁移有显著影响，它不仅能抑制氯离子渗入混凝土中,还能延迟钢筋锈蚀的产生。因此,为了更好地预测氯离子迁移过程,应在模型中考虑氯离子结合的影响。

7.4.1 通过等温吸附曲线研究氯离子结合对氯离子迁移的影响

当氯离子迁移仅通过扩散实现时,化学梯度是唯一的驱动力。氯离子的化学势可由下式(Philip,1994;Zhang et al.,1996)计算:

$$\mu = \mu_0 + RT\ln(\gamma c) \tag{7.11}$$

离子是在电化学势梯度作用下运动的,它是驱动力(化学势)和牵引力(反电场)(Tang,1999)的共同作用,可以表示为:

$$J = -\frac{D}{RT} \times c \nabla \mu = -D\frac{\partial c}{\partial x}\left(1+\frac{\partial \ln y}{\partial \ln c}\right) - cD\frac{zF}{RT} \times \frac{\partial \Phi}{\partial x} \tag{7.12}$$

为了简化,在文献中,$\left(1+\frac{\partial \ln y}{\partial \ln c}\right)$ 和 $cD\frac{zF}{RT} \times \frac{\partial \Phi}{\partial x}$ 常常被省略。式(7.12)变为菲克第一定律:

$$J = -D\frac{\partial c}{\partial x} \tag{7.13}$$

对于非稳态过程,可用菲克第二定律(Crank,1975):

$$\frac{\partial}{\partial x}\left(D\frac{\partial c}{\partial x}\right) = -\frac{\partial J}{\partial x} = \frac{\partial c_t}{\partial t} = \frac{\partial c_f}{\partial t} + \frac{\partial c_b}{\partial t} = \frac{\partial c_f}{\partial t}\left(1+\frac{\partial c_b}{\partial c_f}\right) \tag{7.14}$$

菲克第二定律可以用来描述氯离子迁移。在氯离子结合存在的情况下,可将结合的氯离子从扩散通量中除去,并从质量守恒方程中减去:

$$\omega_e\frac{\partial c_f}{\partial t} = \frac{\partial}{\partial x} \times D_e\omega_e\frac{\partial c_f}{\partial x} - \frac{\partial c_b}{\partial t} \tag{7.15}$$

$$c_t = c_b + c_f\omega_e \tag{7.16}$$

式中,c_f 为自由氯离子浓度,kg/m^3;c_b 为结合氯离子浓度,kg/m^3;c_t 为总氯离子浓度,kg/m^3;D_e 为有效扩散系数,m^2/s;ω_e 为可蒸发水含量(m^3溶液/m^3混凝土)。将式(7.16)代入式(7.15),可得:

$$\frac{\partial c_t}{\partial t} = \frac{\partial c_f}{\partial t}\left(\omega_e + \frac{\partial c_b}{\partial c_f}\right) = \frac{\partial}{\partial t}\left(D_e\omega_e\frac{\partial c_f}{\partial x}\right) \tag{7.17}$$

因此

$$D_a = \frac{D_e}{1+\dfrac{1}{\omega_e}\dfrac{\partial c_b}{\partial c_f}} \tag{7.18}$$

不同等温吸附曲线对 D_a 的影响如下：

无氯离子吸附：
$$c_b = 0, D_a = D_e$$

线性等温吸附曲线：
$$c_b = k c_f, \frac{\partial c_b}{\partial c_f} = k, D_a = \frac{D_e}{1 + \frac{1}{\omega_e} k} \tag{7.19}$$

Freundlich 等温吸附曲线：
$$c_b = \alpha c_f^{\beta}, \frac{\partial c_b}{\partial c_f} = \alpha \beta c_f^{\beta-1}, D_a = \frac{D_e}{1 + \frac{1}{\omega_e} \alpha \beta c_f^{\beta-1}} \tag{7.20}$$

Langmuir 等温吸附曲线：
$$c_b = \frac{\alpha c_f}{1 + \beta c_f}, \frac{\partial c_b}{\partial c_f} = \frac{\alpha}{(1 + \beta c_f)^2}, D_a = \frac{D_e}{1 + \frac{\alpha}{\omega (1 + \beta c_f)^2}} \tag{7.21}$$

Martín-Pérez 等（2000）用一维有限差分法来求解质量守恒方程。数值分析所用的初始条件和边界条件如下：

$$t = 0, c_f = c_0, x > 0$$
$$t > 0, c_f = c_s, x = 0$$
$$t > 0, c_f = c_0, x = L$$

式中，L 为混凝土试样的厚度；t 为时间；c_s 为表面氯离子浓度；c_0 为背景浓度。

模型中考虑了三种吸附情况：无吸附；线性等温吸附；Freundlich 等温吸附。其中，假设有效扩散系数 D_e 为 $1.0 \times 10^{-12} \mathrm{m^2/s}$，表面氯离子浓度 c_s 为 0.5mol/L，ω_e 为 8%。

图 7.12 和图 7.13 显示了在氯离子浓度为 0.5mol/L 的溶液中分别浸泡 5 年和 50 年后，混凝土中的自由氯离子浓度预测曲线和总氯离子浓度预测曲线。在总氯离子浓度预测曲线中，当深度一定时，自由氯离子浓度的排序为：Freundlich 结合＜线性结合＜无结合。这意味着当模型中不考虑氯离子的结合时，自由氯离子浓度最早达到阈值，这可能会导致混凝土结构的使用寿命被低估。模型中不考虑结合的总氯离子浓度高于考虑结合的总氯离子浓度。根据 Martín-Pérez 的研究，发现计算得到的氯离子分布很大程度上取决于模型中假定的等温吸附曲线，还发现等温吸附曲线会影响预测渗透深度和锈蚀起始时间。

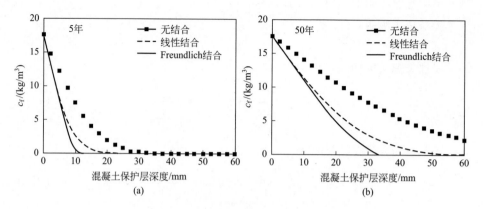

图 7.12 在 0.5mol/L 的溶液中浸泡 5 年（a）和 50 年（b）后
自由氯离子浓度分布的预测值

Martín-Pérez et al.，2000

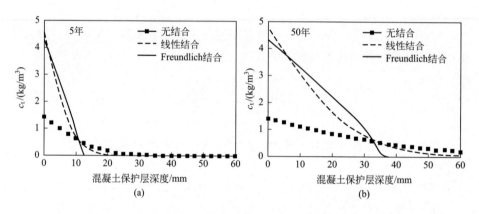

图 7.13 在 0.5mol/L 的溶液中浸泡 5 年（a）和 50 年（b）后
总氯离子浓度分布的预测值

Martín-Pérez et al.，2000

上述模型忽略了 pH 值、温度、龄期等因素对氯离子结合和氯离子迁移的影响，是最简单的模型。事实上，水泥的连续水化也会影响氯离子结合。因氢氧根离子浸出导致的 pH 值变化也会影响自由氯离子与结合氯离子之间的关系。正是因为这些简化，Martín-Pérez 在文章中用于阐明氯离子结合对寿命预测影响的简化模型不适用于预测结构物的服役寿命。Tang（1996）提出了一种用于预测混凝土中氯离子迁移的模型，即 ClinConc。该模型采用了 Freundlich 等温吸附曲线，同时考虑了 pH 值和温度的影响，最后采用有限差分法求解方程。Olivier（2000）还研究了一个更复杂的模型，称为 MsDiff。该模型考虑了四种离子之间的相互作用，并应用了 Freundlich 等温吸附曲线。虽然这些模型都比较复杂，但氯离子结合对这些模型的预测结果有着相同的影响。

在 Samson 和 Marchand（Marchand，2001；Samson et al.，2000）的研究中，他们只考虑了化学结合，没有考虑物理吸附，故没有使用等温吸附曲线。通过考虑所有离子的浓度，验证了水泥材料中各种固相（包括氢氧化钙、钙矾石、Friedel 盐、C—S—H、石膏等）的化学平衡。假定整个体系处于局部化学平衡状态，但这些假设是有问题的，因为物理吸附也可能在氯离子结合中发挥重要作用。

7.4.2 水泥基材料中可迁移氯离子的探讨

之前已有文献对双电层模型进行了概述（Friedmann et al.，2008；Bard et al.，2001）。当液体与固体表面接触时，会形成双电层。双电层模型可以用 Helmholtz 模型、Gouy-Chapman 模型、Grahame 模型和 Stern 模型（Grahame 模型的一个特例）来描述。Helmholtz 模型认为氯离子的吸附能力是不变的，但它未能解释关于固相和液相势差函数中吸附能力变化的一些实验结果（Bard et al.，2001；Galus et al.，1994）。在 Gouy-Chapman 模型中，离子被认为是点电荷，它可以无限接近固相直到它们之间的距离为零。然而，在 Gouy-Chapman 模型中，计算结果与实验结果不一致（Bard et al.，2001；Galus et al.，1994）。

在 Stern 模型中，带电区域被分为扩散层和致密层。考虑到化学吸附的可能性，Grahame 改进了 Stern 模型（Friedmann et al.，2008）。在这种相互作用下，吸附离子的电荷可能与双电层的电荷相反。致密层分为两部分：内 Helmholtz 平面，即决定电位离子的中心；外 Helmholtz 平面，即非决定电位离子的中心。扩散层中的氯离子可以迁移，因此被称为可迁移氯离子（Friedmann et al.，2008；He et al.，2016）。

根据研究结果，当 pH<12 时，Friedel 盐不稳定（Birnin-Yauri et al.，1998；Suryavanshi et al.，1996）。事实上，即使保持 pH>12 和 Friedel 盐的稳定，由于扩散层中存在可迁移的物理吸附氯离子，仅考虑自由氯离子的迁移是不合理的。值得注意的是，在评价混凝土的耐久性时，采用可迁移氯离子浓度可能比自由氯离子浓度更准确。

7.5 裂缝对氯离子迁移的影响

7.5.1 实验研究中裂缝形成方法

为了克服裂缝特征的复杂性,许多研究人员在实验研究中通常采用人工裂缝。在实验室中形成的裂缝可分为两类:人工裂缝(如预置缺口形成的裂缝)和自然裂缝(如预加荷载形成的裂缝)。人工裂缝的优点主要包括易于制造、易于确定参数(如裂缝宽度)以及便于建立分析模型(Marsavina et al., 2009;Mu et al., 2013)。但是人工裂缝的缺点也很明显。人工裂缝表面光滑,不同于实际裂缝的弯曲和粗糙。除此之外,与自然裂缝相比,预置缺口形成的裂缝表面含有更多的水泥浆体,并且人工裂缝比自然裂缝更宽。产生自然裂缝的方法包括:劈裂(Wang et al., 1997;Dai et al., 2010)和膨胀开裂(Ismail et al., 2008)。这些方法都会导致混凝土板产生牵引裂缝。然而,通过这些方法产生的自然裂缝的宽度是一致的(Wang et al., 1997)。基于三点或四点弯曲实验有另一种产生自然牵引裂缝的方法(Gowripalan et al., 2000;Wittmann et al., 2009;Sahmaran, 2007),该方法产生的裂缝更接近真实的裂缝。目前还没有一个标准方法来制备裂缝,这还需要进一步的研究。

7.5.2 裂缝特征

为了在裂缝宽度与氯离子扩散系数之间建立定量关系,类似于硬化水泥浆体中的扩散与孔隙结构之间的关系(Garboczi, 1990),将单个裂缝的氯离子扩散系数定义为:

$$D_{cr} = \beta_{cr} D_0 \tag{7.22}$$

式中,β_{cr}为裂缝的几何因子,它考虑了垂直于扩散方向的裂缝的弯曲度、连通性和收缩性;D_{cr}和D_0分别表示裂缝和溶液中的氯离子扩散系数,m^2/s。也就是说开裂可以看作是扩散系数$D_{cr} = \beta_{cr} D_0$的直线路径,如图7.14所示。其中,裂缝几何因子β_{cr}是由Gérard等(1997)提出的,是弯曲度的倒数。

近年来的研究表明,除了裂缝的宽度和深度外,裂缝密度、开裂方向、裂

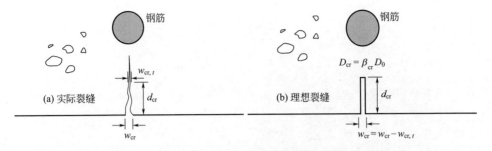

图 7.14 裂缝发展的简化模型
Jang et al., 2011

缝弯曲度等裂缝参数对混凝土中的氯离子扩散系数也有重要影响（Wang et al., 1997; Ishida et al., 2009; Akhavan et al., 2012; Zhou et al., 2011; Wang et al., 2016），甚至裂缝表面的粗糙程度也会影响氯离子扩散系数（Ye et al., 2012; Rodriguez et al., 2003）。然而，建立一个考虑所有参数并将其与混凝土中氯离子扩散系数相关联的模型仍然是一个挑战。据文献报道，裂缝宽度是影响混凝土离子迁移性能的主要因素。与预置缺口形成宽度一致的裂缝不同，机械荷载产生的自然裂缝呈随机分布，如图 7.15(a) 和图 7.15(b) 所示。天然裂缝的宽度随表面和裂缝扩展方向的变化而变化，除了裂缝的宽度和深度、裂缝方向、裂缝弯曲度和裂缝收缩性外，裂缝密度也是影响混凝土中氯离子扩散系数的重要参数。

7.5.3 开裂对氯离子迁移的影响

7.5.3.1 裂缝宽度

Aldea 等（1999）研究了裂缝对混凝土渗水性和氯离子渗透性的影响。他们通过劈裂实验产生宽度在 $50\sim250\mu m$ 范围内的裂缝，并采用快速氯离子渗透试验测定氯离子渗透率。结果表明，随着裂缝宽度的增加，氯离子渗透率增大。Rodriguez 和 Hotoon（2003）研究了裂缝宽度和裂缝表面粗糙程度对氯离子迁移速率的影响。他们通过劈裂实验产生宽度在 $80\sim680\mu m$ 范围内的裂缝，并采用非稳态扩散试验（NT Build 443 1995）测定扩散系数。结果表明，当裂缝宽度为 $80\sim680\mu m$ 时，氯离子扩散与裂缝宽度和裂缝表面粗糙程度无关。François 等（2005）研究了由机械膨胀开裂产生的裂缝对水泥浆体局部扩散的影响。当试样在氯离子溶液中浸泡 15 天后，测定其垂直于裂缝路径区域的氯离子浓度。结果表明，当裂缝宽度大于 $205\mu m$ 时，氯离子在裂缝壁上的扩散

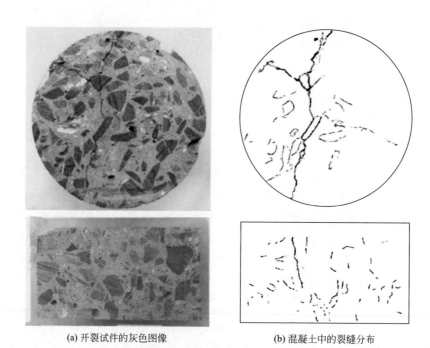

(a) 开裂试件的灰色图像　　　　(b) 混凝土中的裂缝分布

图 7.15　裂缝的数字图像分析
Wang et al.，2016

类似于试样表面的扩散。

　　Djerbi 等（2008）确定了裂缝宽度与氯离子扩散系数之间的关系。随着裂缝宽度从 30μm 增加到 80μm，混凝土中氯离子扩散系数呈线性增加，而当裂缝宽度超过 80μm 时，扩散系数几乎不变。结果表明即使材料的弯曲度和粗糙程度不同，其对混凝土中氯离子扩散系数也没有影响（Rodriguez et al.，2003）。

　　Wang 等（2016a）认为裂缝区的氯离子扩散深度取决于裂缝宽度和裂缝弯曲度。当表面裂缝宽度一定时，初始裂缝的弯曲度决定了氯离子的扩散深度。因此，Wang 等通过引入弯曲度来确定有效开裂宽度，从而将裂缝宽度与氯离子迁移率联系起来。

7.5.3.2　裂缝深度

　　Ye 等（2013）观察到从裂缝表面到混凝土内部，氯离子浓度迅速下降。当裂缝表面氯离子浓度较高时，在离裂缝表面相同距离的位置也可以测得较高的氯离子浓度。这些现象与 Ye 等（2012）和 Kato 等（2005）的研究结果一致。此外，Ye 等（2013）发现，氯离子浓度随着离接触面和裂缝表面距离的增加而增大的结论是不准确的。他们的实验揭示了在计算开裂混凝土氯离子扩散系数时配合比设计的重要性，尽管配合比设计的影响无法与裂缝宽度的影响相比。Liu 等（2015）根据模型得到的结果认为，在相同深度下，裂缝宽度对控制氯离子浓度起着至关重要的作用。对于弯曲裂缝，裂缝宽度和开裂深度都决定了氯离子的扩散深度。

7.5.3.3 裂缝弯曲度、取向和密度

Wang 等（2016a）的测试结果表明，当裂缝宽度＜150μm 或＞370μm 时，裂缝弯曲度对氯离子渗透性的影响不大，也就是说，对于宽裂缝（＞370μm）和窄裂缝（＜150μm），裂缝弯曲度不是控制其氯离子扩散的决定性因素。然而，当裂缝宽度为 150～370μm 时，氯离子渗透率随裂缝弯曲度的增大而增大。在平行于加载方向的平面上，氯离子能更快地渗入混凝土，因为裂缝倾向于在这个方向形成。

裂缝密度表示单位观测区域内开裂的表面积。在相同裂缝密度下，初始裂缝的氯离子扩散系数远大于其他裂缝，这表明初始裂缝对氯离子扩散系数有显著影响（Wang et al., 2016a）。平行于加载方向的平面上的裂缝密度总是低于垂直于加载方向的平面上的裂缝密度（Wang et al., 2016a; Zhou et al., 2012）。也就是说，垂直于加载方向的平面最容易开裂，说明大多数裂缝的发展与加载方向平行。事实上，氯离子的扩散深度主要取决于平行于扩散方向的有效裂缝长度（Wang et al., 2016a）。因此，在评价氯离子扩散时，有必要根据裂缝的弯曲度或开裂方向对裂缝密度进行修正。

7.5.4 不同荷载水平下的开裂效果

Wang 等（2016b）确定了加荷载和不加荷载的混凝土的 D_{nssm} 值。结果表明，在 75% 极限荷载作用下，所有混凝土的 D_{nssm} 都变化较大，而 25% 极限荷载作用下的 D_{nssm} 相似于无荷载作用下的 D_{nssm}，50% 极限荷载作用下的 D_{nssm} 约为无荷载作用下 D_{nssm} 的 1.43 倍，而 75% 极限荷载作用下的 D_{nssm} 为无荷载的 2.24 倍。根据受荷载混凝土与不受荷载混凝土之间的这些关系，可以估算出任意荷载水平下混凝土的 D_{nssm}，并对相应的使用寿命预测模型进行调整。

Kurumatani 等（2017）基于混凝土损伤模型提出了应力-应变曲线，并利用应力-应变曲线来表征受损混凝土的氯离子扩散系数，如图 7.16 所示。假设材料最初是塑性的且没有任何损伤，相应的氯离子扩散系数为 k_0，而随着混

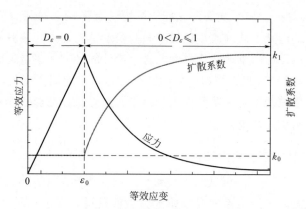

图 7.16　混凝土开裂损伤过程中扩散系数的变化
Kurumatani et al., 2017

凝土损伤的发生，氯离子扩散系数将逐渐增加到 k_1。实际上，氯离子扩散系数可能接近于膨胀裂缝中水的扩散系数。这意味着扩散系数不会随着裂缝的增加而无限增长。因此，为了考虑裂缝对氯离子扩散系数的影响，引入损伤因子 D_ε，随着裂缝位移的增加，D_ε 逐渐收敛为 1。虽然通过实验可以确定参数 k_0，但很难确定完全破裂情况下的参数 k_1。因此可以通过混凝土损伤模型来表征确定 k_1 的断裂行为。就这点而言，扩散系数 k_1 可以由混凝土表观扩散系数 k_0 来确定。

7.6 总结

本章阐述了离子间相互作用、孔结构、界面过渡区、氯离子结合和开裂对饱和水泥基材料中氯离子迁移的影响。结论如下：

① 单离子模型的能斯特-普朗克方程不适用于描述水泥基材料中的实际氯离子迁移，而考虑了离子相互作用的泊松-能斯特-普朗克方程更适合用于描述氯离子迁移。但求解泊松-能斯特-普朗克方程过于复杂，限制了其应用。

② 离子间的相互作用包括离子间的化学势、阳离子的迟滞效应以及双电层与带电离子团之间的相互作用。离子间的相互作用会导致氯离子扩散系数随浓

度、时间和位置而变化。不同类型的阳离子也会导致不同的氯离子扩散系数。

③ 氯离子扩散系数随孔隙率和孔径的增大而增大。与水泥基体相比，界面过渡区的氯离子扩散系数更大。虽然加入骨料导致界面过渡区增多，但由于骨料的稀释和变形效应，水泥基材料的氯离子扩散系数没有因界面过渡区而增大。在绝大多数情况下，加入骨料会导致氯离子扩散系数减小。然而，当水泥基体孔隙率很低时，界面过渡区有可能导致氯离子扩散系数增大。因此，当孔结构和界面过渡区都变化时，有必要考虑两者的耦合效应。

④ 当考虑氯离子结合和氯离子吸附时，可以得到不同的氯离子浓度分布。据报道，当 pH＜12 时，Friedel 盐是不稳定的。事实上，即使在 pH＞12 且 Friedel 盐稳定存在的条件下，仅仅考虑自由氯离子迁移也是不合理的，因为扩散层中存在可迁移的物理吸附氯离子。在评估氯离子环境中混凝土的耐久性时，采用可迁移氯离子浓度可能比自由氯离子浓度更准确。

⑤ 除裂缝宽度、裂缝深度、开裂方向、裂缝弯曲度和裂缝收缩性外，裂缝密度也是影响混凝土中氯离子扩散系数的重要参数，甚至裂缝表面的粗糙程度也会影响氯离子扩散系数。然而，如何建立一个可以将这些参数都考虑进去，并将其与混凝土中氯离子扩散系数相关联的模型，仍是一个有待进一步研究的课题。

参 考 文 献

ABABNEH A，BENBOUDJEMA F，XI Y，2003. Chloride penetration in nonsaturated concrete. Journal of Materials in Civil Engineering，15：183-191.

ACHARI G，CHATTERJI S，JOSHI R C，1995. Evidence of the concentration dependent ionic diffusivity through saturated porous media // NILSSON L—O，OLLIVIER J P. Chloride Penetration into Concrete. Bagneux，France：RILEM Publications，74-76.

AITCIN P C，MEHTA P K，1990. Effect of coarse aggregate characteristics on mechanical properties of high-strength concrete. ACI Materials Journal，87：103-107.

AKHAVAN A，SHAFAATIAN S M H，RAJABIPOUR F，2012. Quantifying the effects of crack width，tortuosity，and roughness on water permeability of cracked mortars. Cement and Concrete Research，42：313-320.

ALDEAC M，SHAH S P，KARR A，1999. Effect of cracking on water and chloride permeability of concrete. Journal of Materials Civil Engineer，11：181-197.

ANDRADE C，1993. Calculation of chloride diffusion coefficients in concrete from ionic migration measurement. Cement and Concrete Research，23：724-742.

ARSENAULT J，BIGAS J P，OLLIVIER J P，1995. Determination of chloride diffusion coefficient using two different steady state methods: influence of concentration gradient // Proceedings of the RILEM International Workshop on Chloride Penetration into Concrete. Paris: RILEM Publications SARL, 150-160.

ATKINS P W, 1994. Physical Chemistry. 5th ed. Oxford: Oxford University Press.

BARBARULO R, MARCHAND J, SNYDER K A, et al., 2000. Dimensional analysis of ionic transport problems in hydrated cement systems: Part 1. Theoretical considerations. Cement and Concrete Research, 30: 1955-1960.

BARD A J, FAULKNER L R, 2001. Electrochemical methods, fundamental and applications. 2nd. New York: John Wiley and Sons.

BAROGHEL-BOUNY V, DIERKENS M, WANG X, et al., 2013. Ageing and durability of concrete in lab and in field conditions: investigation of chloride penetration. Journal of Sustainable Cement-Based Materials, 2 (2): 67-110.

BASHEER L, KROPP J, 2001. Assessment of the durability of concrete from its permeation properties: a review. Construction and Building Materials, 15: 93-103.

BENTZ D P, STUTZMAN P E, GARBOCZI E J, 1992. Experimental and simulation studies of the interfacial zone in concrete. Cement and Concrete Research, 22: 891-902.

BIGAS J P, 1994. Diffusion of chloride ions through mortars. Toulous, France: INSA.

BIRNIN-YAURI U A, GLASSER F P, 1998, Friedel's salt. $Ca_2Al(OH)_6(Cl,OH) \cdot 2H_2O$: its solid solutions and their role in chloride binding. Cement and Concrete Research, 28: 1713-1723.

BOCKRIS J O M, REDDY A K N, 1970. Modern electrochemistry: an introduction to an interdisciplinary area. New York: Plenum Press.

BOCKRIS J O M, REDDY A K N, 1977. Modem electrochemistry. 3rd ed. New York: Plenum Press.

CHATTERJI S, 1994. Transportation of ions through cement based materials—Part 1: Fundamental equations and basic measurement techniques. Cement and Concrete Research, 24 (5): 907-912.

CHOI Y C, PARK B, PANG G—S, et al., 2017. Modelling of chloride diffusivity in concrete considering effect of aggregates. Construction and Building Materials, 136: 81-87.

CRANK J, 1975. The Mathematics of diffusion. 2nd ed. Oxford: Oxford University Press.

DAI J G, AKIRA Y, WITTMANN F H, et al., 2010. Water repellent surface impregnation for extension of service life of reinforced concrete structures in marine environments: the role of cracks. Cement and Concrete Composites, 32: 101-109.

DELAGRAVE A, BIGAS J P, OILIVIER J P, et al., 1997. Influence of the interfacial zone on the chloride diffusivity of mortars. Advanced Cement Based Materials, 5: 86-92.

DJERBI A, BONNET S, KHELIDJ A, et al., 2008. Influence of traversing crack on chloride diffusion into concrete. Cement and Concrete Research, 38: 877-883.

DUCHESNE J, REARDON E J, 1995. Measurement and prediction of portlandite solubility in alkali solutions. Cement and Concrete Research, 25: 1043-1053.

ELAKNESWARAN Y, IWASA A, NAWA T, et al., 2010. Ion-cement hydrate interactions govern multi-ionic transport model for cementitious materials. Cement and Concrete Research, 40: 1756-1765.

FARRAN J, 1956. Contribution minéralogique à l'étude de l'adhérence entre les constituants hydratés des ciments et les matériaux enrobés: centre d'Etudes et de Recherches de l'Industrie des Liants Hydrauliques.

FRANCOIS R, TOUMI A, ISMAIL M, et al., 2005. Effect of cracks on local diffusion of chloride and long-term corrosion behavior of reinforced concrete members//Proceedings of the International Workshop on Durability of Reinforced Concrete Under Combined Mechanical and Climatic Loads. Qingdao, China, 113-122.

FREY R, BALONGH T, BALAZS G L, 1994. Kinetic method to analyse chloride diffusion in various concrete. Cement and Concrete Research, 24: 863-873.

FRIEDMANN H, AMIRI O, AIT-MOKHTAR A, 2008a. Physical modeling of the electrical double layer effects on multispecies ions transport in cement-based materials. Cement and Concrete Research, 38: 1394-1400.

FRIEDMANN H, AMIRI O, AIT-MOKHTAR A, 2008b. Shortcomings of geometrical approach in multi-species modelling of chloride migration in cement-based materials. Magazine of Concrete Research, 60: 119-124.

FRIZON F, LORENTE S, OLLIVIER J P, et al., 2003. Transport model for the nuclear decontamination of cementitious materials. Computational Materials Science, 27: 507-516.

GALUS Z, 1994. Fundamentals of electrochemical analysis. 2nd ed. New York: Ellis Horwood.

GARBOCZI E J, 1990. Permeability, diffusivity, and microstructural parameters: a critical review. Cement and Concrete Research, 20 (4): 591-601.

GARBOCZI E J, BENTZ D P, 1992. Computer simulation of the diffusivity of cement-based materials. Journal of Materials Science, 27 (8): 2083-2092.

GENIN J M, 1986. On the corrosion of reinforcing steels in concrete in the presence of chlorides. Materiales de Construction, 36: 5-16.

GÉRARD B, REINHARDT H W, BREYSSE D, 1997. Measured transport in cracked concrete//REINHARDT H W. Penetration and Permeability of Concrete: Barriers to Organic and Contaminating Liquids. London: E&FN SPON, 265-324.

GJØRV O E, VENNESLAND Ø, 1979. Diffusion of chloride ions from seawater into concrete. Cement and Concrete Research, 9: 229-238.

GJØRV O E, VENNESLAND Ø, 1987. Evaluation and control of steel corrosion in offshore concrete structures, concrete durability//Proceedings of the Katharine and Bryant Mather International Symposium, ACI SP-100, Vol. 2, ed. byScanlon JM. pp. 1575-1602.

GOTO S, TSUUETANI M, YANAGIDA H, et al., 1979. Diffusion of chloride ion in hardened cement paste. Yogyo Kyokaishi, 87: 126-133.

GOWRIPALAN N, SIRIVIVATNANON V, LIM C C, 2000. Chloride diffusivity of concrete cracked in flexure. Cement and Concrete Research, 30: 725-730.

HE F, SHI C, HU X, et al., 2016. Calculation of chloride ion concentration in expressed pore solution of cement-based materials exposed to a chloride salt solution. Cement and Concrete Research, 89: 168-176.

HIDALGO A, ANDRADE C, GOÑI S, et al., 1997. Single ion activities of unassociated chlorides in NaCl solutions by ion selective electrode potentiometry//Proc. 10th Intl. Congr. Chem. Cem. Gothenburg: [s. n.], 9.

ISHIDA T, IQBAL P, ANH H, 2009. Modeling of chloride diffusivity coupled with non-linear binding capacity in sound and cracked concrete. Cement and Concrete Research, 39: 913-923.

ISMAIL M, TOUMI A, FRANÇOIS R, et al., 2008. Effect of crack opening on the local diffusion of chloride in cracked mortar samples. Cement and Concrete Research, 38: 1106-1111.

JIANG L, SONG Z, YANG H, et al., 2013. Modeling the chloride concentration profile in migration test based on general Poisson Nernst Planck equations and pore structure hypothesis. Construction and Building Materials, 40: 596-603.

JOHANNESSON B, YAMADA K, NILSSON L O, et al., 2007. Multi-species ionic diffusion in concrete with account to interaction between ions in the pore solution and the cement hydrates. Materials and Structures, 40: 651-665.

JUSTNES H, RODUM E, 1997. Chloride ion diffusion coefficients for concrete—a review of experimental methods//Proc. 10th Intl. Congr. Chem. Cem. Gothenburg: [s. n.], 8.

KATO E, KATO Y, UOMOTO T, 2005. Development of simulation model of chloride ion transportation in cracked concrete. Journal of Advanced Concrete Technology, 3: 85-94.

KHITAB A, LORENTE S, OLIVIER J P, 2005. Predictive model for chloride penetration through concrete. Magazine of Concrete Research, 57: 511-520.

KRABBENHOFT K, KRABBENHOFT J, 2008. Application of the poisson-nernst-planck equations to the migration test. Cement and Concrete Research, 38: 77-88.

KUBO J, SAWADA S, PAGE C L, et al., 2007. Electrochemical injection of organic corrosion inhibitors into carbonated cementitious materials: Part 2. Mathematical modelling. Corrosion Science, 49: 1205-1227.

KURUMATANI M, ANZO H, KOBAYASHI K, et al., 2017. Damage model for simulating chloride concentration in reinforced concrete with internal cracks. Cement and Concrete Composites, 84: 62-73.

LI C, Jiang L, Xu N, et al., 2018. Pore structure and permeability of concrete with high volume of limestone powder addition. Powder Technology, 338: 416-424.

LI L, Page C L, 1998. Modelling and simulation of chloride extraction from concrete by using electrochemical method. Computational Materials Science, 9: 303-308.

LI L, Page C L, 2000. Finite element modelling of chloride removal from concrete by an electrochemical method. Corrosion Science, 42: 2145-2165.

LIU Q, LI L Y, EASTERBROOK D, et al., 2012. Multi-phase modelling of ionic transport in concrete when subjected to an externally applied electric field. Engineering Structures, 42: 201-213.

LIU Q, EASTERBROOK D, YANG J, et al., 2015a. A three-phase, multi-component ionic transport model for simulation of chloride penetration in concrete. Engineering Structures, 86: 122-133.

LIU Q, YANG J, XIA J, et al., 2015b. A numerical study on chloride migration in cracked concrete using multi-component ionic transport models. Computational Materials Science, 99: 396-416.

LORENTE S, CARCASSES M, OLLIVIER J P, 2003. Penetration of ionic species into saturated porous media: the case of concrete. International Journal of Energy Research, 27: 907-917.

MACDONALD K A, NORTHWOOD D O, 1995. Experimental measurements of chloride ion diffusion rates using a two-compartment diffusion cell: effects of material and test variables. Cement and Concrete Research, 25: 1407-1416.

MAEKAWA K, ISHIDA T, KISHI T, 2003. Multi-scale modeling of concrete performance integrated material and structural mechanics. Journal of Advanced Concrete Technology, 1: 91-126.

MARCHAND J, 2001. Modeling the behavior of unsaturated cement systems exposed to aggressive chemical environments. Materials and Structures, 34: 195-200.

MARCHAND J, GÉRARD B, DELAGRAVE A, 1995. Ions transport mechanisms in cement-based materials, Report GCS-95-07, Dept. of Civil Eng, University of Laval, Québec, Canada.

MARSAVINA L, AUDENAERT K, SCHUTTER G, et al., 2009. Experimental and numerical determination of the chloride penetration in cracked concrete. Construction and Building Materials, 23: 264-274.

MARTÍN-PÉREZ B, ZIBARA H, HOOTON R D, 2000. A Study of the effect of chloride binding on service life predictions. Cement and Concrete Research, 30: 1215-1223.

MOHAMMED M, DAWSON A R, THOM NICHOLAS H, 2014. Macro/micro-pore structure characteristics and the chloride penetration of self-compacting concrete incorporating different types of filler and mineral admixture. Construction and Building Materials, 72: 83-93.

MU S, SCHUTTER G D, MA B G, 2013. Non-steady state chloride diffusion in concrete with different crack densities. Materials and Structures, 46 (1): 123-133.

NARSILLO G A, LI R, PIVONKA P, et al., 2007. Comparative study of methods used to estimate ionic diffusion coefficients using migration tests. Cement and Concrete Research, 37: 1152-1263.

NT Build 443, 1995. Concrete, hardened: accelerated chloride penetration. Finland: Nordtest, 1-5.

OLIVIER T, 2000. Prediction of chloride penetration into saturated concrete—multispecies approach. Goteborg, Sweden: Chalmers University of Technology.

PANKOW J F, 1994. Aquatic chemistry concepts. Chelsea: Lewis Publishers.

PHILIP H, 1994. Electrochemistry. 2nd ed. New York: Chapman & Hall.

PIVONKA P, HELLMICH C, SMITH D, 2004. Microscopic effects on chloride diffusivity of cement pastes—a scale-transition analysis. Cement and Concrete Research, 34: 2251-2260.

REARDON E J, 1990. An ion interaction model for determination of chemical equilibria in cement/water systems. Cement and Concrete Research, 20: 175-192.

RODRIGUEZ O G, HOOTON R D, 2003. Influence of cracks on chloride ingress into concrete. ACI Materials Journal, 100: 120-126.

ROY D M, KUMAR A, RHODES J P, 1986. Diffusion of chloride and cesium ions in Portland cement pastes and mortars containing blast furnace slag and fly ash// Proceedings of 2nd International Conference. on the Use of Fly Ash, Silica Fume, Slag and Natural Pozzolans in Concrete. Madrid: ACI SP-91, 1423-1444.

SAETTA A V, SCOTTA R V, VITALIANI R V, 1993. Analysis of chloride diffusion into partially saturated concrete. Materials Journal, 90: 441-451.

SAHMARAN M, 2007. Effect of flexure induced transverse crack and self-healing on chloride diffusivity of reinforced mortar. Journal of Materials Science, 42: 9131-9136.

SAMSON E, MARCHAND J, BEAUDOIN J, 2000. Modeling the influence of chemical reactions on the mechanisms of ionic transport in porous materials: an overview. Cement and Concrete Research, 30: 1895-1902.

SAMSON E, MARCHAND J, SNYDER K A, 2003. Calculation of ionic diffusion coefficients on the basis of migration test results. Matererials and Structures, 36: 156-165.

SCRIVENER K L, CRUMBIE A K, LAUGESEN P, 2004. The interfacial transition zone (ITZ) between cement paste and aggregate in concrete. Interface Science, 12: 411-421.

SNYDER K A, MARCHAND J, 2001. Effect of speciation on the apparent diffusion coefficient in non-reactive porous systems. Cement and Concrete Research, 31: 1837-1845.

SPIESZ P, BALLARI M M, BROUWERS H J H, et al., 2012. RCM: a new model accounting for the non-linear chloride binding isotherm and the non-equilibrium conditions between the free and bound-chloride concentrations. Construction and Building Materials, 27: 293-304.

SUN G, SUN W, ZHANG Y, et al., 2011a. Relationship between chloride diffusivity and pore structure of hardened cement paste. Journal of Zhejiang University-Science A (Applied Physics & Engineering), 12: 360-367.

SUN G, ZHANG Y, SUN W, et al., 2011b. Multi-scale prediction of the effective chloride diffusion coefficient of concrete. Construction and Building Materials, 25: 3820-3831.

SURYAVANSHI A K, SWAMY R N, 1996. Stability of Friedel's salt in carbonated concrete structural elements. Cement and Concrete Research, 26: 729-741.

TANG L, NILSSON L, 1992. Rapid determination of the chloride diffusivity in concrete by applying an electrical field. ACI Materials Journal, 89: 49-53.

TANG L, 1996. Chloride transport in concrete—measurement and prediction. Gothenburg, Sweden: Chalmers Universities of Technology.

TANG L, 1999a. Concentration dependence of diffusion and migration of chloride ions: Part 1. Theoretical considerations. Cement and Concrete Research, 29: 1463-1468.

TANG L, 1999b. Concentration dependence of diffusion and migration of chloride ions: Part 2. Experimental evaluations. Cement and Concrete Research, 29: 1469-1474.

TIAN Y, TIAN Z, JIN N, et al., 2018. A multiphase numerical simulation of chloride ions diffusion in concrete using electron microprobe analysis for characterizing properties of ITZ. Construction and Building Materials, 2018, 178: 432-444.

TOUMI A, FRANCOIS R, ALVARADO O, 2007. Experimental and numerical study of electrochemical chloride removal from brick and concrete specimens. Cement and Concrete Research, 37: 54-62.

TRUC O, OLLIVIER J P, NILSSON L O, 2000a. Numerical simulation of multi-species transport through saturated concrete during a migration test-msdiff code. Cement and Concrete Research, 30: 1581-1592.

TRUC O, OLLIVIER J P, NILSSON L O, 2000b. Numerical simulation of multi-species diffusion. Materials and Structures, 33: 566-573.

USHIYAMA H, GOTO S, 1974. Diffusion of various ions in hardened Portland cement pastes//6th International Congress on the Chemistry of Cement. Moscow: [s. n.], 331-337.

USHIYAMA H, IWAKAKURA H, FUKUNAGA T, 1976. Diffusion of sulfateion in hardened Portland cement, Cement Association of Japan, Review of 30th General Meeting. pp. 47-49.

WANG H, DAI J, SUN X, et al., 2016a. Characteristics of concrete cracks and their influence on chloride penetration. Costruction and Building Materials, 107: 216-225.

WANG J, MUHAMMEDBASHEER P A, NANUKUTTANSREEJITH V, et al., 2016b. Influence of service loading and the resulting micro-cracks on chloride resistance of concrete. Construction and Building Materials, 108: 56-66.

WANG K, JANSEN D, SHAH S P, et al., 1997. Permeability study of cracked concrete. Cement and Concrete Research, 27: 381-393.

WANG Y, LI L Y, Page C L, 2001. A two-dimensional model of electrochemical chloride removal from concrete. Computational Materials Science, 20: 196-212.

WANG Y, WU L, WANG Y, et al., 2018. Effects of coarse aggregates on chloride diffusion coefficients of concrete and interfacial transition zone under experimental drying-wetting cycles. Construction and Building Materials, 185: 230-245.

WITTMANN F H, ZHAO T, REN Z, et al., 2009. Influence of surface impregnation with silane on penetration of chloride into cracked concrete and on corrosion of steel reinforcement. International Journal of Modelling, Identification and Control, 7: 135-141.

XI Y, BAŽANT Z P, 1999. Modeling chloride penetration in saturated concrete. Journal of Materials in Civil Engineering, 11: 58-65.

XIA J, LI L, 2013. Numerical simulation of ionic transport in cement paste under the action of externally applied electric field. Construction and Building Materials, 39: 51-59.

YANG C. 2006a. On the relationship between pore structure and chloride diffusivity from accelerated chloride migration test in cement-based materials. Cement and Concrete Research, 36: 1304-1311.

YANG C, CHO S, WANG L, 2006b. The relationship between pore structure and chloride diffusivity from ponding test in cement-based materials. Materials Chemistry and Physics, 100: 203-210.

YANG C, Su J, 2002. Approximate migration coefficient of interfacial transition zone and the effect of aggregate content on the migration coefficient of mortar. Cement and Concrete Research, 32: 1559-1565.

YE H, JIN N, JIN X, et al., 2012. Model of chloride penetration into cracked concrete subject to drying-wetting cycles. Construction and Building Materials, 36: 259-269.

YE H, TIAN Y, JIN N, et al., 2013. Influence of cracking on chloride diffusivity and moisture influential depth in concrete subjected to simulated environmental conditions. Construction and Building Materials, 47: 66-79.

YU S, PAGE C L, 1996. Computer simulation of ionic migration during electrochemical chloride extraction from hardened concrete. British Corrosion Journal, 31: 73-75.

ZHANG J, BUENFELD N R, 1997. Presence and possible implications of a membrane potential in concrete exposed to chloride solution. Cement and Concrete Research, 27: 853-859.

ZHANG T, 1997. Chloride diffusivity in concrete and its measurement from steady state migration testing. Trondheim, Norway: Norwegian University of Science and Technology.

ZHANG T, GJØRV O E, 1995. Effect of ionic interaction in migration testing of chloride diffusivity in concrete. Cement and Concrete Research, 25: 1535-1542.

ZHANG T, GJØRV O E, 1996. Diffusion behavior of chloride ions in concrete. Cement and Concrete Research, 26: 907-917.

ZHENG J J, WONG H S, BUENFELD N R, 2009. Assessing the influence of ITZ on the steadystate chloride diffusivity of concrete using a numerical model. Cement and Concrete Research, 39: 805-813.

ZHENG J J, ZHANG J, ZHOU X—Z, et al., 2018. A numerical algorithm for evaluating the chloride diffusion coefficient of concrete with crushed aggregates. Construction and Building Materials, 171: 977-983.

ZHENG J, ZHOU X, 2013. Effective medium method for predicting the chloride diffusivity in concrete with ITZ percolation effect. Construction and Building Materials, 47: 1093-1098.

ZHENG J, ZHOU X, WU Y, et al., 2012. A numerical method for the chloride diffusivity in concrete with aggregate shape effect. Construction and Building Materials, 31: 151-156.

ZHOU C, LI K, PANG X, 2011. Effect of crack density and connectivity on the permeability of microcracked solids. Mechanics of Materials, 43: 969-978.

ZHOU C, LI K, PANG X, 2012. Geometry of crack network and its impact on transport properties of concrete. Cement and Concrete Research, 42 (9): 1261-1272.

第 8 章

水泥基材料中氯离子传输的仿真模拟

8.1　引言
8.2　模拟饱和混凝土的氯离子传输
8.3　模拟不饱和混凝土的氯离子传输
8.4　氯离子相关的耐久性规范
8.5　总结

8.1 引言

混凝土结构可以视为一种在服役期间性能良好的商品。但由于很多环境因素，混凝土结构的性能总是会随时间劣化，所以在服役期间可以通过维护来保持结构的性能。当结构性能劣化超出其承受极限，就不得不被拆毁或废弃。从投入使用到结束使用，这一时期被称为结构的服役寿命期。对基础设施来说，管理者了解结构的服役寿命期非常重要，只有了解结构的服役寿命期，才能对项目做全生命周期的经济性分析，并决定是否投资，例如港珠澳大桥，其服役寿命期是120年，投资金额约1200亿。目前已经建立了用于预测海洋环境中桥梁服役寿命期的模型（Li，2016）。

世界上大多数混凝土制的基础设施大都是50年前建造的，许多结构因为长时间服役，已经显示出性能劣化的迹象。随着人们对混凝土结构劣化问题的日益关注，世界各地研究人员对胶凝材料的耐久性也越来越感兴趣。从微观结构或化学层面深入研究各种性能劣化机理，有助于我们全面理解劣化现象。同时，还模拟了混凝土在特定环境中的各种性能劣化现象。工程师们可以借助预测模型来评估维修、维护方案，从而延长现存结构的服役寿命。

因此，根据选材和结构设计来预测服役寿命，对新基建的投资评估与旧基建的维护策略来说，都是必不可少的。但是，因为不同环境中混凝土的劣化现象是截然不同且十分复杂的，故很难准确预测混凝土结构的服役寿命期。对海洋环境中的混凝土结构来说，钢筋锈蚀是最主要的问题，其中包含碳化、磨损、硫酸盐侵蚀和冻融循环破坏，这些显著加大了建模的难度。然而，学术界和工业界已普遍接受基于混凝土中的氯离子传输来预测海洋环境中混凝土的服役寿命期。

在氯离子侵蚀钢筋的情况下，可以将钢筋混凝土结构的服役寿命分为两个阶段（Tuutti，1982），如图8.1所示。第一阶段与钢筋表面到达临界氯离子浓度所需的时间有关，也和混凝土中的氯离子迁移有关。在很多服役寿命预测模型中（Magge et al.，1996；Boddy et al.，1999），第一阶段即初始阶段被认为是钢筋混凝土结构的服役寿命期。接下来的发展阶段是指从第一阶段末到钢筋混凝土结构的锈蚀破坏程度超过可接受范围所用的时间，这一阶段主要与混凝土中锈蚀产物的膨胀和产生的裂缝有关，一些模型也将这一阶段计入钢筋混凝土结构的服役寿命中（Maaddawy et al.，2007）。一旦第一阶段完成，第二阶段就会快速发展。在过去几十年里，世界各地的研究者们提出了许多寿命预测模型，模型的难度也逐渐从简单演变为复杂。

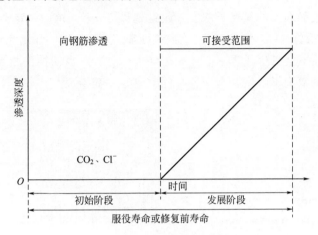

图8.1　钢筋混凝土结构的服役寿命示意图
Tuutti，1982

值得一提的是，Angst（2019）利用实验室样品和实际结构的参数计算了钢筋混凝土的初始锈蚀时间，结果表明即使是最先进的预测模型，其预测能力还是不尽如人意。通常认为改进了氯离子侵蚀模型就能提高预测初始锈蚀时间的精确性。但 Angst（2019）认为预测结果不理想是因为还存在以下问题：①缺乏对锈蚀初始过程的基本理解；②采用了不具代表性的试验结果；③忽略了局部锈蚀中的尺寸效应。这些太过复杂且超出了本章的范围，本章仍然采用 Tuutti(1982) 的模型，且只介绍与氯离子传输有关的模型。

混凝土的氯离子传输与混凝土的含水饱和度密切相关，所以本章分别讨论了饱和水泥基材料和不饱和水泥基材料的氯离子传输模型。此外，本章还介绍了与氯离子引起的混凝土结构耐久性有关的主要标准和规范。

8.2
模拟饱和混凝土的氯离子传输

根据模型参数的性质可将模型划分为确定性模型和可靠度模型。在确定性模型中,模型参数通常是一个确定的值;而在可靠度模型中,模型参数通常是连续随机变量,其特征为平均值、标准偏差和概率密度函数。图 8.2 (Gulikers,2007)说明了确定性模型和可靠度模型之间的差异。在确定性模型中,如果钢筋表面的氯离子浓度 c 超过临界值 c_{crit},锈蚀一定会发生;而当 $c < c_{crit}$ 时,锈蚀一定不会发生。而在可靠度模型中,当氯离子浓度 $c < c_{crit,min}$,锈蚀不会发生;当 $c_{crit,min} < c < c_{crit,max}$,发生锈蚀的概率逐步增大。当钢筋表面的氯离子浓度 c 高于 $c_{crit,max}$,锈蚀一定会发生。

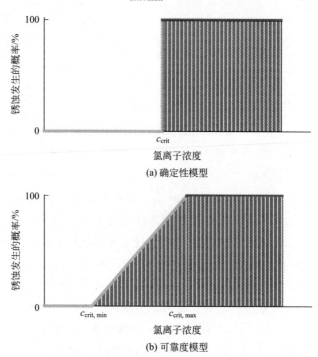

图 8.2 将 c_{crit} 作为确定性变量的确定性模型和作为随机变量的可靠度模型的对比

原则上确定性模型可分为两种,即物理模型和经验模型。在物理模型中,需尽可能正确、科学地描述传输过程中涉及的所有物理和电化学过程。物理模型需要的是独立确定的试验数据,而不是曲线拟合的数据。将现场实测数据与模型对比,如果两者不够一致,说明模型需要进一步的改进,或者需要更好的试验数据。在经验模型中,将某段时间的试验数据与数学模型拟合,通常是菲克第二定律的误差函数,可以得到一些没有物理意义的经验参数,这些经验参数通常用于推测钢筋混凝土结构的服役寿命。需要注意的是,确定经验参数的试验时间通常比结构的整个服役寿命要短很多。用早期的试验数据来推断未来的行为,这种做法非常值得商榷,如图 8.3 所示。

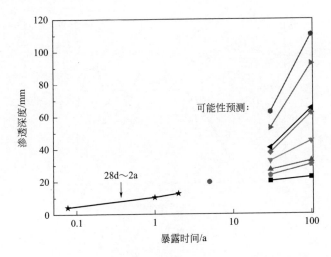

图 8.3 用 28 天～2 年的数据来预测 30～100 年的可能服役行为
5 年处的圆圈表示之后的测量数据没有用于预测

因此,经验模型只适用于所处时期、所处条件与试验时期、试验条件一致的结构,现在这些基于菲克第二定律的经验模型在科学界和工程界都非常流行。然而,尽管物理模型的精度可能比基于菲克定律的模型更高,但工程师们不愿使用这类模型,更不愿将其引入国家规范或标准。值得一提的是,基于菲克定律的模型或一些物理模型是建立在饱和混凝土理论上的。非饱和混凝土中的氯离子传输是一个非常复杂的问题。本节先介绍三种模型的一般原理,然后详细介绍一些具有代表性的模型。

8.2.1 经验模型

菲克第二定律的误差函数解被广泛用作寿命预测模型的理论基础。但是长久以来,人们已经注意到扩散系数会随时间变化,甚至表面氯离子浓度也会随时间变化(通常是增加)。对于表面氯离子浓度,Amey 等(1998)建议用线性函数或幂函数来描述表面氯离子浓度随时间的变化。Weyers(1998)用 15 年的时间研究了积雪地区 15 座桥桥面浅层的表面氯离子。他发现表面氯离子浓度随时间增加而增大,如图 8.4 所示。Weyers 认为,桥面浅层的表面氯离子浓度在 5 年内会达到恒定。与桥梁 40 年的服役寿命期相比,采用与恒定表面氯离子浓度相近的菲克第二定律的误差函数解是合理的。

Kassir 等(2002)分析了 Weyers 的研究结果,并提出了一个指数函数来

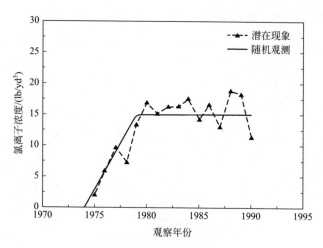

图 8.4 表面氯离子浓度随时间的变化

$1lb/yd^3 = 0.5933kg/m^3$

描述表面氯离子浓度随时间的变化。Kassir 通过变化的表面氯离子浓度得到了菲克第二定律的解,并发现与变化的表面氯离子浓度相比,用恒定的表面氯离子浓度会低估混凝土结构的服役寿命,有时误差可达 100%。在 Weyers(1998)的研究中,钢筋混凝土结构处于干湿循环区域,这会导致其表面氯离子浓度增大。在水下区域可以观察到表面氯离子浓度随时间的增加而增大(Tang et al.,2000)。Tang(2008)认为该现象是因为结合氯离子含量随时间的增加而增大,而孔隙中的自由氯离子含量保持相对恒定。Pang 等(2016)提出 c_s 随时间呈非线性增加,且在 20 年后达到恒定。

Shakouri 和 Trejo(2017)提出了一个改进后的 c_s 随时间变化的模型,该模型根据一般物理概念做出假设,然后根据实际研究进行验证。与现有的时变模型不同,该模型不仅考虑了 c_s 随时间的变化,还考虑了暴露时间与暴露环境中氯离子浓度的综合影响。模型假设 c_s 随时间变化的函数形状是 C 形,其渐近线是环境中氯离子浓度的函数。为了研究水灰比、暴露时间、暴露环境中的氯离子浓度对 c_s 的影响,该模型的输入变量都是从试验数据的最佳样本中筛选出来的。我们对比了该模型和现有时变模型的准确性,结果表明,相比于现有模型,改进后的模型能更好地预测氯离子环境中混凝土的 c_s。

Shakouri 和 Trejo(2018)发现水灰比不会显著影响 c_s 的最大值,但水灰比增加会导致最大氯离子浓度处的深度(Δx)显著增大,他们认为这可能会影响 D_a 和 c_s 的估算结果。除此之外,他们还发现暴露时间会显著影响 c_{max},但对 Δx 没有影响。暴露环境中的氯离子浓度和暴露时间对 Δx 和 c_s 最大值有着相反的影响。也就是说，暴露时间延长会导致 Δx 增大，但 c_s 的最大值会减小。类似地，暴露环境中氯离子浓度增大会导致 Δx 减小，而 c_s 的最大值呈非线性增大。有时混凝土表皮的厚度会超过 1mm。当氯离子浓度分布曲线中出现最大值时，则必须注意在服役寿命预测模型中要使用估计的 D_a 和 c_s 值。

由于水泥基材料的不断水化，混凝土的渗透性随时间不断降低。Takewake 和 Mastumoto（1988）可能是最先提出氯离子扩散系数具有时间依赖性的研究人员，并用一个纯经验公式来描述扩散系数随时间减小的变化过程。与表面氯离子浓度的时间依赖性相比，大家更关注氯离子扩散系数的时间依赖性，通常通过以下的数学式来表达（Mangat et al.，1994；Maage et al.，1996；Duracrete，1998；Stanish et al.，2003；Nokken et al.，2006；Tang，2008）：

$$D_i = D_{\text{ref}} \left(\frac{t_{\text{ref}}}{t_i} \right)^m \tag{8.1}$$

式中，D_{ref} 和 D_i 分别为 t_{ref}（参考暴露时间）时和 t_i（暴露时间）时的扩散系数；m 为常数，取决于混凝土的胶凝材料。

不管是随时间变化的表面氯离子浓度还是随时间变化的扩散系数，菲克第二定律都分别有对应的解（Crank，1975）。而在 Crank 的书中，没有给出同时结合以上二者的菲克第二定律的解。余红发（2004）用不同的边界条件来解菲克第二定律，但该解的正确性还需要进一步的检验。目前为止，应用最为广泛的是仅基于氯离子扩散系数时间依赖性的模型。曾经有很多关于氯离子扩散系数时间依赖性的菲克第二定律的错误应用（Mangat et al.，1994；Maage，1996；Duracete，1998），直到后来，一些研究者才提出了正确的解（Stanish et al.，2003；Tang，2008），它具有以下的形式：

$$\frac{c}{c_s} = 1 - \text{erf}\left(\frac{x}{2\sqrt{D_{\text{app}}t}} \right) = 1 - \text{erf}\left(\frac{x}{2\sqrt{\frac{D_{\text{ref}}}{1-m}\left[\left(1+\frac{t_{\text{ex}}}{t}\right)^{1-m} - \left(\frac{t_{\text{ex}}}{t}\right)^{1-m}\left(\frac{t_{\text{ref}}}{t}\right)t\right]}} \right) \tag{8.2}$$

式中，t_{ex} 为混凝土开始浸泡的时间；t 为浸泡的周期；t_{ref} 为参考时间；D_{ref} 为参考氯离子扩散系数。很明显，式(8.2)隐含着一个假设：氯离子结合不具有时间依赖性，且自由氯离子与结合氯离子之间呈线性关系。

尽管经验模型有很多不符合实际的假设，但因为其简单的数学表达和理论基础而被广泛应用于工程实践。基于以上的讨论，从经验模型中可以得出以下的结论：

① 用短期的试验结果来预测长期的行为可能导致不正确的预测结果，新环境和新结构需要采用新试验；

② 研究者们主要关注氯离子扩散系数的时间依赖性，而关于表面氯离子浓度随时间变化的研究相对较少，目前，经验模型中只采用了具有时间依赖性的氯离子扩散系数。

基于经验模型的种种优点，开发了一些商业模型，例如 Life-365™ 寿命预测模型，下面将对该模型进行详细介绍，如图 8.5 所示。1998 年，美国国家标准与技术研究院（NIST）、美国混凝土协会（ACI）和美国材料与试验协会（ASTM）主办了一个名为"钢筋混凝土的服役寿命期及全寿命期成本预测模型（Modelling service life and life-cycle cost of steal-reinforced concrete）"的研讨会。研讨会上决定尝试在 ACI 委员会"365 服役寿命期预测"的主导下开发一个"标准模型"。之后，在 ACI 的战略发展委员会（SDC）资助下，基于多伦多大学现有的服役寿命期预测模型，开发了一个寿命周期成本初始模型（Boddy et al.，1999；Thomas et al.，1999）。Life-365™ v1.0 程序和手册由 Bentz E C 和 Thomas M D A 编写。Life-365™ v2.2 的程序和手册适应于 1.0 版本，并在 Life-365 Consortium Ⅲ 的支持下由 Ehlen M A 编写完成。Life-365 Consortium Ⅲ 由 BASF Admixture Systems，Cortec，Epoxy Interest Group（Concrete Reinforcing Steel Institute），Euclid Chemical，Grace Construction Products，National Ready Mixed Concrete Association，Sika Corporation，Silica Fume Association，Slag Cement Association 组成。该模型只考虑了因氯离子锈蚀引起的服役寿命期问题。

这个模型用途很多，可用于预测氯离子环境下混凝土结构的服役寿命期，也可用于规划混凝土结构的维修措施。它还使用了 Tuutti 的模型（Tuutti，1982）。混凝土的服役寿命期包括两个阶段，即初始期和扩展期。在结构服役寿命期结束之前，可以通过维护来延长服役寿命期，如图 8.6 所示。该模型可以进行全寿命周期成本分析，还有助于制定维护计划，本节只讨论第一阶段。

对于混凝土中的氯离子传输，该模型是基于菲克第二定律的误差函数解：

$$c(x,t)=c_s\left[1-\mathrm{erf}\left(\frac{x}{\sqrt{4D_a t}}\right)\right] \tag{8.3}$$

式中，c_s、D_a 为输入型参数，这两个参数的取值决定了模型的精度。

(1) 表面氯离子浓度

Weyers（1998）提出了表面氯离子浓度（c_s）随时间呈线性增长，并在一定时间后达到最大值。c_s 取决于结构类型、地理位置和暴露程度。在该模型

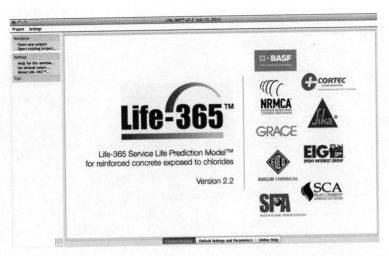

图 8.5 Life-365™服役寿命预测软件界面

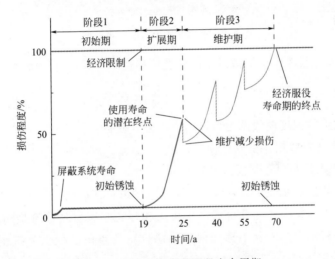

图 8.6 加上维护期的服役寿命周期

中，c_s 达到最大值所需时间为 7 年。在该模型中可以通过不同方法来确定 c_s：

① 基于结构类型、地理位置和暴露程度，由软件确定；

② 用户直接输入；

③ 一种基于 ASTM C 1556 的计算方法，可在实验室中测得氯离子含量，将其代入计算，通过曲线拟合可以得到最大表面氯离子浓度（图 8.7）。

(2) 扩散系数

由于水泥的水化作用，扩散系数随时间的增加而增大。该模型采用式

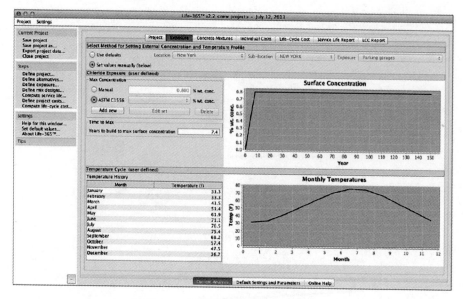

图 8.7　表面氯离子浓度变化进程

(8.1)。此外，还考虑了扩散系数的温度依赖性，如式(8.4)所示

$$D(T)=D_{ref}\exp\left[\frac{U}{R}\left(\frac{1}{T_{ref}}-\frac{1}{T}\right)\right] \tag{8.4}$$

一年以上的温度曲线图也可以以下方式获得：

① 根据气象数据，由软件确定；

② 用户根据每月平均温度直接输入。

模型中的扩散系数 D_{28} 可以由 ASTM C 1556 直接确定，也可以通过该软件基于混凝土的配合比计算得到。水灰比和补充胶凝材料掺量是输入型参数。本模型以水灰比为 0.4 且不掺任何矿物掺合料的空白混凝土为参照，在 20℃ 时，其扩散系数 $D_{28}=7.9\times10^{-12}\,\mathrm{m^2/s}$。

对于不同水灰比的空白混凝土：

$$D_{28}=1\times10^{(-12.06+2.40W/B)}$$
$$m=0.2$$

对于硅灰 (SF) 掺量<15% 的硅灰混凝土：

$$D_{SF}=D_{PC}e^{-0.165w_{SF}}$$
$$m=0.2$$

对于粉煤灰 (FA) 掺量<50% 或矿渣 (SG) 掺量<70% 的混凝土：

$$m=0.2+0.4(w_{FA}/50+w_{SG}/70)$$

该模型的优缺点如下。

(1) 优点

① 它是一个成熟的商业软件；

② 它功能强大，具有通用性和用户友好性；

③ 它是基于庞大数据库的半经验模型。

(2) 缺点

它将氯离子和混凝土间的化学物理反应简单归纳为一些经验参数。

8.2.2 物理模型

如上所述，在物理模型中，需尽可能科学地、正确地描述出所有相关的物理化学过程，但由于变量很多，且各个变量之间都有相互作用，因而通常用偏微分方程来描述这些过程。找出这些偏微分方程的所有解析解几乎是不可能的，因此必须通过数值计算方法，如有限差分法或有限元法，来求解偏微分方程。实际上，氯离子在混凝土中的传输是一个非常复杂的过程，它包括毛细管作用、湿度迁移、热传递等。即使只考虑氯离子的扩散，该过程仍十分复杂。研究者们针对氯离子的扩散提出了不同的物理模型（Tang，1996；Masi et al.，1997；Samson et al.，1999；Truc，2000；Khitab et al.，2005）。

在这些模型中，混凝土被认为是两相材料，即孔隙溶液相和固相。氯离子只在孔隙溶液中迁移，在固相中的迁移被忽略不计。一般来说，物理模型主要由三部分组成：描述传输过程的偏微分方程、输入和输出。下面将简要介绍一些具有代表性的物理模型。

(1) ClinConc 模型（Tang，1996）

描述氯离子传输过程的偏微分方程：

① 质量守恒方程；

② 流量方程——菲克第一定律；

③ 氯离子结合关系——Freundlich 等温吸附曲线；

④ 环境的影响；

⑤ 材料性质的影响。

输入：

① 根据 NT Build 492 确定的非稳态电迁移系数，它是深度、时间和温度的函数；

② 试验配合比（水泥、骨料、水）；

③ 环境条件（氯离子浓度、温度）；

④ 混凝土的浇筑条件。

输出：

① 自由氯离子浓度分布曲线；

② 总氯离子浓度分布曲线。

1996 年，Tang（1996）提出了一个较为合理的物理模型。该模型考虑了很多物理和化学现象，并用有限差分法解出了偏微分方程。但是在这个模型中，氯离子被当成中性粒子且认为它与其他离子没有相互作用。众所周知，氯离子是带负电荷的粒子，并且混凝土的孔隙溶液中含有很多其他的离子，如 K^+、Na^+、Ca^{2+}、OH^-、SO_4^{2-} 等。当氯离子在离子浓度较高的溶液中迁移时，不考虑离子间的相互作用可能会引起误差。值得一提的是，ClinConc 模型需要通过电脑进行迭代计算，这可能限制了该模型的工程应用。基于 ClinConc 模型，Tang（2008）提出了一个更适用于工程应用的数学表达式，该表达式不需要进行迭代计算。

ClinConc 模型用自由氯离子浓度代替总氯离子含量。因此，氯离子进入混凝土的过程可由式(8.5)来描述。D_a 为表观氯离子扩散系数，它不是常数而是随时间变化的：

$$D_a = \frac{D_0}{1-n}\left(\frac{t'_0}{t}\right)^n \left[\left(1+\frac{t'_{ex}}{t}\right)^{1-n} - \left(\frac{t'_{ex}}{t}\right)^{1-n}\right] = D_0 f(n,t) \tag{8.5}$$

式中，D_0 为龄期为 t'_0 时菲克第二定律的扩散系数；n 为龄期因子；t'_{ex} 为开始暴露时混凝土的龄期。请注意本节的 t' 为混凝土龄期，t 为暴露时长。

Tang 等（2012）发现测得的氯离子扩散系数随龄期增长而减小。Tang 的试验结果表明，一定时间后，随着水化过程的发展，氯离子扩散系数或多或少趋于恒定。因此，在 ClinConc 原始模型中，氯离子扩散系数随时间变化的因子 $f_D(t')$ 如式（8.6）所示：

$$f_D(t') = \begin{cases} \left(\dfrac{t'_{D_s}}{t'}\right)^{\beta_t} & t' < t'_{D_s} \\ 1 & t' \geqslant t'_{D_s} \end{cases} \tag{8.6}$$

式中，t'_{D_s} 为扩散系数稳定时混凝土的龄期；β_t 为一个常数（早期混凝土的龄期因子）。普通水泥混凝土的 t'_{D_s} 一般为半年左右，一些掺有火山灰的混凝土 t'_{D_s} 可能更长。

在 ClinConc 模型中考虑了氯离子结合：

$$\frac{\partial c_b}{\partial c} = k_{OH} k_{T_b} \frac{W_{gel}}{1000} \times f_b \beta_b c^{\beta_b - 1} \tag{8.7}$$

式中，c_b 为结合氯离子的含量；$\partial c_b / \partial c$ 是氯离子结合能力；k_{OH} 是描述碱度影响的系数；k_{Tb} 为氯离子结合的温度因子；f_b 和 β_b 是氯离子吸附常数。W_{gel} 是混凝土中的凝胶含量，kg/m^3。

ClinConc 模型将根据 NT Build 492 测得的 6 个月时的迁移系数作为输入参数。为了缩小 6 个月时的迁移系数（D_{6m}）与表观扩散系数（D_0）之间的差距，Tang 引入了一个新的因子。

$$D_0 = \frac{(0.8a_t^2 - 2a_t + 2.5)(1 + 0.59k_{b6m})k_{TD}}{1 + k_{OH6m}k_{b6m}k_{TD}f_b\beta_b\left(\dfrac{c_s}{35.45}\right)^{\beta_b - 1}} \times D_{6m} \quad (8.8)$$

式中，a_t 为氯离子结合的时间因子；k_{OH6m} 为氢氧根结合系数；k_{b6m} 为非稳态迁移系数中的氯离子结合系数；k_{TD} 为扩散系数的温度因子。

$$\frac{c}{c_s} = 1 - \mathrm{erf}\left\{\frac{\chi}{2\sqrt{\dfrac{k_D D_0}{1-n}\left[\left(1 + \dfrac{t'_{ex}}{t}\right)^{1-n} - \left(\dfrac{t'_{ex}}{t}\right)^{1-n}\right]\left(\dfrac{t'_{6m}}{t}\right)^n \times t}}\right\} \quad (8.9)$$

式中，n 为龄期因子；k_D 为扩展系数。

当得到自由氯离子浓度分布曲线时，就可以得出结合氯离子含量和总氯离子含量。

$$c_b = f_t k_{OH6m} k_{b6m} k_{Tb} f_b \beta_b c^{\beta_b} g/I \quad (8.10)$$

其中

$$f_t = a_t \ln\left(\frac{c}{c_s} \times t + 0.5\right) + 1 \quad (8.11)$$

从模型应用中可以看出，该模型能较为准确预测氯离子进入混凝土的过程。

Kim 等（2016）将经验模型与 ClinConc 模型进行了对比研究。在研究中，混凝土长期暴露在海洋环境中，混凝土分别处于饱和状态的 XS2（低于潮位）和非饱和状态的 XS3（潮汐、飞溅和喷雾）。暴露区是在混凝土结构最容易受到离子侵入和破坏的区域。利用经验模型（误差函数）和物理模型（ClinConc）研究了氯离子分布和氯离子传输行为。在经验模型中建立了表面氯离子浓度（c_s）和表观扩散系数（D_a）的时间依赖性，而在 ClinConc 模型（原基于饱和混凝土）中，在 XS3 环境暴露区引入了两个新的环境因子。尽管根据 BS EN 206-1：2013，XS3 被认为是一个环境暴露区，但研究工作证明，即使在这个区域内，氯离子入侵也是显著变化的。

(2) Samson 模型

描述传输过程的方程：

① 质量守恒方程；
② 扩展的能斯特-普朗克方程；
③ 泊松方程；
④ 氯离子结合——化学平衡；
⑤ 温度的影响。

输入：

① 各种离子的电迁移系数，通过测量在一定时间内流经试件的电流得出氯离子的电迁移系数。然后用扩展的能斯特-普朗克方程分析试验结果，为了让模型与试验值能够很好地吻合，每次试验都通过一种算法测得试件的孔隙率，然后得出氯离子迁移系数。通过假设在无限稀释情况下，该离子与氯离子的扩散系数比值等于该离子与氯离子的迁移系数比值，计算得到其他离子的迁移系数。

② 材料特性（孔隙溶液的化学组成、材料的初始特性、孔隙率、毛细孔隙率）。

③ 环境条件（浸泡液中的离子种类和浓度、温度等）。

输出：

① 各种离子的浓度分布曲线（自由氯离子、总氯离子、K^+、Na^+、Ca^{2+}、OH^-、SO_4^{2-}）；
② 固相的分布；
③ 试件内外的离子流量；
④ 混凝土试件内部的电场分布（迁移情况下）。

Samson 和 Marchand 在过去十年里不断改进他们的模型（Samson et al.，1999；2000；2003；2007；Marchand，2001），他们的研究成果在各类期刊中发表，包括化学、计算机、建筑材料。他们的模型可以在扩散、电迁移甚至是非饱和状态下使用，已经是一种非常复杂且比较成熟的寿命预测模型。通过有限元法，可以求解扩展能斯特-普朗克方程与泊松方程的耦合解。Samson 等（1999）认为 Newton-Raphson 方法比 Picard 迭代方法更适用于求解方程，因此采用 Newton-Raphson 方法来进行分析。在该模型中，确保各点处都达到化学平衡，考虑温度对化学平衡的影响，同时考虑尽可能多的物理化学过程，然而很多参数和试验结果都是通过电解质得来的，这种方法是否适合于水泥基材料还需要进一步研究。有一些输入数据很难获取，如孔隙溶液的化学组成，同时一些水泥水化产物如水化硅酸钙和 Friedel 盐的反应焓也无法获取。因此，这个模型的复杂性使得它很难在工程实践中为工程师所用。

(3) Truc 模型

描述氯离子传输过程的方程：
① 质量守恒方程；
② 能斯特-普朗克方程；
③ 电荷守恒方程；
④ 氯离子结合关系——Freundlich 等温吸附曲线。

输入：
① 各种离子的电迁移系数，氯离子的有效迁移系数可通过上游法测得，该方法是 NT Build 355 的改良版本，采用 Samson 所用的方法可测得其他离子的迁移系数；
② 材料性质（混凝土的密度、孔隙率、孔隙溶液的化学组成、氯离子等温吸附曲线）；
③ 环境条件（浸泡液中的离子种类和浓度）。

输出：
① 各种离子的浓度分布曲线（自由氯离子、总氯离子、K^+、Na^+、Ca^{2+}、OH^-、SO_4^{2-}）；
② 孔隙率和混凝土干密度随时间的变化；
③ 混凝土内外的离子流量；
④ 混凝土试件内部的电场分布（迁移情况下）。

Truc 没有采用泊松方程，而是采用泊松方程的近似解——电荷守恒方程，然后用有限差分法解出了这些偏微分方程。与 Samson 的模型类似，Truc 的模型也可以用于自然扩散或电迁移的情况。孔隙溶液的化学组成和氯离子的有效扩散系数是最重要的输入参数。然而孔隙溶液的化学组成很难获取，而且通过上游流量法测得的氯离子有效扩散系数的准确性还需要进一步研究。Khitab 等（2005）将 Truc 的模型优化成更为实用的模型。

由于氯离子是带电粒子，基于 Truc（2000）和 Yuan（2009）的研究成果，本节将详细讨论多物质模型。通常用扩展能斯特-普朗克方程来描述通过饱和多孔材料的离子流量：

$$J = -D\left[\frac{\partial c}{\partial x} + \frac{c}{\gamma} \times \frac{\partial \gamma}{\partial x} + zc\frac{F}{RT} \times \frac{\partial E(x,t)}{\partial x} - cV(x)\right] \quad (8.12)$$

式中，D 为有效扩散系数；c 为孔隙溶液中的离子浓度；γ 为化学活度系数；E 为电场；F 为法拉第常数；R 为理想气体常数；z 为电价。

式(8.12)右边的每一项都代表着不同的机理，第一项通常叫扩散项，即菲克第一定律，描述的是浓度梯度作用下的离子移动。

第二项表示化学活度系数的影响。在无限稀释的溶液中，化学活度系数等于1，而在正常的溶液中，化学活度系数都小于1。经典的电化学模型，如Debye-Hiickel 公式或 Debye-Hiickel 极限定律，都只适用于离子强度约为100mmol/L 的弱电解质溶液，Samson 等（1999）认为 Davies 修正方程可以用来描述离子强度更高（300mmol/L）的溶液。学者们研究了孔隙溶液中的化学活度系数对离子传输过程的影响。Truc（2000）采用基于 Pitzer 方程的模型，计算了各种离子的通量以及在稳态和非稳态条件下各种离子移动所产生的电场，结果如表8.1所示。结果表明，理想电解质和非理想电解质的离子通量差别很小，产生的电场电势差别也很小。Samson 等（1999）用 Davies 修正方程来研究化学活度系数对离子迁移过程的影响，他的数值模拟结果也表明化学活度系数对离子迁移过程的影响很小。Tang（1999）也得出了同样的结论。大多数已发表的文献都一致表明，活度系数对离子迁移的影响可以忽略不计，因此省略式(8.12)中的第二项。

表 8.1　电解质活性对通量值的影响 （$x=1\text{mm}$）(Truc, 2000)

单位：$\times 10^{-8}\,\text{mol}/(\text{m}^2\cdot\text{s})$

离子类型	稳态,不考虑活性	稳态,考虑活性	非稳态,不考虑活性	非稳态,考虑活性
Na^+	0.0079	0.0078	0.0122	0.0123
K^+	-0.0128	-0.0128	-0.0293	-0.0291
Cl^-	0.1140	0.1127	0.5240	0.5251
OH^-	-0.2475	-0.2481	-1.3714	-1.3688

式(8.12)中的第三项表示电场的影响。该电场可能是外加电场和自生电场之和，当外加电场足够强时，自生电场和扩散项可忽略不计，也就是 NT Build 355 中的情况。

Zhang 和 Buenfeld（1997）测量了置于氯离子扩散槽中的普通水泥砂浆试件的自生电场，其值为20~45mV，一般认为这个数量级的电场对水泥基材料中的离子扩散有很大的影响。Truc（2000）采用 Msdiff 模型来计算水泥浆内部产生的自生电场，其计算结果与 Zhang 的试验结果非常接近。因此，不能忽略扩散情况下自生电场的影响。

第四项是对流项。因为没有考虑压力梯度作用，所以该项可以忽略。

综上所述，式(8.12)变为：

$$J=-D\left[\frac{\partial c}{\partial x}+zc\frac{F}{RT}\times\frac{\partial E(x,t)}{\partial x}\right] \qquad (8.13)$$

连续性方程如下：

$$\frac{\partial J}{\partial x} = -\frac{\partial c_t}{\partial t} = -\frac{\partial (pc + (1-p)\rho_{dry} c_b)}{\partial t} \tag{8.14}$$

将式(8.13)代入式(8.14)，连续性方程变为：

$$p\frac{\partial c}{\partial t} + (1-p)\rho_{dry}\frac{\partial c_b}{\partial t} = \frac{\partial}{\partial x}\left\{D\left[\frac{\partial c}{\partial x} + zc\frac{F}{RT} \times \frac{\partial E(x,t)}{\partial x}\right]\right\} \tag{8.15}$$

式中，p 为孔隙率；c 为混凝土中的自由氯离子浓度，mol/L；ρ_{dry} 为混凝土的干密度，kg/m³；c_b 为干硬性混凝土中结合氯离子的物质的量，mol/kg。

式(8.15)等号左边的第一项代表自由氯离子项，第二项代表结合氯离子项。氯离子吸附具有浓度依赖性，因此，

$$\frac{\partial c_b}{\partial t} = \frac{\partial c_b}{\partial c} \times \frac{\partial c}{\partial t} \tag{8.16}$$

然后：

$$\frac{\partial c}{\partial t} = \left(p + (1-p)\rho_{dry}\frac{\partial c_b}{\partial c}\right)^{-1}\frac{\partial}{\partial x}\left(D\left[\frac{\partial c}{\partial x} + zc\frac{F}{RT} \times \frac{\partial E(x,t)}{\partial x}\right]\right) \tag{8.17}$$

为了计算电场 $E(x,t)$，通常用泊松方程将溶液中的电场和电量 $\sum_i c_i z_i$ 联系起来。Samson 等（1999；2003；2007）用有限元法求解了泊松方程与能斯特-普朗克方程的耦合解，而 Truc（2000）在这个研究中使用了另一种方法。

孔隙溶液中的不同离子必须满足电荷守恒方程，它近似于泊松方程：

$$\sum_i c_i z_i = 0 \tag{8.18}$$

式中，下标 i 表示离子的种类数。在扩散过程中，整个试件的电流应该等于0。

$$F\sum_i z_i J_i = 0 \tag{8.19}$$

由式(8.19)和式(8.14)可以得到因不同离子移动产生的电场。

$$\frac{\partial E}{\partial x} = -\frac{RT}{F} \times \frac{\sum_i z_i D_i \left(\frac{\partial c_i}{\partial x}\right)}{\sum_i z_i^2 D_i c_i} \tag{8.20}$$

至此，研究人员建立了一套模拟水泥基材料中多组分运输的方程组。为了模拟扩散过程，式(8.17)和式(8.20)必须在一维下解出。第一步是确定要研

究的离子种类和它们的扩散系数。

众所周知，水泥基材料的孔隙溶液主要由 Na^+、K^+、Ca^{2+}、SO_4^{2-}、OH^-、Cl^- 等离子组成。Wiens 等（1995）研究了各种水泥浆体中孔隙溶液的化学组成。结果表明，K^+、Na^+、OH^- 浓度很高，而 Ca^{2+}、SO_4^{2-}、Cl^- 浓度较低。当样品处于氯盐环境中，Cl^- 是主要研究对象。为了简化，研究只考虑了四种主要离子，即 K^+、Na^+、OH^-、Cl^-。

氯离子扩散系数可以通过试验测得，假设在无限稀释溶液中，该离子与氯离子的扩散系数之比等于它们在水泥基材料中的扩散系数之比，则可以得到其他离子的扩散系数，即：

$$\left(\frac{D_{Cl}}{D_i}\right)_{cem} = \left(\frac{D_{Cl}}{D_i}\right)_{inf} \tag{8.21}$$

式中，下标 cem 表示在水泥基材料中；下标 inf 表示在无限稀释溶液中。各种离子在无限稀释溶液中的扩散系数如表 8.2 所示。

表 8.2 无限稀释下各离子扩散系数（Samson，2003）

单位：$\times 10^{-9} m^2/s$

离子	扩散系数
Na^+	1.334
K^+	1.957
OH^-	5.273
Cl^-	2.032
Ca^{2+}	0.792
SO_4^{2-}	1.065

然而，式(8.21)在实际情况下并不成立。有研究结果表明，砂浆中阴阳离子扩散系数之比 D_{anion}/D_{cation} 要大于其在无限稀释溶液中的比值（Goto et al.，1981；Truc，2000），即：

$$\left(\frac{D_{Cl}}{D_{cation}}\right)_{cem} > \left(\frac{D_{Cl}}{D_{cation}}\right)_{inf} \tag{8.22}$$

引入一个系数 r，然后

$$(D_{cation})_{cem} = r \left(\frac{D_{cation}}{D_{Cl}}\right)_{inf} (D_{Cl})_{cem} \tag{8.23}$$

Truc（2000）采用不同且小于 20 的 r 值来进行数值模拟分析。结果表明，

系数 r 对浓度分布没有显著影响，但或多或少地减缓了氯离子渗透，从而轻微改变了曲线的形状。因此，模型中采用了式(8.21)。

为了求解式(8.17)，必须清楚水泥水化产物对各种离子的吸附情况，一般忽略阳离子的吸附情况。因为氯离子是主要研究对象，故只考虑氯离子的结合。然而，氯离子结合是一个非常复杂的现象且受多种因素影响。比如，氢氧根离子对氯离子结合有显著的负面影响，硫酸根离子和阳离子也会影响氯离子结合，这在第4章已经详细讨论过。Tang（1996）和 Truc（2000）在模型中研究了氢氧根离子对氯离子结合的影响，并取得了较好的结果。模型采用了通过平衡法得到的 Freundlich 等温吸附曲线，还采用了通过扩散或迁移试验确定的 Freundlich 等温吸附曲线，这已经在 Yuan 等（2013）的研究中讨论过，如式(8.24) 所示。

$$c_b = ac^\beta \tag{8.24}$$

式中，c_b 为混凝土中的结合氯离子含量，mol/kg；c 为孔隙溶液中的自由氯离子含量，mol/m³。

在众多测量氯离子扩散系数的试验方法中，求解式(8.24) 的最后一个问题是，应该选择哪个测试结果作为服役寿命期预测模型的输入参数。Tang（1996）采用 NT Build 492 的测试结果，并在模型里将其转换成有效扩散系数，Truc（2000）和 Khitab 等（2005）采用上游流量法的测试结果，Samson 等（2003）通过定期测量通过试件内部的电流来获得迁移系数。所有模型都需要考虑扩散系数的时间依赖性。然而扩散系数沿渗透方向是恒定的，也就是说，扩散系数与深度无关。如果研究试件内部的氯离子浓度分布，可以发现氯离子扩散系数应该是随深度而改变的，这有两个原因：一个是电化学方面的原因，氯离子扩散系数具有浓度依赖性（Tang，1999；Truc，2000；Zhang，1997）。如图 8.8 所示，因为 A 点处的氯离子浓度与 B 点处不同，所以两处的氯离子扩散系数也应该不同。另外一个是微结构方面的原因，MIP 结果表明，结合氯离子会显著改变水泥基材料的微观结构（Yuan et al.，2011）。因为 A 点处的氯离子浓度高于 B 点，那么 A 点处会吸附更多的氯离子，所以 A 点处的孔结构较 B 点处变化更为明显，从而以相同的方式影响扩散系数。因此，服役寿命期预测模型应该采用变化的扩散系数（沿渗透方向）而不是恒定的扩散系数。

预测模型应采用稳态扩散系数。由于自然稳态扩散试验需要很长时间，无法满足工程的需要，因此通常用电加速迁移试验来代替自然扩散试验。在已有的两种稳态电迁移试验方法中，因为上游流量法存在理论缺陷，故上游流量法

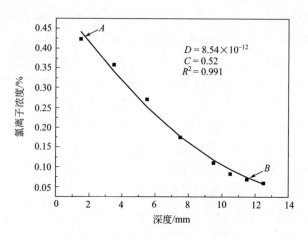

图 8.8 不同深度处的氯离子浓度

测得的试验结果要高于下游流量法，因此本研究采用下游流量法，即 NT Build 355。另外，稳态迁移系数普遍大于稳态扩散系数（Arsenault et al.，1995），故引入一个 1.6 的修正系数来解决这一问题（Yuan et al.，2011），结合迁移系数的浓度依赖性，输入模型的扩散系数可以表示为：

$$\begin{cases} D = D_{0.01M}/1.6 & (c<0.01\text{mol/L}) \\ D = D_{1M} \times c^{-0.7}/1.6 & (0.01\text{mol/L} \leqslant c \leqslant 1\text{mol/L}) \\ D = D_{1M}/1.6 & (1\text{mol/L}<c) \end{cases} \quad (8.25)$$

式中，D_{1M} 为通过 NT Build 355 方法测得的 1mol/L NaCl 溶液中的稳态电迁移系数；$D_{0.01M}$ 为 0.01mol/L NaCl 溶液中的稳态迁移系数。这样就可以解决由电化学和微观结构变化引起的扩散系数随深度变化的问题。

用来描述饱和混凝土中氯离子扩散的偏微分方程组非常复杂，很难找到其分析解，所以只能进行数值求解。采用有限差分法能有效求解偏微分方程，同时通过 Matlab 7.0 软件能获得数值解。

如前所述，模型中只考虑了四种离子，即 K^+、Na^+、OH^-、Cl^-，式 (8.17) 可以写成：

$$\frac{\partial E}{\partial x} = -\frac{RT}{F} \times \frac{D_{Na}\frac{\partial c_{Na}}{\partial x} + D_K\frac{\partial c_K}{\partial x} - D_{Cl}\frac{\partial c_{Cl}}{\partial x} - D_{OH}\frac{\partial c_{OH}}{\partial x}}{D_{Na}c_{Na} + D_K c_K + D_{Cl}c_{Cl} + D_{OH}c_{OH}} \quad (8.26)$$

首先，用中心差分格式求解式(8.26)，即电场方程。然后，将求得的电场代入连续性方程，即式(8.18)中。通过连续性方程求得 K^+、Na^+、Cl^- 的浓度，最后通过电荷守恒方程求得 OH^- 的浓度。

$$\begin{cases} \dfrac{\partial c_{Na}}{\partial t} = \dfrac{\partial}{\partial x}\left\{ D_{Na}\left[\dfrac{\partial c_{Na}}{\partial x} + c_{Na}\dfrac{F}{RT} \times \dfrac{\partial E(x,t)}{\partial x} \right] \right\} \\ \dfrac{\partial c_{K}}{\partial t} = \dfrac{\partial}{\partial x}\left\{ D_{K}\left[\dfrac{\partial c_{K}}{\partial x} + c_{K}\dfrac{F}{RT} \times \dfrac{\partial E(x,t)}{\partial x} \right] \right\} \\ \dfrac{\partial c_{Cl}}{\partial t} = \left[p + (1-p)\rho_{dry}\dfrac{\partial c_{b,Cl}}{\partial c_{Cl}} \right]^{-1} \dfrac{\partial}{\partial x}\left\{ D_{Cl}\left[\dfrac{\partial c_{Cl}}{\partial x} - c_{Cl}\dfrac{F}{RT} \times \dfrac{\partial E(x,t)}{\partial x} \right] \right\} \\ c_{OH} = c_{Na} + c_{K} - c_{Cl} \end{cases}$$

(8.27)

以上方程在 Mablab 7.0 中都写成有限差分格式。输入初始边界条件和其他参数，就可以计算各种离子的浓度分布。模型可以绘出总氯离子浓度分布曲线和自由氯离子浓度分布曲线。氢氧根离子的浓度对钢筋锈蚀起着至关重要的作用，模型也可以绘出氢氧根离子的浓度分布曲线。

要想通过有限差分法得到方程组的数值解，必须知道初始条件和边界条件。至于边界条件，多数研究者将实验室浸泡溶液的化学组成和离子浓度作为边界条件，在此也采取这种方法。这意味着表面自由氯离子浓度等于浸泡溶液中的氯离子浓度。然而之前的研究结果表明，混凝土在 165g/L 的 NaCl 溶液中浸泡 42 天后，表面自由氯离子浓度低于浸泡溶液的氯离子浓度。在某一时刻表面自由氯离子浓度等于浸泡液中的氯离子浓度，这种假设是合理的。达到平衡所需的时间取决于水胶比、辅助性胶凝材料等。目前，这点还未彻底弄清楚。实际上很难得到现场混凝土的边界条件。如前所述，表面氯离子浓度随时间而变化，并且浸泡一段时间后该浓度将达到恒定。这已超出了此处研究的范围，故在此不作详细讨论。为简便起见，采用浸泡溶液的化学组成作为边界条件。

至于初始条件，孔隙溶液的化学组成在前面已经讨论过，对于水胶比低于 0.5 的混凝土，很难得到其孔隙溶液。一些研究者（Reardon，1992；Schmidt et al.，1993）开发了软件来预测孔隙溶液的化学组成，但很难评估结果的准确性。在此采用的孔隙溶液的化学组成是从已发表的数据中粗略估计而来的 (Schmidt et al.，1993；Wiens et al.，1995；Samson et al.，2003)。

数值模拟需要的其他输入参数包括：
① 吸附常数；
② 各种离子的有效扩散系数；
③ 孔隙率和混凝土的干密度。

吸附常数可以通过试验测得，如第 4 章所述。注意在模型中自由氯离子浓度的单位是 mol/m³，而结合氯离子的单位是 mol/kg。有效氯离子扩散系数是通过 NT Build 355 在 1mol/L NaCl 溶液中测得的，然后将其代入式(8.27)，该方程考虑了迁移系数的浓度依赖性以及迁移试验与扩散试验的差异。通过假设离子和氯离子在无限稀释溶液中的扩散系数之比等于它们在水泥基质材料中的扩散系数之比，可以得到其他离子的有效扩散系数。混凝土的孔隙率和干密度都可以通过简单的试验测得。

Yuan（2009）用预测模型对水灰比为 0.48 且不掺矿物掺合料的空白混凝土的试验数据进行验证，所有的输入值如表 8.3 所示。

表 8.3 预测模型的输入值

混合物			B48
吸附常数	α		0.32×10^{-3}
	β		0.68
1mol/L 溶液中的 D_{ssd} /($\times 10^{-12}$ m²/s)	离子	D_{nssm}	$D_{nssm}/1.6$
	K^+	0.48	0.300
	Na^+	0.33	0.206
	Cl^-	0.50	0.313
	OH^-	1.30	0.813
孔隙率/%			14.1
干密度/(kg/m³)			2286
孔隙溶液组成 /(mmol/L)	K^+		320
	Na^+		100
	Cl^-		0
	OH^-		420
浸泡溶液组成 /(mmol/L)	K^+		0
	Na^+		2800
	Cl^-		2800
	OH^-		0

图 8.9 比较了试验数据与数值模拟结果，数值模拟中分别采用了固定的扩散系数和变化的扩散系数。可以看出，采用变化的扩散系数［式(8.25)］得到的数值模拟结果与试验结果符合得非常好。相比之下，采用固定的扩散系数得到的数值模拟结果低估了氯离子的浓度分布。

如前所述，电迁移试验测得的迁移系数通常比自然扩散试验测得的要高，

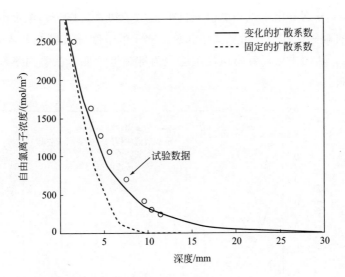

图 8.9　用固定的和变化的扩散系数得到的数值模拟结果与试验结果的比较

Yuan，2009

因此引入了一个 1.6 的修正系数。如果不考虑扩散试验和电迁移试验之间的差异，即取消系数 1.6，采用变化的扩散系数的模型则高估了氯离子的渗透深度，而采用固定的扩散系数的模型低估了氯离子的渗透深度，如图 8.10 所示。

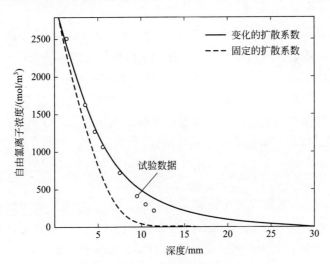

图 8.10　用固定的和变化的扩散系数且没有考虑系数 1.6 得到的数值模拟结果与试验结果的比较

Yuan，2009

图 8.11 分别给出了试验测得的自由氯离子和总氯离子的浓度分布与数值模拟结果的对比，其中自由氯离子和总氯离子的浓度分布都为干混凝土的质量分数（%）。从图中可以看出该模型能较为准确地预测自由氯离子和总氯离子的浓度分布。

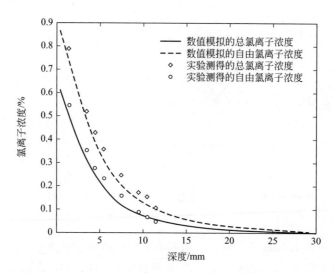

图 8.11 数值模拟的总氯离子浓度分布和自由氯离子浓度分布与试验数据的比较
Yuan，2009

Truc（2000）用多粒子模型预测了浸泡 10 个月的混凝土中的总氯离子浓度分布曲线，然后发现该模型低估了浸泡表面处的总氯离子量，高估了氯离子的渗透深度。Truc 将其归因于模型中使用了平衡法测得的氯离子等温吸附曲线：一方面，平衡法的测试时间可能不够长，以至于无法达到平衡；另一方面，平衡法没有考虑氢氧根离子对氯离子吸附的影响。为了弥补第二个缺陷，Tang（1996）提出了氢氧根离子依赖系数：

$$f_{OH} = \frac{B_{Cl}}{B_{Cl[OH^-]_{ini}}} = e^{0.59\left(1 - \frac{[OH^-]}{[OH^-]_{ini}}\right)} \tag{8.28}$$

式中，f_{OH} 为氢氧根离子依赖系数；$B_{Cl[OH^-]_{ini}}$ 为用平衡法测得的吸附氯离子修正系数；B_{Cl} 为吸附氯离子修正系数；$[OH^-]$ 为孔隙溶液中的氢氧根离子浓度；$[OH^-]_{ini}$ 为平衡法中浸泡液的氢氧根离子浓度。

图 8.11 没有观察到这个现象，试验测得的总氯离子浓度分布与预测的浓度分布符合得非常好，没有必要再引入一个氢氧根离子依赖系数，这是因为本模型所用的氯离子等温吸附曲线是直接从扩散试验或者电迁移试验测得的（Yuan et al.，2013）。实际上，该模型已经考虑了氢氧根离子对氯离子吸附的

影响，这是它的优点之一。然而，这一研究只预测了混凝土的短期行为，用该方法预测长期行为还需要进一步的研究。

值得注意的是，钢筋锈蚀不是由表面氯离子浓度所控制的，而是由表面孔隙溶液中的 Cl^-/OH^- 比值所控制的，当该比值超过临界值时，就会诱发钢筋锈蚀。由于钢筋锈蚀的诱发因素非常多，而且不易测得钢筋表面的 Cl^-/OH^- 比值，故临界值的数据差异很大，可能从 0.6 到 3.0（Hussain et al.，1995），因此研究钢筋表面的氢氧根离子浓度也非常重要。该模型可以预测氢氧根离子的浓度分布，如图 8.12 所示。从图中可以看出，渗透进入混凝土的氯离子越多，进入浸泡液的氢氧根离子也就越多，这表明浸泡液中的氯离子浓度随时间增大。然而，可以注意到当 $x=0$ 时，氢氧根离子浓度等于 0，这是因为边界条件恒为 0。

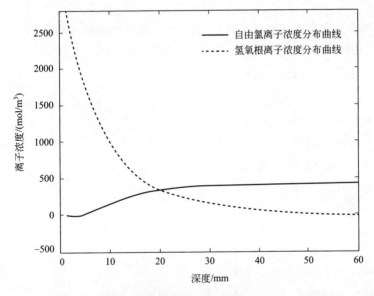

图 8.12　数值模拟的自由氯离子和氢氧根离子浓度分布曲线
Yuan，2009

综上所述，在 Truc 的多粒子模型中，采用了变化的氯离子扩散系数和通过扩散试验测得的氯离子等温吸附曲线。该模型可以准确地预测扩散试验中的自由氯离子和总氯离子浓度分布曲线，还考虑了扩散系数的时间依赖性。

然而，该模型离实际应用还相差很远，因为现场的实际情况比实验室的条件复杂得多。准确预测现场环境下由氯离子引起的钢筋锈蚀还面临着以下挑战：

① 氯离子在混凝土中的迁移受多种机理控制，不仅仅是扩散作用，故有必要将扩散与其他迁移机理进行耦合起来，在这方面 Samson 取得了较多的成果（Samson et al.，2007）。Samson 不仅考虑了扩散和毛细管吸附的耦合作用，还利用化学平衡考虑了扩散过程中混凝土内部物相的分布和变化。

② 氯离子引起的锈蚀通常与混凝土的其他劣化作用共同发生，比如冻融循环、硫酸盐侵蚀和碳化等。

③ 数值模拟需要边界条件和初始条件。边界条件随时间、区域、结构而变化。比如，对于受除冰盐侵蚀的桥面板，除冰盐并非持续作用，可能是几天或几个月，具体取决于天气。混凝土结构分别位于海边、浪溅区、完全浸泡区以及暴露在空气中的都有着不同的边界条件。如何定义和量化这些边界条件是一个很难的课题，同时低水灰比混凝土中孔隙溶液的离子初始浓度也很难测定。

④ 该模型没有考虑水泥水化产物的分解以及化学成分的渗出，这些会极大地影响孔隙溶液中的化学组成和氯离子吸附。

(4) Tran 等（2018）的模型

描述传输过程的方程：
① 质量守恒方程；
② 菲克第二定律；
③ 热力学平衡/动态化学；
④ 电荷守恒方程；
⑤ 表面络合模型。

输入：
① 水化水泥的矿物组成；
② 反应速率和表面络合参数；
③ 初始矿物组成、混凝土的孔隙溶液和边界条件；
④ 热力学数据库；
⑤ 各种离子的迁移系数；
⑥ 材料性质（混凝土密度、孔隙率、孔溶液的化学组成、氯离子等温吸附曲线）。

输出：
① 离子浓度分布曲线（自由氯离子、总氯离子、K^+、Na^+、OH^- 等）；
② 混凝土的孔隙率和干密度随时间的变化；
③ 氯离子等温吸附曲线。

在该模型中，综合考虑热力学平衡、动力学和表面络合作用，提出了一种新的物理化学模型来预测氯离子进入饱和混凝土的过程。

还有许多其他的模拟混凝土中氯离子迁移过程的模型（Nguyen et al.，2006），这里不再详细介绍。Fenaux 等（2019）提出了一个可以模拟孔隙溶液中离子传输过程的模型，它耦合了 Pitzer 模型与混凝土中的离子传输方程，同时考虑了扩散、迁移和化学活性。该模型可输出的数据有：孔隙溶液中所有氯离子（总氯离子、自由氯离子、结合氯离子）的浓度分布曲线、孔隙溶液的pH值、电场、化学活性以及活度系数。研究发现，化学活性对氯离子和钠离子传输过程的影响可以忽略不计，而对其他离子的影响较为明显。若氯离子是研究对象，则可忽略化学活性和 Pitzer 模型与传输方程的耦合。电场会显著影响离子的渗透过程。

8.2.3 可靠度模型

由于模型参数的随机性，耐久性的设计概念有从确定性方法向概率性方法发展的趋势（Gjørv，2013；Altmann et al.，2013；Samindi et al.，2015）。

从可靠度的角度来看，一个结构的可靠度可以用荷载 S 和抗力 R 来表示，而 S 和 R 都可以用概率密度函数来表示。结构失效的概率表示为：

$$P_f = P[(R-S) \leqslant 0] \tag{8.29}$$

图 8.13 展示了混凝土结构的服役寿命期。菲克第二定律的误差函数解通常被用作基本方程（Lindvall，1999；2002；Kirkpatrick et al.，2002；Williamson et al.，2008）。为了优化模型，引入了一些系数，比如具有时间依赖性的氯离子扩散系数和表面氯离子浓度、养护系数、温度系数和环境系数等。方程的基本形式如下：

$$c_x = c_s \left[1 - \mathrm{erf} \frac{x}{2\sqrt{D_0 k_1 k_2 \left(\dfrac{t_0}{t}\right)^m t}} \right] \tag{8.30}$$

式中，c_x 为氯离子浓度距表面距离 x 的函数；c_s 为表面氯离子浓度；D_0 为参考氯离子扩散系数；m 为时间依赖系数；k_1 和 k_2 分别为养护系数和环境系数；t_0 为参考时间；t 为暴露时间。

式（8.30）中的变量采用不同的概率密度函数来描述。在 DuraCrete 项目（Lindvall，1999；2002）中，氯离子扩散系数和诱发锈蚀的临界氯离子浓度是正态分布，保护层厚度和表面氯离子浓度是对数正态分布，扩散系数的环境系数是 β 分布，扩散系数的时间依赖系数是 γ 分布。该项目采用蒙特卡洛模拟

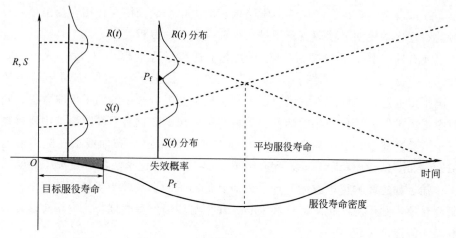

图 8.13 失效概率与预期服役寿命

技术求解这个随机变量方程。

原则上，可靠度模型是一个预测混凝土结构服役寿命期的好方法，因为所有的模型变量在现实中都有一定的随机性，然而模型参数的统计值还远远不够准确。Gulikers（2007）的结果表明输出结果对输入数据非常敏感，微小的变动就可以产生截然不同的预测结果。因此服役寿命预测模型需要建立一个更准确、更全面的模型参数数据库。

Duracrete 项目的最终报告（1998）推荐了荷载抗力系数设计（LRFD）法。该方法基于：①设计方程；②荷载和阻力变量的特征值，即给定参数的概率分布函数的分形形式；③荷载和阻力变量的分项系数。

该模型考虑了四个变量。

① 材料变量；

② 环境变量；

③ 操作变量；

④ 环境和材料的综合变量。

设计方程为：

$$g = c_{cr}^d - c^d(x,t) = c_{cr}^d - c_{s,Cl}^d \left\{ 1 - \mathrm{erf} \left[\frac{x^d}{2\sqrt{\dfrac{t}{R_{Cl}^d(t)}}} \right] \right\} \quad (8.31)$$

$$c_{cr}^d = c_{cr}^c \frac{1}{\gamma_{c_{cr}}} \quad (8.32)$$

$$c_{s,Cl}^d = A_{c_{s,Cl}}(W/B) \gamma_{c_{s,Cl}} \quad (8.33)$$

$$x^d = x^c - \Delta x \tag{8.34}$$

$$R_{Cl}^d(t) = \frac{R_{Cl,0}^c}{k_{e,Cl}^c k_{c,Cl}^c \left(\dfrac{t_0}{t}\right)^{n_{Cl}^c} \gamma_{R_{Cl}}} \tag{8.35}$$

式中，$\gamma_{c_{cr}}$ 为临界氯离子浓度的分项系数；$A_{c_{s,Cl}}$ 为一个描述表面氯离子浓度和 W/C 关系的回归参数；$\gamma_{c_{s,Cl}}$ 为表面氯离子浓度的分项系数；Δx 为保护层厚度的变化量；$R_{Cl,0}$ 为通过符合性试验确定的氯离子渗透阻力；$k_{c,Cl}$ 为养护因素；$k_{e,Cl}$ 为环境因素；t_0 为开始暴露试验时混凝土的龄期；n_{Cl} 为龄期因素；$\gamma_{R_{Cl}}$ 为氯离子渗透阻力的分项系数。

Duracrete（1998）给出了特征值和分项系数，据此可以计算出开始锈蚀的时间。

8.3 模拟不饱和混凝土的氯离子传输

很明显，大多数混凝土在使用时是不饱和的。预测非饱和混凝土中的氯离子传输具有非常重要的现实意义，然而，与饱和混凝土中的氯离子传输相比，由于饱和度对氯离子传输影响较大，明显增加了传输过程的复杂性。Zhang 等（2014）认为，为了更好地理解这一传输过程，还需要进行大量的试验和模拟工作。

在钢筋混凝土结构的服役寿命预测和耐久性评估中，非饱和混凝土起着重要作用，越来越多与之传输特性有关的试验和模型研究都在进行中。本节将非饱和混凝土中的氯离子传输模型分成两类讨论，即确定性模型和可靠度模型。

8.3.1 确定性模型

对于非饱和混凝土，氯离子可能通过几种不同的机理进入其中。由于其复杂性，很难甚至不可能精确量化这些机理对氯离子传输的综合影响。为了更精确地预测非饱和混凝土中的氯离子传输过程，人们基于物理化学机理，开展了许多物理模型研究。

Saetta 等（1993）和 Ababneh 等（2003）基于菲克第二定律建立了一个

氯离子传输和水分传递的耦合模型。Martys（1999）建立了一个多相晶格玻尔兹曼（lattice Boltzmann）模型，来预测水分传递和氯离子传输的综合作用。为了克服 Martys 所建立的模型的不足，Zhang 等（2012）在原有模型中引入不同的状态方程（EOS）和虚密度参数，建立了修正后的多相晶格玻尔兹曼模型。Petcherdchoo（2018）提出了一套新的用于预测非饱和混凝土中氯离子迁移的解析解，这套解析解可用于同时发生对流和扩散的情况。Samson 和 Marchand（2007）以及 Nguyen 和 Amiri（2014；2016）基于扩展的能斯特-普朗克方程，建立了一个考虑了扩散、迁移和对流机理的复杂物理模型。在该模型中，扩散和对流传输的微观方程采用了均质化方法。

$$\frac{\partial(wK\mp c_i)}{\partial t}+(1-\varepsilon_0)\frac{\partial(K\mp c_{ib})}{\partial t}-\mathrm{div}\left(\underbrace{wD_iK\mp\mathrm{grad}c_i}_{\text{扩散}}+\underbrace{\frac{K\mp D_iFz_i}{RT}c_iw\mathrm{grad}\Psi}_{\text{迁移}}-\underbrace{K\mp wc_iU}_{\text{对流}}\right)=0 \quad (8.36)$$

式中，ε_0 为材料的孔隙率；w 为含水量；c_i 为孔隙溶液中化学物质 i 的浓度；c_{ib} 为与水泥基质结合的物质 i 的浓度；Ψ 为孔隙溶液的电势；D_i 为物质 i 的扩散系数；z_i 为物质 i 的化合价；F 为法拉第常数；R 为气体常数；T 为热力学温度（293K）；U 为电压。

$$\mathrm{grad}\Psi=-\frac{\sum_{i=1}^{n}D_iK\mp c_iz_iw\mathrm{grad}\,c_i-\sum_{i=1}^{n}z_iwUK\mp c_i}{\frac{F}{RT}\sum_{i=1}^{n}D_iK\mp c_{ib}z_i^2w\nabla c_{ib}} \quad (8.37)$$

$$K_+=\frac{A(\kappa d)^2}{1-AB\kappa d+A(\kappa d)^2}+\frac{1+z}{2}\times\frac{2q}{Fdc_{pc}} \quad (8.38)$$

$$K_-=K_+-\frac{2q}{Fdc_{pc}} \quad (8.39)$$

式中，A 和 B 取决于 Zeta 电位、孔隙直径 d、体积浓度 c_{pc}、表面电荷密度 q，是德拜常数 κ 的两个参数；z 为双电层的电势符号（$z=1$，EDL 为正；$z=-1$，EDL 为负）。

$$D_w=-\frac{K_1K_{rl}}{\mu_1}\times\frac{\partial P_c}{\partial \chi}+\frac{D_{va}}{\rho_w}\times\frac{\partial \rho_v}{\partial w} \quad (8.40)$$

$$D_{va}=2.17\times10^{-5}\left(\frac{T}{T_{ref}}\right)^{1.88}\times f_{ref}$$

式中，K_1、K_{rl}、μ_1 分别为内在渗透率、相对渗透率和水的密度；T 和

T_{ref} 分别为材料的温度和参考温度；f_{ref} 为取决于含水量和孔隙率的曲折度系数。

$$P_c = -\frac{\rho_w RT}{M_w} \ln\left(\alpha_c + \frac{1}{2}\sqrt{\beta_c + \gamma_c \frac{\varepsilon_0}{w}}\right) \quad (8.41)$$

式中，ρ_w 和 M_w 分别为水的密度和摩尔质量；α_c、β_c、γ_c 是由材料决定的参数。

Nguyen 和 Amiri（2014；2016）建立了一个模型，用于研究双电层对氯离子侵蚀的非饱和混凝土的影响。在该模型中，通过波逊-玻尔兹曼方程在宏观尺度上将离子传输和湿度迁移与双电层效应相结合。结果表明，双电层对氯离子的迁移有显著影响。

8.3.2 可靠度模型

针对非饱和混凝土中的氯离子传输，Bastidas-Arteaga 等（2011）提出了一个全面的可靠度模型。该模型通过利用随机变量来表示模型参数和材料性能，如氯离子扩散系数、混凝土密度、比热容等，对氯离子渗透的不确定性进行了研究。环境作用也被视为随机过程，如图 8.14 所示。这个可靠度模型包含了：氯离子的吸附能力；温度、湿度、表面氯离子浓度随时间的变化；混凝土老化；非饱和状态下的氯离子流动。

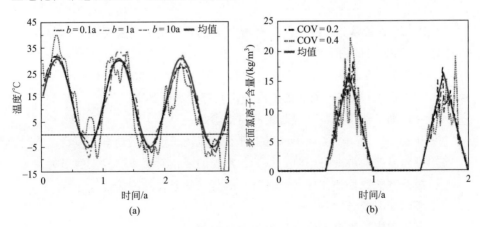

图 8.14 温度（a）和表面氯离子浓度（b）的模拟（见彩图）
Bastidas-Arteaga et al.，2011

模型中建立了三种现象的控制方程：氯离子传输；湿度迁移；热传递。每种现象都用偏微分方程表示，并通过同时求解这些偏微分方程来考虑它们之间的相互作用。

(1) 氯离子传输

$$\frac{\partial c_{tc}}{\partial t} = \underbrace{\text{div}[D_c \omega_e \vec{\nabla}(c_{fc})]}_{\text{扩散}} + \underbrace{\text{div}[D_h \omega_e c_{fc} \vec{\nabla}(h)]}_{\text{对流}} \quad (8.42)$$

$$c_{tc} = c_{bc} + \omega_e c_{fc} \quad (8.43)$$

式中，c_{tc} 为总氯离子浓度；t 为时间；D_c 为有效氯离子扩散系数；ω_e 为可蒸发水含量；c_{fc} 为孔隙溶液中溶解的氯离子浓度（即自由氯离子）；D_h 为有效湿度扩散系数；h 为相对湿度。

(2) 湿度迁移

$$\frac{\partial \omega_e}{\partial t} = \frac{\omega_e}{\partial h} \times \frac{\partial h}{\partial t} = \text{div}[D_h \vec{\nabla}(h)] \quad (8.44)$$

D_h 取决于孔隙中的相对湿度、温度和水化程度：

$$D_h = D_{h,\text{ref}} g_1(h) g_2(T) g_3(t_e) \quad (8.45)$$

函数 $g_1(h)$ 考虑了孔隙中的相对湿度对 D_h 的影响，函数 $g_2(T)$ 考虑了温度对 D_h 的影响，$g_3(t_e)$ 考虑了混凝土水化程度对 D_h 的影响。

(3) 传热

$$\rho_c C_q \frac{\partial T}{\partial t} = \text{div}[\lambda \vec{\nabla}(T)] \quad (8.46)$$

式中，ρ_c 是混凝土的密度；C_q 是混凝土的比热容；λ 是混凝土的热导率；T 是混凝土在 t 时的内部温度。

该模型考虑的混凝土氯离子渗透的影响因素最多，如表 8.4 所示。氯离子渗透可靠度模型在很多方面还需要进一步研究，具体如下：

① 应该确定适用于各种混凝土的模型参数；
② 开发并应用一个考虑了混凝土开裂和氯离子渗透运动学的模型；
③ 研究温度和湿度每小时、每天、每周的变化对氯离子侵入的影响；
④ 根据试验数据评估并考虑材料性能与气候条件的相关性；
⑤ 考虑空间变异性；
⑥ 表征和模拟整个劣化过程中的误差传播。

Patel 等（2016）对现有的可预测混凝土中氯离子传输过程的模型进行了详细的比较，发现 Bastidas-Arteaga 的模型只有当混凝土完全浸泡在盐溶液中时，才能做出较为准确的预测。对于潮汐区的混凝土结构来说，还需考虑干湿循环对氯离子侵入过程的影响，水化产物的溶解沉淀现象以及碳化作用以改进模型。

表 8.4 随机变量的可靠度模型

变量	平均值	变异系数	分布
C_{th}	0.5%(质量分数)	0.20	正态分布
C_t	40mm	0.25	正态分布(10mm 处截断)
$D_{h,ref}$	3×10^{-10} m/s²	0.20	对数正态分布
α_0	0.05	0.20	β 分布[0.025;0.1]
n	11	0.10	β 分布[6;16]
$D_{c,ref}$	3×10^{-11} m/s²		对数正态分布
m	0.15	0.30	β 分布[0;1]
U_c	41.8kJ/mol	0.10	β 分布[32;44.6]
ρ_c	2400kg/m³	0.04	正态分布
λ	2.5W/(m·℃)	0.20	β 分布[1.4;3.6]
c_q	1000J/(kg·℃)	0.10	β 分布[840;1170]

8.4 氯离子相关的耐久性规范

众所周知,混凝土在实际生活中存在着各种耐久性问题,如硫酸盐侵蚀、冻融循环、碳化、碱集料反应和物理磨损等。在大多数情况下,耦合劣化模式对混凝土结构起协同作用,这使得预测混凝土的耐久性变得更加复杂。因此,混凝土的耐久性设计应采用整体概念。使用好的材料、适当的配合比、适当的放置方法和施工工艺是生产耐用混凝土的必要条件。然而,由于混凝土的整体耐久性超出了本书的范围,这里不再讨论,只讨论与氯离子有关的混凝土结构规范。本节将简要介绍美国、中国、日本等国及欧洲各国耐久性规范中有关氯离子的规定。

8.4.1 ACI 规范

关于混凝土耐久性的 ACI 标准或规范如下:
① ACI 201.2 R—2016 Guide to Durable Concrete

② ACI 222.3R—2001 Guide to Design and Construction Practices to Mitigate Corrosion of Reinforcement in Concrete Structures

③ ACI 318—2011 Building Code Requirements for Structural Concrete

在 ACI 201.2R—2016 和 ACI 222.3R—2001 中，给出了混凝土材料腐蚀相关性能的一般原则以及使用不同材料的优点和缺点，而没有提出具体要求。

ACI 318-2011 对混凝土材料和结构设计提出了具体要求。根据有害源将环境作用分为若干类，其中与氯离子侵蚀有关的有两类。F 类环境是指外部混凝土暴露在潮湿和冻融循环中（不管有没有除冰化学品）。C 类环境中的钢筋混凝土或预应力混凝土需对钢筋进行额外的防腐保护。根据环境作用强度，又将每类环境划分成几个级别。表 8.5 给出了与氯离子相关的耐久性要求，其中规定了混凝土强度等级和最大水灰比。针对受冻融侵蚀的混凝土还规定了附加性能要求。

表 8.5 按 ACI 318—2011 规范对结构混凝土的环境分类和耐久性要求

等级	条件	最小强度/(psi)[①]	最大水灰比	胶凝材料	最大 Cl^- 含量/%[②]
C0	干燥混凝土，或者防水混凝土	2500	—	—	1.00(0.06)
C1	暴露在没有氯离子的潮湿环境	2500	—	—	0.30(0.06)
C2	暴露在有氯离子的潮湿环境	5000	0.40	—	0.15(0.06)

① 1psi=6.894757kPa。

② 括号外的数值针对的是钢筋混凝土，括号中的数值针对的是预应力混凝土。

8.4.2 欧洲规范

欧洲规范为混凝土结构在材料和结构层面的耐久性设计提供了一个全面的框架，该框架考虑了环境作用和结构的设计服役寿命期。

① 材料层面：EN206-1，Concrete-Part1：Specification，Performance，Production and Conformity（CEN，2000）

② 结构层面：EN1992-1-1，Design of concrete structures-part 1-1：General rules and rules for buildings（CEN，2004）

在 EN206-1 中，根据环境作用的强度划分不同的类别。不同暴露条件下对材料的要求是根据指定方法规定的，包括强度等级、水灰比和水泥掺量，如表 8.6 所示。在结构层面，混凝土保护层厚度和裂缝宽度都有所限制。此外，欧洲规范还提供了与性能相关的方法，该方法考虑了结构的类型和形式、当地环境条件、施工水平以及设计服役寿命期。

表 8.6　EN206-1 和 EN1992-1-1 中与氯离子有关的环境分类和耐久性要求

破坏机理	等级	暴露情况	最小强度等级	最大水灰比	最小水泥掺量/(kg/m³)	最小保护层厚度/mm
氯离子或除冰化学品（XD）	XD1	中等湿度	C37	0.55	300	30
	XD2	潮湿环境	C37	0.55	300	35
	XD3	干湿循环	C45	0.50	320	40
氯离子或海水（XS）	XS1	空气中含盐	C37	0.50	300	35
	XS2	浸泡在氯盐溶液	C45	0.45	320	40
	XS3	潮汐，喷洒	C45	0.45	340	45

8.4.3　中国规范

由于中国的基础设施规模庞大，不同政府部门对不同行业的混凝土结构耐久性设计提出了不同的规范，具体规定如下：

① DL/T 5241—2010 水工混凝土耐久性技术规范

② DBJ 43/T305—2014 地下工程混凝土耐久性技术规程

③ TB 10005—2018 铁路混凝土结构耐久性设计规范

上述规范均以国家标准为依据：GB/T 50476—2008 混凝土结构耐久性设计规范

本节主要讨论 GB/T 50476—2008。一般来说，GB/T 50476—2008 规范遵循一种规定方法。与欧洲规范相似，暴露环境首先被分为几种类型：碳化引起的钢筋锈蚀、海洋环境或除冰盐环境下氯离子引起的钢筋锈蚀、冻融循环引起的钢筋锈蚀、化学腐蚀。但中国规范和欧洲规范对暴露环境的详细分类有所不同。与氯离子相关的暴露环境包括以下两种：

① 海洋氯化物环境（第Ⅲ类）指钢筋混凝土在海洋环境中因氯离子侵蚀引起钢筋锈蚀的情况；

② 除冰盐等其他氯化物环境（第Ⅳ类）指钢筋混凝土在除冰盐或其他盐类环境中因氯离子侵入引起钢筋锈蚀的情况。

规范 GB/T 50476—2008 将劣化作用强度分级为 A 到 F，A 代表最轻微的作用强度，F 代表最严重的作用强度。海洋环境的劣化强度分为Ⅲ-C、Ⅲ-D、Ⅲ-E 和Ⅲ-F，除冰盐和其他盐类的劣化强度分为Ⅳ-C、Ⅳ-D 和Ⅳ-E，如表 8.7 所示。

表 8.7 GB/T 50476—2008 中与氯离子有关的环境分类

等级	环境	强度	暴露情况
Ⅲ	海洋氯化物环境	C	浸泡在海水中
		D	暴露在海边空气或含盐空气
		E	温和气候中的潮汐或喷溅区域
		F	炎热海洋气候中的潮汐或喷溅区域
Ⅳ	除冰盐等其他氯化物环境	C	较轻的除冰雾;浸泡在氯盐溶液;与较低浓度氯盐溶液或者干湿循环接触
		D	喷洒除冰盐;与中等浓度氯盐溶液或者干湿循环接触环
		E	与除冰盐直接接触或者喷洒高含量的除冰盐;中等浓度氯盐溶液或者干湿循环接触

对于不同的预期服役寿命期,规范中规定了混凝土强度等级、水灰比和混凝土保护层厚度,如表 8.8 所示。对于重要结构,还提出了混凝土抗氯离子渗透性的要求,如表 8.9 所示。抗氯离子渗透性性根据 NT Build 492 测定。

表 8.8 氯离子环境下混凝土保护层厚度、水灰比、强度等级要求

等级	100a			50a			30a		
	强度等级	最大水灰比	保护层厚度/mm	强度等级	最大水灰比	保护层厚度/mm	强度等级	最大水灰比	保护层厚度/mm
Ⅲ-C,Ⅳ-C	C45	0.40	45	C40	0.42	40	C40	0.42	35
Ⅲ-D,Ⅳ-D	C45 ≥C50	0.40 0.36	55 50	C40 ≥C45	0.42 0.40	50 45	C40 ≥C45	0.42 0.40	45 40
Ⅲ-E,Ⅳ-E	C50 ≥C55	0.36 0.36	60 55	C45 ≥C50	0.40 0.36	55 50	C45 ≥C50	0.40 0.36	45 40
Ⅲ-F	≥C55	0.36	65	C50 ≥C55	0.36 0.36	60 55	C50	0.36	55
Ⅲ-C,Ⅳ-C	C45	0.40	50	C40	0.42	45	C40	0.42	40
Ⅲ-D,Ⅳ-D	C45 ≥C50	0.40 0.36	60 55	C40 ≥C45	0.42 0.40	55 50	C40 ≥C45	0.42 0.40	50 40
Ⅲ-E,Ⅳ-E	C50 ≥C55	0.36 0.36	65 60	C45 ≥C50	0.40 0.36	60 55	C45 ≥C50	0.40 0.36	50 45
Ⅲ-F	C55	0.36	70	C50 ≥C55	0.36 0.36	65 60	C50	0.36	55

表 8.9 混凝土抗氯离子性能要求

设计寿命	100a		50a	
破坏强度	D	E	D	E
28d 龄期氯离子扩散系数 $D_{RCM}/(10^{-12}\,m^2/s)$	≤7	≤4	≤10	≤6

8.4.4 日本规范

日本规范提供了关于混凝土结构设计的一般要求和标准方法,如混凝土结构标准规范—2007［设计］。日本规范主要采用基于性能的耐久性设计方法,对于碳化混凝土结构也有相关的规范。

日本规范将暴露条件分为两大类:钢筋锈蚀和混凝土劣化。对于钢筋锈蚀,使用三个标准来评估是否达到耐久性极限:裂缝宽度是否超出限度;钢筋表面的氯离子含量是否超出限度;钢筋的碳化程度是否超出限度。

因钢筋锈蚀对混凝土耐久性的要求见表 8.10。

表 8.10 JSCE 指南中钢筋锈蚀和混凝土劣化的耐久性要求（部分）

机理	环境	最大水灰比	最低保护层厚度/mm	性能要求	
				裂缝宽度[①]	标准
钢筋混凝土锈蚀	正常	0.50[②]/P[③]	40[②]/P	0.005c	碳化深度
	恶劣	0.50[②]/P	40[②]/P	0.004c	氯离子含量
	极度恶劣	P	P	0.0035c	

① c 是混凝土保护层厚度;
② 碳化过程、梁单元和预期工作寿命为 100 年所对应的值;
③ P 指基于性能方法确定的值。

8.5 总结

为了建立能够预测混凝土结构服役寿命期的模型,人们已经付出了很多努力。该模型是决策者或投资者做出重大决策的基础和依据,包括是否将大量资金用于修建基础设施或维护现有基础设施。目前已经建立了许多预测混凝土中氯离子传输的模型，包括确定性模型和可靠度模型。确定性模型包括经验模型和物理模型。经验模型一般是基于菲克定律，并根据中期试验数据所得到关键参数来预测长期的试验数据。这种模型的精度取决于中期试验数据中获得的关键参数，同时可能仅适用于与试验环境类似的环境。物理模型则尽可能科学地、正确地考虑了化学物理效应，因此，物理模型应用广泛且理论基础扎实。然而，由于氯离子的传输过程过于复杂，目前还没有一个公认可以准确预测各种情况下氯离子传输的模型。

氯离子传输模型的参数基本上都是随机的，而可靠度模型可能是预测氯离子传输的一个很好的选择。在可靠度模型中，模型参数都视为连续随机变量，其特征为均值、标准偏差和概率密度函数，但是目前的可靠度模型还远远不能付诸实践。

值得一提的是，许多模型都是在最简单的饱和混凝土的基础上建立的，而非饱和混凝土也应得到更多的重视。

预测含氯环境下混凝土的服役寿命期还需要更广泛的研究。由于目前的计算方法和试验结果都不尽人意且未进行长期验证，因此应谨慎对待所有结果，更多地将其作为理性的、专业的工程评估，而不是数学上的精确计算。各个国家都将耐久性规范作为恶劣的环境中重要基础设施的耐久性设计工具，然而，基础设施的耐久性是否能实现设计服寿命，仍然是一个问题。

参 考 文 献

余红发, 2004. 盐湖地区高性能混凝土的耐久性、机理与使用寿命预测方法. 南京：东南大学.

ABABNEH A, BENBOUDJEMA F, XI Y, 2003. Chloride penetration in nonsaturated concrete. Journal of Materials in Civil Engineering, 15: 183-191.

AMEY S L, JOHNSON D A, MILTENBERGER M A, et al., 1998. Predicting the service life of concrete marine structures: an environmental methodology. ACI Structural Journal, 95 (1): 27-36.

ANGST U M, GEIKER M R, ALONSO M C, et al., 2019. The effect of the steel-concrete interface on chloride induced corrosion initiation in concrete: a critical review by RILEM TC 262-SCI. Materials and Structures, 52: 88.

ALTMANN F, MECHTCHERINE V, 2013. Durability design strategies for new cementitious materials. Cement and Concrete Research, 54: 114-125.

ARSENAULT J, BIGAS J P, OLLIVIER J P, 1995. Determination of chloride diffusion coefficient using two different steady-state methods: influence of concentration gradient // Proceedings of the RILEM International Workshop on Chloride Penetration into Concrete. Paris: RILEM Publications SARL, 150-160.

BASTIDAS-ARTEAG E, CHATEAUNEUF A, SÁNCHEZ-SILVA M, et al., 2011. A comprehensive probabilistic model of chloride ingress in unsaturated concrete. Engineering Structures, 33: 720-730.

BODDY A, BENTZ E, THOMAS M D A, et al., 1999. An overview and sensitivity study of a multimechanistic chloride transport model-effect of fly ash and slag. Cement and Concrete Research, 29: 827-837.

CRANK J, 1975. The mathematics of diffusion. 2nd ed. Oxford: University of Oxford Press.

DURACRETE, 1998. Probabilistic performance based durability design of concrete structures: Modelling of degradation, EU-Project (Brite EuRam Ⅲ): BE95-1347. [S. l: s. n.], 4-5.

GOTO S, ROY D M, 1981. Diffusion of ions through hardened cement pastes. Cement and Concrete Research, 11: 751-757.

GJØRV O E, 2013. Durability design and quality assurance of major concrete infrastructure. Advances in Concrete Construction, 1: 45-63.

GULIKERS J, 2007. Probabilistic service life modeling of concrete structures: improvement or unrealistic? // Concrete under Severe Conditions: Environment and Loading. Tours, France: s. n., 891-902.

HUSSAINM S E, RASHEEDUZZAFAR A M, AL-GAHTANI A S, 1995. Factors affecting threshold chloride for reinforcement corrosion in concrete. Cement and Concrete Research, 25 (7): 1543-1555.

KASSIR M K, GHOSN M, 2002. Chloride-induced corrosion of reinforced concrete bridge decks. Cement and Concrete Research, 32 (1): 139-143.

KHITAB A, LORENTE S, OLLIVIER J P, 2005. Predictive model for chloride penetration through concrete. Magazine of Concrete Research, 57: 511-520.

KIM J, MCCARTER W J, SURYANTO B, et al., 2016. Chloride ingress into marine exposed concrete: a comparison of empirical- and physically- based models. Cement and Concrete Composites, 72: 133-145.

KIRKPATRICK T J, WEYERS R E, ANDERSON-COOK C M, et al., 2002. Probabilistic model for the chloride-induced corrosion service life of bridge decks. Cement and Concrete Research, 32: 1943-1960.

LI K, 2016. Durability design of concrete structures: phenomena, modeling, and practice. Hoboken: John Wiley & Sons.

LINDVALL A, 1999. Probabilistic performance based life time design of concrete structures-environmental actions and response// International conference on ion and mass transport in cement-based materials. Toronto: s. n.

LINDVALL A, 2002. A probabilistic, performance based service life design of concrete structures-environmental actions and response // 3rd international PhD symposium in civil engineering. Vienna, Austria: s. n., 1-11.

MAAGE M, HELLAND S, POULSEN E, et al., 1996. Service life prediction of existing concrete structures exposed to marine environment. ACI Materials Journal, 93 (6): 602-608.

MAADDAWY E L, SOUDKI T K, 2007. A model for prediction of time from corrosion initiation to corrosion cracking. Cement and Concrete Composites, 29 (3): 168-175.

MANGAT P S, MOLLOY B T, 1994. Predicting of long term chloride concentration in concrete. Materials and Structure, 27: 338-346.

MARTYS N S, 1999. Diffusion in partially-saturated porous materials. Materials and Structures, 32: 555-562.

MARCHAND J, 2001. Modeling the behavior of unsaturated cement systems exposed to aggressive chemical environments. Materials and Structures, 34: 195-200.

MASI M, COLELLA D, RADAELLI G, et al., 1997. Simulation of chloride penetration in cement-based materials. Cement and Concrete Research, 27: 1591-1601.

NGUYEN P T, AMIRI O, 2014. Study of electrical double layer effect on chloride transport in unsaturated concrete. Construction and Building Materials, 50: 492-498.

NGUYEN P T, AMIRI O, 2016. Study of the chloride transport in unsaturated concrete: highlighting of electrical double layer, temperature and hysteresis effects. Construction and Building Materials, 122: 284-293.

NOKKEN M T, BODDY A, HOOTON R D, et al., 2006. Time dependent diffusion in concrete—three laboratory studies. Cement and Concrete Research, 36: 200-207.

PANG L, LI Q, 2016. Service life prediction of RC structures in marine environment using long term chloride ingress data: Comparison between exposure trials and real structure surveys. Construction and Building Materials, 113: 979-998.

PATEL R A, PHUNG Q T, SEETHARAMA S C, et al., 2016. Diffusivity of saturated ordinary Portland cement-based materials: A critical review of experimental and analytical modelling approaches. Cement and Concrete Research, 90: 52-72.

PETCHERDCHOO A, 2018. Closed-form solutions for modeling chloride transport in unsaturated concrete under wet-dry cycles of chloride attack. Construction and Building Materials, 176: 638-651.

REARDON E J, 1992. Problems and approaches to the prediction of the chemical composition in cement/water systems. Waste Manage, 12: 221-239.

SAETTA A, SCOTTA R, VITALIANI R, 1993. Analysis of chloride diffusion into partially saturated concrete. ACI Materials Journal, 5: 441-451.

SAMSON E, LEMAIRE G, MARCHAND J, et al., 1999. Modeling chemical activity effects in strong ionic solutions. Computational Materials Science, 15: 285-294.

SAMSON E, MARCHAND J, BEAUDOIN J J, 2000. Modeling the influence of chemical reactions on the mechanisms of ionic transport in porous materials: an overview. Cement and Concrete Research, 30: 1895-1902.

SAMSON E, MARCHAND J, 2007a. Modeling the effect of temperature on ionic transport in cementitous materials. Cement and Concrete Research, 37: 455-468.

SAMSON, E, MARCHAND J, 2007b. Modeling the transport of ions in unsaturated cement-based materials. Computers and Structures, 85: 1740-1756.

SAMSON E, MARCHAND J, SNYDER K A, 2003. Calculation of ionic diffusion coefficients on the basis of migration test results. Materials and Structure, 36: 156-165.

SAMINDI S M, SAMARAKOON M K, SAELENSMINDE J, 2015. Condition assessment of reinforced concrete structures subject to chloride ingress: a case study of updating the model prediction considering inspection data. Cement and Concrete Composites, 60: 92-98.

SCHMIDT F, ROSTASY F S, 1993. A method of calculation of the chemical composition of the concrete pore solution. Cement and Concrete Research, 23: 1159-1168.

SHAKOURI M, TREJO D, 2017. A time-variant model of surface chloride build-up for improved service life predictions. Cement and Concrete Composites, 84: 99-110.

SHAKOURI M, TREJO D, 2018. A study of the factors affecting the surface chloride maximum phenomenon in submerged concrete samples. Cement and Concrete Composites, 94: 181-190.

STANISH K, THOMAS M, 2003. The use of bulk diffusion tests to establish time dependent concrete chloride diffusion coefficients. Cement and Concrete Research, 33: 55-62.

TANG L, 1996. Chloride transport in concrete—measurement and prediction. Goteborg: Chalmers University of Technology.

TANG L, 1999. Concentration dependence of diffusion and migration of chloride ions: Part 1. Theoretical considerations. Cement and Concrete Research, 29: 1463-1468.

TANG L, LARS-OLOF N, 2000. Modeling of chloride penetration into concrete—Tracing five years field exposure. Concrete Science and Engineering, 2: 170-175.

TANG L, 2008. Engineering expression of the ClinConc model for prediction of free and total chloride ingress in submerged marine concrete. Cement and Concrete Research, 38: 1092-1097.

TANG L, NILSSON L O, BASHEER M, 2012. Resistance of concrete to chloride ingress: testing and modelling. New York: Taylor & Francis Group.

TAKEWAKA K, MASTUMOTO S, 1998. Quality and cover thickness of concrete based on the estimation of chloride penetration in marine environments// Proceedings of 2nd International Conference Concrete in Marine Environment Auckland: ACI SP-109: 381-400.

TUUTTI K, 1982. Corrosion of Steel in Concrete. Stochkolm: Swedish Cement and Concrete Research Institute, 486.

THOMAS M, BAMFORTH P B, 1999. Modelling chloride diffusion in concrete: Effect of fly ash and slag. Cement and Concrete Research, 29: 487-495.

TRAN V, SOIVE A, BAROGHEL-BOUNY V, 2018. Modelisation of chloride reactive transport in concrete including thermodynamic equilibrium, kinetic control and surface complexation. Cement and Concrete Research, 110: 70-85.

TRUC O, 2000. Prediction of chloride penetration into saturated concrete—multi-species approach. Goteborg: Chalmers University of Technology.

WEYERS R E, 1998. Service life model for concrete structure in chloride laden environments. ACI Materials Journal, 95 (4): 445-453.

WIENS U, BREIT W, SCHIESSL P, 1995. Influence of high silica fume and high fly ash contents on alkalinity of pore solution and protection of steel against corrosion// Proceedings of 5th International Conference on the Use of Fly Ash, Silica Fume, Slag and Natural Pozzolan in Concrete. Milwaukee, WI: American Concrete Institute, 2: 741-762.

WILLIAMSON G S, WEYERS R E, BROWN M C, et al., 2008. Validation of probability-based chloride-induced corrosion service-life model. ACI Materials Journal, 105 (4): 375-380.

YUAN Q, 2009. Fundamental studies on test methods for the transport of chloride ions in cementitious materials. Ghent: Ghent University.

YUAN Q, SHI C, SCHUTTER G, et al., 2011. Numerical model for chloride penetration into saturated concrete. Journal of Materials in Civil Engineering, 23: 305-311.

YUAN Q, DENG D, SHI C, et al., 2013. Chloride binding isotherm from migration and diffusion tests. Journal of Wuhan University of Technology-Material Science Edition, 28 (3): 548-556.

ZHANG JZ, BUENFELD N R, 1997. Presence of possible implications of membrane potential in concrete exposed to chloride solution. Concrete Science and Engineering, 27: 853-859.

ZHANG T, 1997. Chloride diffusivity in concrete and its measurement from steady-state migration testing. Trondheim: Norwegian University of Science and Technology.

ZHANG M, YE G, VANBREUGEL K, 2012. Modelling of ionic diffusivity in non-saturated cement-based materials using lattice Boltzmann method. Cemment and Concrete Research, 42: 1524-1533.

ZHANG Y, ZHANG M, 2014. Transport properties in unsaturated cement-based materials—a review. Construction and Building Materials, 72: 367-379.

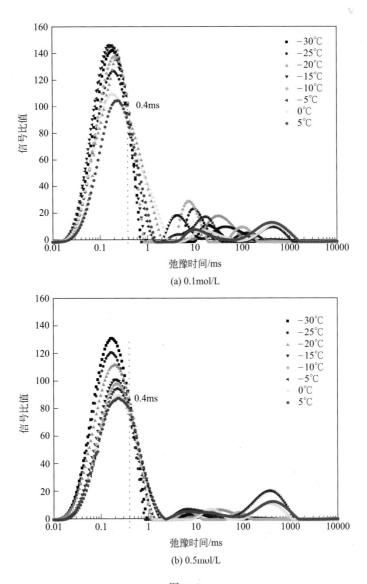

图 4.5

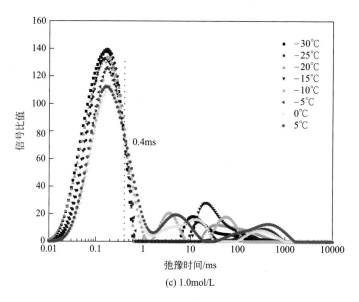

(c) 1.0mol/L

图 4.5 低温结冰过程中水泥净浆试件的 T_2 弛豫时间分布

Hu,2017

 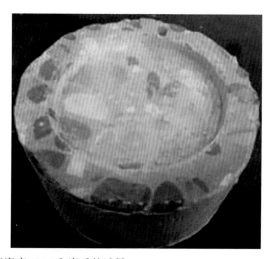

图 5.1 轮廓磨床 1100 和磨后的试样

(a) 100%AgCl+0Ag$_2$O (b) 86.1%AgCl+13.9%Ag$_2$O

(c) 13.9%AgCl+86.1%Ag$_2$O (d) 0AgCl+100%Ag$_2$O

图 6.3　AgCl、Ag$_2$O 及其混合物的颜色变化
Yuan et al.，2008

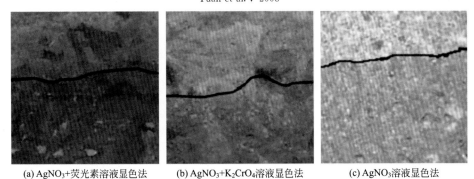

(a) AgNO$_3$+荧光素溶液显色法　(b) AgNO$_3$+K$_2$CrO$_4$溶液显色法　(c) AgNO$_3$溶液显色法

图 6.4　三种显色法典型的显色图片
（a）和（b）来源于文献（Yuan et al.，2008），（c）为作者拍摄

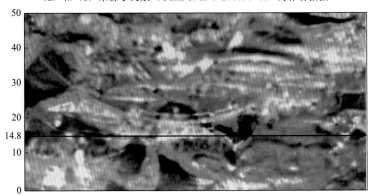

图 6.6　混凝土变色边界处示意图
何富强，2010

(a) 喷洒1.5mL AgNO₃溶液　　(b) 喷洒3mL AgNO₃溶液

图 6.7　50cm² 试样喷洒不同量 0.1mol/L AgNO₃ 溶液的显色特征照

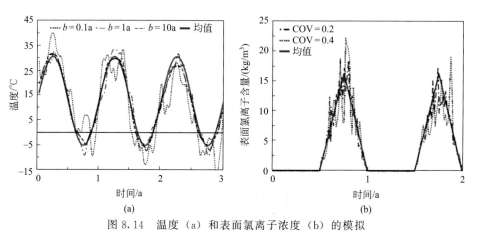

图 8.14　温度（a）和表面氯离子浓度（b）的模拟

Bastidas-Arteaga et al.，2011